동물미생물공학

강대경 · 김동운 · 김병기 · 김수기 · 배인휴
오세종 · 이상석 · 이성실 · 전체옥 · 조광근
공저

yh 도서출판 유한문화사

머리말

전 세계적으로 항생제의 사용이 금지되고 있는 상황에서 동물자원분야에서는 점차 다양한 미생물제제의 사용이 활발해지고 있다. 국내에서 미생물제제를 생산하는 회사만도 약 500여 개에 이르고 있다. 이와 같은 현상은 항생제의 과도한 사용에 따른 동물 및 인체 내의 내성 증가와 이에 따른 다양한 부작용의 증가 우려와 더불어 결국 인간에게도 그 파급효과가 직접적으로 미치게 되기 때문이다. 이에 유럽, 일본, 한국 등 대부분의 동물자원산업이 발달한 국가에서는 대부분 성장촉진을 위한 항생제의 사용을 금지하였으며 그 대체 사료원으로 미생물유래 사료자원의 이용을 권장하고 있다.

본 교재는 최근 동물미생물자원 분야에서 활발한 활동을 하고 있는 전문가를 중심으로 하여 동물미생물자원의 올바른 이해와 산업현장에서 산업용 미생물자원의 생산을 담당하고 있는 전문가들의 이해 및 전문성을 증진시키기 위해 본 교재를 준비하였다.

이 책에서는 이를 위해 동물자원미생물의 전반적인 이해를 돕기 위해 미생물의 분류, 생균제, 동물미생물제제 생산방안, 유산균제제 등 산업현장에서 이루어지고 있는 모든 영역을 다루고 있다. 또한 현재 동물약품 및 사료법상에서의 등록사항 등 관련 법규를 별첨하여 본 산업에 참여하고자 하는 분에게 도움을 주고자 한다.

아무쪼록 이 책을 통하여 동물자원 미생물분야에 대한 이해를 돕고 이 분야의 발전에 작은 도움이 되었으면 한다. 그 동안 본 교재가 완성되도록 도움을 주신 분야별 선생님들에게 감사를 드리며 특히 본 교재가 완성되도록 지원해 주신 농촌진흥청에 감사를 드린다.

저자 일동

차 례

제 1 장 서 론 / 15

제 2 장 미생물 분리 및 보존 / 33

제 3 장 혐기성 미생물의 이용기술과 산업적 이용 / 71

제 4 장 유용 미생물균주의 생산 및 이용 / 109

제 5 장 유산균의 생산 및 응용 / 145

제 6 장 생균제의 기능과 이용 /173

제 7 장 동물용 의약품으로서 생균제의 개발과 이용 / 211

부 록 / 241

제 1 장

서 론

1. 동물자원 미생물학의 개요

1.1 동물자원 생산 분야와 미생물

동물자원 생산에 있어서 미생물의 이용과 제어는 생산성에 막대한 영향을 미친다. 특히 동물에게 병원성을 가진 미생물의 출현은 생산성을 통째로 흔들어놓을 수 있다. 파스퇴르와 코흐의 미생물에 의한 질병요인 역학체계가 밝혀지고 플레밍의 항생제 발견 이후 인간은 미생물에 의한 질병을 항생제에 의해 대응해 왔다. 그러나 항생제 남용에 따른 내성균의 출현과 인체 축적 위험으로 최근에는 무항생제 처리에 의한 대응책들이 강구되고 있다. 이른바 동물산업분야에서 사용되는 유용 미생물은 동물의 질병 저항력을 높여주고 동물과 공생이 가능한 미생물 균총의 안정 그리고 그러한 균총의 강화로 생산성을 위협하는 병원균을 강력히 제어 극복할 수 있게 한다.

동물 생산 분야에서 동물과 미생물의 관계를 적절히 안정화시켜 사양관리에 활용한다면 보다 향상된 축산경영이 가능해질 것이다. 항균성 유용미생물을 축사 주변에 살포해주면 질병예방은 물론 축사 발생 악취제거도 가능해진다. 사료가공에서도 우수한 생균제로 첨가할 경우 동물의 사료이용성 증대와 반추위 미생물 대사에 유리한 영향을 미친다. 최근 공급되는 혼합발효사료나 사일리지 제조 시 유용미생물의 첨가로 사료가치 증대와 기호성 개선 그리고 소화율 개선에 유리할 것이다.

동물자원의 가공과 상품화에 미생물의 역할 또한 막강한 영향을 갖는다. 육가공에서 발효소시지, 유가공에서의 치즈와 발효유 그리고 발효버터에 이르기까지 미생물 특히 유산균의 스타터 기능에 의해 가공이 가능하다. 동물자원 생산 분야의 또 다른 측면 즉 동물자원 식품의 안전성 확보에 미생물의 제어와 위생처리 환경조건 제어 또한 미생물과 밀접한 관련이 있다.

동물자원의 생산, 가공, 유통에 이르는 위해요소중점관리기준(HACCP)의 운영에도 그 중심은 미생물 제어와 적용에 있다. 가축영양, 사료, 사양관리, 조사료 가공, 동물자원의 생산, 가공, 유통, 방역, 위생, 식품안전성 확보 등 동물자원 생산 분야 전반에 걸쳐 미생물이 관련되지 않은 부분이 거의 없다. 동물자원 생산기술의 기초와 근본이 바로 미생물학적 지식과 처리기술에 있다고 봐도 과언이 아닌 것이다.

1.2 동물자원 미생물의 분야

1) 낙농식품미생물

(1) 각종 살균법에 의한 시유 내 잔존 미생물

① 저온유지살균법(Low Temperature Long Time, LTLT)
63℃, 30분 가열법 : 내열성균, 구균류, 아포균

② 고온순간살균법(High Temperature Short Time, HTST)
73℃, 15초 가열법 : 내열성균. 아포균

③ 초고온처리법(Ultra-high Temperature Treatment, UHT)
132℃~135℃, 2~3초 가열처리법 : 거의 무균상태

(2) 스타터 미생물

① 스타터의 정의 : 유, 육을 이용한 발효 가공제품 제조 시 발효목적에 따라 사용하는 미생물 순수 접종물을 말한다. 주로 유산균이 사용되므로 보통 유산균 스타터(lactic starter 혹은 lactic culture)라고도 한다.

② 사용목적 : 유산발효, 풍미생성, 단백질 분해, 지방분해, 프로피온산 발효, 알콜성 발효, 항생물질 생산, 향미 생성 등

③ 스타터의 결함 : 산 생산성 부족, 풍미생성 부족, 고산도, 유청 분리, 가스 생성, 점질화, 이상 풍미 생성 등

(3) 발효유(fermented milk products) 관련 미생물

발효유 관련 미생물은 주로 유산균과 효모이다.

① 요구르트 : *Lactobacillus delbrueckii* ssp. *bulgaricus*, *Streptococcus salivarius* ssp. *thermophilus*, *Lactobacillus casei*, *L. acidophilus*, *Bifidobacterium* spp.

② 발효버터밀크 : *Leuconostoc mesenteroides* ssp. *cremoris*, *Leu. mesenteroides* ssp. *dextranicum*

③ 케피어, 쿠미스 : *Kluyveromyces fragilis*, *K. lactis*, *K. bulgaricus*, *K. maxianus var. maxianus*, *Saccharomyces* spp. *Torulopsis holmii*, *Debariomyces hansenii*, *Zygosacharomyces rouxii*, *Candida pseudotropicalis*

(4) 치즈의 미생물

① 치즈 스타터 : 중온성균, 고온성균, 가스 생성균, 표면 숙성균, 숙성 촉진균

② 치즈 관련 스타터균류

- 유산균 - *Lactobacillus* 속
  - *Lactococcus* 속
  - *Streptococcus* 속
- 헤테로발효유산균 - *Leuconostoc* 속
- 프로피온산균 - *Propionibacterium shermanii*
- 점질균 - *Brevibacterium linens*
- 곰팡이 - *Penicillium roqueforti*, *P. camemberti*, *P. candidium*, *P. glaucum*, *P. oxalicum*
- 효모 - *Kluyveromyces fragilis*, *K. lactis*, *K. bulgaricus*, *K. maxianus var. maxianus*, *Saccharomyces* spp. *Torulopsis holmii*, *Debariomyces hansenii*, *Zygosacharomyces rouxii*, *Candida pseudotropicalis*

③ 유해 미생물

치즈를 통해 인간에게 위해를 끼칠 수 있는 미생물들이 있는데 저온균, 장내세균 그리고 진균류의 일부이다. 많은 종류는 아니지만 그 위해도가 높은 균들은 다음과 같다.

Salmonella, *Listeria monocytosgene*, *Staphylococcus aureus*, *Clostridium perfringens*, *Escherichia coli*, *Yersinia*, *Campylobacter*, *Bacillus cereus* , *Shigella* 등

- 대장균 속(*E. coli* form) - 치즈의 전기팽화(前期膨化) 유발
- 낙산균(*Clostridium butyricum*, *Cl. tyrobutyricum*) - 사일리지 유래, 치즈의 후기팽화(後期膨化) 유발
- 각종 식중독균 - *Salmonella*, *Listeria monocytosgenes*, *Staphylococcus*

aureus, Clostridium perfringens, Bacillus cereus, Shigella

- 곰팡이 - *Mucor* 속, *Rhizopus nigrieans, Aspergilus niger.* 치즈 표면 침습, 치즈내부 침입 변패 유발

2) 반추가축의 구분

① 가축(Domestic amimal) : 젖소, 한우, 물소, 티벳 야크(yak), 산양, 면양, 낙타

② 야생동물(Wild animal) : 사슴(deer), 큰사슴(elk, 북유럽・북아시아산 사슴), buffalo(야생 물소), 영양 등

※ 미국 역사에서 개척시기에 미국인들이 인디안 멸절을 위한 방편으로 인디안의 식량자원을 없애기 위해 야생 바팔로우(buffalo)를 무수히 멸살함.

※ 토끼, 말은 같은 초식동물이지만 반추위 대신 맹장이 잘 발달되어 있다.

③ 반추위 내 미생물의 서식과 작용 : 반추위에는 기본적으로 미생물, 특히 혐기성 세균의 서식에 알맞은 환경이 주어짐에 따라 반추위 용량의 10% 정도나 되는 세균이 존재하고 있어서 단위동물들이 화학적, 물리적으로 소화 흡수가 불가능한 섬유소, 헤미섬유소 등의 소화흡수를 돕고 있다. 배 등(1984년)은 소의 반추위내에서 약 900여 종 이상의 세균류가 분류되었으며, 이 중 98%가 혐기성균이고, 39%가 전분을 이용하며, 14%가 섬유소 이용, 72%가 glucose, 54%가 xylose를 이용한다고 하였다.

(1) 반추위 환경(Rumen Environment)

반추위에 미생물이 서식하는 데는 미생물의 생육이 가능한 환경조건이 갖추어져 있기 때문에 가능한 것이다. 강 등(1993년)은 반추위가 갖는 특수 환경을 다음과 같이 정리하였다.

① 혐기적 조건 : 사료를 통해 일부 산소가 유입되나 위벽 혈류를 따라 확산되어 흡수됨.

② 계속적인 영양물 공급 : 사료, 물 섭취(곡류 8～11 kg, 청초 50 kg, 건초 5 kg, 물 80～100 ℓ/성우 1두/일일)

③ 적정 pH(5.5～7.0) : 유기산 증가로 pH가 낮아지면 침에 의해 중화가 이루어짐(saliva bicarbonate, $NaHCO_3$, 침 분비량 100～150 ℓ/일/성우 1두)

④ 적정온도 유지(38～42℃) : 주로 중온균이 서식

⑤ Gas 분포 : H_2 0.18%, H_2S 0.01%, O_2 0.56%, N_2 7.0%, CH_4 26.76%, CO_2 65.35%

(2) 반추위 미생물의 3대종(大宗)

① 세균(Bacteria)

② 원충류(Ciliated Protozoa,섬모충 flagellated protozoa 편모충, 이것들은 어린 가축(幼畜)에서 많다.)

③ 효모와 혐기성 곰팡이류(Yeast like organisms and anaerobic fungi, 방목 가축에 많다. 이들은 초목의 줄기에 붙어서 유입된다. 발효에 어떤 작용하는지 밝혀지지는 않았다. Bauchop, 1979년)

■ 반추위 세균류

배 등(1984년)은 생리적 반응 없이 현미경하에서만 33종의 세균이 분류되었다고 하였다. 이들 세균이 이용하는 기질(기질)과 발효산물을 중심으로 한 반추위 세균류를 분류하면 다음과 같다((Hungate, 1966년. 배 등. 1984년).

① 섬유소 소화세균(cellulolytic bacteria) : *Bacterioides succinogenes, Ruminococcus flavefaciens, R, albhs, Cllochheadii* spp. *Cillobacterium cellulosoluens.*

② 헤미셀루로오스 소화세균(hemicellulose digesting bacteria) : *Butyrivibrio, fibrisolvens, Lachnospira, multiparus, Bacerioides ruminicola*

③ 전분 소화세균(amylolytic bacteria) : *Bacterioides amylophilus, Succinomonas amylolytica, Butyrivibrio fibrisolvens, Selenomonas ruminantium, Streptococcus bovis*

④ 당 이용 세균(bacteria utilizing sugars)

⑤ 유기산 이용 세균(bacteria utilizing acids) : *Veillonella gazogenes, V. alacalescens, Peptostreptococcus elsdenii, Propionibacterium* spp. *Selenomonas lactolytica*

⑥ 단백질 이용 세균(proteolytic bacteria) : *Bacteroides amylophilas, Clostridium sporogenes, Bacillus licheniformis*

⑦ 암모니아 생성세균(ammonia-producing organism) : *Bacteroides ruminicola, Selenomonas ruminantium, Peptostreptococcus elsdenii*

⑧ 메탄 생성세균(methane-producing bacteria) : *Methanobacterium ruminatium, M. formicicum, M. sohngenii* 와 *M. suboxydans, Methanosarcina* spp.

⑨ 지방 소화세균(lipolytic bacteria) : *Anaerovibrio lipolytica*

⑩ 비타민 합성세균(vitamin-synthesizing organism)

■ 반추위 원충류(Rumen Protozoa)

19세기 중반부터 세균보다 큰 protozoa가 존재한다는 사실이 알려지기 시작하였고 1920년대 후반부터 1930년대 초반 무렵에 형태, 영양, 대사와 기능, 분류정보가 보고된 바 있다(Church, 1975년).

① 분류(Classification): 대개 섬모의 종류를 기준하여 분류한다(섬모의 형태와 존재 양태에 따라 분류). 편모를 가진 것은 극히 드물다. 보통 섬모충[holotrichs(holo = all + trich = hair, 섬모)]과 편모충[Oligotrichs(Oligo = 빈약한, + trich = hair)]로 나누는데, holotrichs는 크고 짚신벌레(paramencium)와 비슷한데 난형구조(egg-shaped)를 갖는다. 이런 류의 원충류는 세포 표면이 완전히 섬모로 덮여 있다. Oligoterichs는 종류가 많고 크기도 다양하다. 크기, 모양, 기관이 각기 다양하며, 모양은 긴 타원형이다. 섬모는 작고 앞면에만 있다(Church,1975년).

② 원충류의 크기와 수: 원충류는 비교적 크기가 커서 38 ×15 ㎛에서 195(길이)×109(너비)㎛ 숫자는 5백만/㎖ 정도로 추산되고 있다(Church, D.C. 1975년).

■ 영양과 대사작용

① 대부분의 원충류는 많은 양의 전분형 다당류를 생성하여 저장해 두는데 이것은 영양분이 결핍된 기간을 위해 쓰여지는 것으로 보인다.

② Holotrichs(*Isotricchs prostoma*와 *I. intestinalis*)는 다량의 가용성 당류를 함유하고 glucose, fructose, sucrose, inulin, levans, granular starch, pectin을 이용한다. 탄수화물을 취하여 acetic, butyric, lactic acid을 생성한다. 소량의 propionic, hydrogen과 CO_2도 생성한다.

③ Oligotriches(*Entodiniomorphs*)의 경우 가용성 탄수화물의 이용률이 낮다. 대부분이 식물섬유를 취하고, hemicellulase를 생성한다. cellulase 분비는 불분명하다. 대사산물은 섬모충과 비슷하다. 저장되는 다당류는 섭취한 탄수화물 형태에 근거한다.

④ 몇 가지 연구에 의하면 Holotrichs나 Oligotrichs가 Bacteria를 섭취하는 것이 밝혀졌다. 원생동물은 해부해서 bacteria를 분리 세척하여 모은 뒤 계수해 본 결과 마리당 평균 22마리의 세균이 발견되었다(Church, 1975년, Church 등, 1988년).

3) 사일리지 미생물

(1) 사일리지의 의의

사일리지는 예로부터 영국농민들이 청예 사료작물을 적절한 첨가물과 혼합하여 조제하고 세균의 발효과정을 거쳐 장기간 보관하면서 가축에게 겨울철 조사료원으로 급여할 수 있도록 개발한 고영양 발효사료이다.

(2) 사일리지 분포 미생물의 주류

발효 초기에는 호기성균들이 주류를 이루다가 점차 사일리지 내 산소 고갈로 혐기성 유산균들이 주류를 이룬다. 사일리지 유산균으로는 대개 *Lactobacillus* 속과 *Streptococcus* 속이 차지하고 있다.

(3) 사일리지 제조 시 첨가 미생물

사일리지의 고품질을 위해 발효 보조제로서 스타터를 첨가한다. 즉 유산생성 균주(*Lactobacillus* spp.)를 첨가함으로써 일시에 사일리지 내 유산균수를 증대시켜 발효속도를 촉진한다. 그러나 그 필요성에 의문이 제기되기도 하는데 이는 원래 사일리지 재료에 풍부한 유산균이 함유되어 있고, 추가로 균을 첨가한다고 정확히 발효촉진이 되는지에 의문이며, 원래 존재하는 균수와 첨가 이후 균수의 증대에 유의적인 차이가 인정되기 어렵기 때문이다.

따라서 스타터의 첨가가 사일리지 고형분 함량 증대, 에너지와 단백질의 증대를 가져온다는 주장과 추가적인 유산균 접종은 불필요한 과정이라는 주장이 맞서 있다(Ensminger, 1993). 상업적으로 통용되는 스타터 균주로는 주로 *Lactobacillus plantarum*이나 *Pediococcus acidilactic*이 있다(배동호, 1995년).

그림 1-1. 사일리지 제조를 위한 적절한 밀봉

(4) 사일리지 품질과 미생물

사일리지 제조 후 밀봉과 코팅을 잘 하고 빗물에 영양물질 손실을 막으며, 공기 누출을 방지하여 미생물에 의한 품질저하를 방지해야 한다(그림 1-1). 만약 위의 조건이 소홀히 관리될 경우 곰팡이 사일리지(Moldy Silage)로 퇴비화 될 뿐만 아니라 이런 사일리지는 곰팡이독소 때문에 가축에게 해롭기 때문이다. 특히 부패성 세균에 의한 사일로 내부 CO_2가스나 옥수수 외의 수수, 수단그라스 원료 유입은 과다한 질소 함유가 되어 아질산(NO_2) 같은 가스 발생이 일어나 사일리지 품질을 떨어트릴 뿐만 아니라 동물과 사람에게 모두 위험하다.

(5) 사일리지 제조과정 단계별 증식 세균의 작용

① 초기단계 - 호기성균의 증식 → 발열 → 산소소비 → 호기성균 사멸 → 혐기적 조건 형성

② 중간단계 - 혐기성균(유산균) 증식 → 유산생성 → pH 4.0 이하의 산성조건 형성

③ 완성단계 - 사일리지 내 혐기성균(유산균)의 우점으로 각종 잡균 사멸 → 사일리지의 계속 보존 가능(기록에 의하면 12년간 보존이 가능했다) → 제조 40일 경과하면 급여 가능하다.

2. 생균제 미생물

생균제(probiotics)란 항생제(antibiotics)에 대비되는 용어로써 2006년부터는 항생제를 질병치료 이외의 목적으로 사용할 수 없게 됨에 따라 생균제의 필요성이 더욱 강조되고 있다. 이 말은 원래 probiosis(공생)라는 말에서 유래하였다. 즉, 이 말은 그리스어 단어 두 개가 합성된 것인데 'pro'란 '*for life*'란 뜻이고, 'biotics'란 biotikos 즉, '*of life*'란 뜻의 말이 합쳐져서 이루어진 말로서 공생(共生, symbiosis, 생물이 생물을 위하는)의 뜻이다. 1974년에 이 말이 Parker에 의해 처음 사용되었다가 최근에는 생균제를 의미하는 용어로 정착되었다.

1) 생균제의 의의

생균제라는 말은 Fuller(1989년)가 "장내 미생물의 균형을 개선시킴으로써 동물에 유익한 효과를 제공할 수 있는 살아 있는 미생물 제재"라고 정의한 이후 다시 "토착균총을 개선시킴으로써 인간과 동물에 유익한 하나 또는 다수의 미생물"로 그 의미가 확대되었다(윤성식, 2000년).

2) 생균제의 정의

동물의 소화관 내에서 유용한 작용을 나타내는 살아 있는 미생물 제제, 즉 숙주의 장내균총을 개선하여 숙주 건강에 유익한 효과를 나타내는 경구첨가(투여)된 살아 있는 미생물(a live bacterial cultures)의 총칭 또는 '장내의 미생물 균형을 유지해 주는 생물체 또는 물질'이다.

3) 생균제의 작용기전

생균제의 작용기전에 관해서는 여러 가지 설이 있었으나 현재는 장내의 유해균을 억제하고 유익균을 증가시켜 장내 세균총의 균형을 회복, 유지시키는 것이라 생각되고 있다. 생균제를 사용함에 따른 기대효과는

① 장내세균총의 균형 조절로 가축의 건강상태를 유지, 가축이 본래 가지고 있는 최대능력에 근접시켜 준다.

② 잔류나 내성문제가 없다. 식품에 잔류나 내성균의 증가는 거의 없다. 다만 사용균주의 안전성이 일반 독성시험, 생균 자체의 독성시험 및 사양시험을 통해 과학적으로 설명되고 증명이 가능하다.

③ 장내 유해세균의 증식저지로 악취 및 유해가스 저감, 면역기능 활성화로 감염방지, 설사빈도 저하로 궁극적인 생산성을 증대시킨다.

이러한 생균제의 작용기전을 요약하면 아래와 같다(이창룡 1995년, 이명현 2006년, 황교열 2003년).

- 유해균의 증식억제로 장내 세균총의 정상적인 유지(억제균 : 병원성 대장균, 클로스츠리디움, 살모넬라, β-용혈성 세균. 증가균 : 유산균 등의 유용균) 생균제에 의한 장내 유해균의 발육억제 및 저지작용은 다음 작용에 의하여 일어난다.

㉮ 병원균이 증식되는 부위에 먼저 정착하여 병원균의 증식을 저지 또는 억제시킴 - 병원균의 장점막 정착과정을 적극적으로 저해

㉯ 항균성 물질 생성에 의한 유해균 억제 - acidophilin, 과산화수소(유산균) : DPA(dipicolinic acid, 아포생성균의 내열성을 갖게 하는 물질)

㉰ 유기산의 생성에 의한 유해균 억제(유산, 초산에 의한 장내 pH의 저하 및 그람음성 병원균의 장점막 부착저해) 및 독소의 중화, 암모니아 발생이나 유해한 아미노산 합성저해로 정상 세균총 유지, 반추류에서는 제1위 내의 휘발성 지방산 증가로 기능의 정상화 촉진

㉱ 유해세균을 죽이는 용해산소의 생성

㉮ 세균간의 영양소 경쟁에 의한 유해세균 억제

- 소화효소 및 비타민 합성 촉진(아밀라아제, 프로티아제 생성 → 비타민 B 합성)
- 면역 증강작용(세포벽의 면역 다당체 촉진 → 면역 담당세포 생성 자극)

이렇게 생균제가 동물의 신체적 건강상태를 유지시켜 소화흡수나 질병에 대한 저항력이 증가되는 작용기전에 의하여 생산성 개선효과를 가져올 수 있다. 그 결과 실제로 농장에서 설사, 장염의 예방 및 치료효과, 증체율, 사료효율, 육성률, 번식률 등의 생산성 향상에 기여하게 되는 것이다.

4) 생균제의 신개념

그 동안 생균제의 작용 부위가 동물의 장관 내라는 점에서 생균제는 동물의 장내에서 유용한 작용을 하는 '살아있는 미생물'이라는 의미로 주로 사용되어 왔던 것이 더욱 확대되어 생균(生菌) 뿐만 아니라 사균(死菌) 자체도 분해되면서 동물의 장관이나 건강에 유리한 작용을 나타낸다는 것이 밝혀짐에 따라 '죽은 미생물'을 포함시킨 개념의 생균제 의미가 통용되고 있다.

최근에는 생균제의 개념 범위가 더욱 넓혀져서 Prebiotics나 Synbiotics와 같은 신개념의 생균제 관련 물질들도 함께 다루어지고 있다.

① Prebiotics : 선택적이거나 장내의 제한된 미생물의 성장을 촉진하는 물질

② Synbiotics : Probiotics 와 Prebiotics의 조합으로 생균제가 위장의 윗부분을 통과할 때 생존율을 개선하는 것

5) 생균제 구성 미생물

(1) 주요 균주구성

① *Pediococcus*, *Enterococcus* (구균)와 *Lactobacillus* (간균) 및 *Bifidobacterium* (무정형 형태) *Pediococcus* 는 김치, 피클(동・서양 담금식품) 같은 식물 절임류에서 검출되는 것이다.

- *Enterococcus* 는 연쇄구균으로 *Streptococcus* 속 중 유산균의 경우 *Enterococcus* 라 바꿔 명명하는 경향(*Streptococcus*에는 병원균이 많이 속해 있어서 생균제가 병원균 개념을 띠는 것을 회피하려는 경향이 있음)에 따른다.
- *Lactobacillus* 는 생균제의 대표주자인 셈인데 *L. acidophilus*, *L. salivarius*, *L. reuterii* 및 *L. plantarum* 등이 있다.
- *Bifidobacteria* 의 경우 무정형의 유산균이라 하고, 편성혐기성의 균으로 산소가

있는 경우 성장하지 못한다. 그 중요성이 밝혀지면서 최근에 생균제로 많이 이용되는 균이다.

② *Bacillus* 균은 그람양성의 간균으로 성장속도가 매우 빠른 균이다. *Bacillus subtilis*는 고초균으로 된장, 간장, 젓갈 발효과정에서 많이 검출되고, 일본의 Natto 식품은 고초균을 이용한 대표적인 발효식품이다. 바실러스는 포자형태로 휴면할 수 있어 실온에 보관하여도 생존력이 우수하고 가공사료 생존율도 우수하다. 그 외에 *B. cereus, B. coagulans, B. licheniformis* 등이 있다.

③ *Clostridium butyricum*의 경우, 대부분의 클로스트리듐 균은 강력한 독성을 갖는 미생물로 분류되나 이 균은 매우 예외적인 균이다. 포자를 형성하여 생존율이 우수하고 포자를 형성한 경우 열에 강하고 장기간 생존이 유지되는 특징이 있다.

④ *Aspergillus niger, Aspergillus oryzae*는 전통적으로 장류(메주) 발효나 효소생산을 목적으로 사용된 균이다.

⑤ 효모균 *Saccharomyces cerevisiae*는 인류와 역사를 함께 해온 유익균이다. 그 외 *Candida*와 *Torula* 효모는 단세포 단백질 생산을 적으로 한 균인데 *Saccharamyces* 속의 균이 단백질 함량이 40% 정도라면 이들 균은 50~60% 정도의 단백질을 생산할 수 있고, 탄화수소(석유화합물)를 사용하여 생산할 수 있다. 이들 효모들은 많은 양의 RNA를 함유하고 구성 단백질 중 1% 정도의 글루탐산을 함유하여 맛을 증진하는 효과가 있어 가축의 기호성 향상에도 큰 도움이 된다. 생균제로 사용되고 있는 주요 균은 아포를 형성하는 균과 아포를 형성하지 않는 균으로 구분된다(황교열, 2005년).

(2) 아포 형성 유무에 따른 구분

① 아포를 형성하는 균

- 혐기성균(*Clostridium butyricum*)
- 호기성균(*Bacillus cereus* (무독성주) *B. coagulans, B. subtilius, B. natto*를 포함) *B. mesenterus* 가 있다.

② 아포를 형성하지 않는 균

- 유산간균(*Lactobacillus acidophilus, L. salivarius*)
- 유산구균(*Enterococcus faecalis, E. faecium*(Syn. *Streptococcus faecalis, S. faecium*)

③ 비피더스균(*Bifidobacterium thermophium, B. pseudlongum*)

(3) 호흡방식에 따른 구분

호기성균은 소화관 위쪽에서 작용하고 혐기균은 아래 부분에서 작용하는데 *Bacillus* 는 장내 정상균이 아니지만 유산균은 정상균총이다. 따라서 아포제제는 사료내 안정성 위산 소화관, 담즙에 대한 방어효과가 있어서 이러한 상황에서 상대적으로 약한 유산균보다 생균제로서 유리한 점이 많다.

① *Bacillus* : 호기성균, 아포균
- Toyoi균(*B. toyoi*)
- 락리스균(*B. coagulans*)
- 고초균(*B. subtilis*)
- 당화균(*B. mesentericus*)

② 혐기성균
- 낙산균(*Cl. butyricum* : 혐기, 아포균)
- 유산균(유산간균. 구균, 통성혐기성균(*Lactobacillus helveticus*, *L. acidophilus*, 및 *Bifidus* 균)

6) 생균제와 안전성

가축이나 양식 수산업에 사용되는 생균제는 사료에 첨가하여 급여되는 것이 대부분이다. 따라서 생균제는

① 표시된 균수가 제품에 포함할 것
② 제품 중에서 장기간 안정할 것
③ 사료공장에서 펠렛 제조 시 발생하는 고온에 견딜 것
④ 사료 중에서 안정되어 있을 것
⑤ 축산농장, 양식장에서 사료탱크에 저장되어 안정할 것(사료탱크 내부는 하절기에 상당히 고온으로 된다)

결국은 급여될 때까지 표시된 균수가 유지되는 것이 중요한 것이다. 세균의 아포는 외계의 변화에 대해 저항력이 강하다는 것이 알려져 있어 아포균은 펠렛 제조 시의 고온에도 영향을 받지 않으며, 사료 중의 안정성이 뛰어나며 또는 소화관 내에서도 위산, 담즙에 의한 영향을 받지 않는다.

무아포균의 제제는 안정성이 떨어지며 그러므로 이것에 대해 코팅처리 등으로 안정화를 시도하고 있으나 불충분하며, 비용도 많이 요구되고 있어 비용이 들지 않는 기술개발을 바라고 있다.

3. 동물 식품위생 위해요소중점관리기준(HACCP)과 미생물

1) HACCP의 의의

HACCP(Hazard Analysis Critical Control Point)라는 말은 원래 1960년대에 미국의 항공우주개발 프로그램의 수행과정에서 우주인들이 무중력 상태에서 우주선 내에서 섭취하는 식품의 안전성을 보장받기 위하여 미국 내 여러 기관들(U. S. Army Natic Research Lab., NASA 및 Pillsbury Co. 등)과의 공동연구 프로젝트를 수행함으로써 시작된 것이다. 오늘날에는 미국의 식품관리 안전 전반에 식품의 안전성 보증을 위한 품질관리의 방법으로 널리 도입되고 있는 방식이 되고 있다.

2) 동물자원의 식품가공처리와 유통상의 위해요소(CCP)

동물자원 생산 이용분야에서 주로 관리 대상이 되는 위해중점요소는 아직 성안된 것이 없으나 보건복지부의 예시(표 1-1)에 따르면 생물학적 요소는 곰팡이 독소(Aflatoxin)・세균독소, 화학적 요소는 농약・항생제・비료・호르몬제・유전자 조작에 의한 물질・독성 원소료・세척제 그리고 물리적 요소는 목장에서의 유입위험이 있는 돌, 나무, 뼈, 못, 금속조각, 유리파편 등이 될 것으로 보인다(정석근(2007).

표 1-1. 위해요소에 대한 관리기준 예시

위해요소	관리기준
- 농업용 화학물질{농약(살균제, 제초제, 비료, 살충제), 항생제, 비료, 생장조절제}	규제당국(보건복지부 등)이 정한 기준
- 곰팡이독(Aflatoxin, Orchratoxin, Zearalenone, Vomitoxin)	Aflatoxin : 20ppb 다른 곰팡이독은 규제치 않음
- 세균성 독소(*S. aureus* 독소, Botulinum 독소, 어패류 독소)	규제치 없음 Zero tolerance가 바람직함
- 독성원소(납, 수은, 비소, 시안 등)	규제당국에서 설정
- 제조공장 화학물질(위생소독제, 윤활유 등)	규정치 없음
- 식품첨가물(보존료, 색소, 풍미상승제)	규제당국에서 기준치 설정
- 돌, 나무, 뼈, 금속조각, 유리파편 등	불검출

3) HACCP 관련 미생물 처리

(1) 낙농가에서의 HACCP 도입상의 필수항목

① 원유에의 잔류물질 방지를 위한 중점요소
② 효과적인 잔류물질 방지를 위한 중점요소 설정의 이론적 배경, 조사, 양식, 제거실천 프로그램 등의 설정
③ 중점요소별 기록유지 · 검색 · 입증을 위한 수의사, 전문가의 도움
④ 낙농가 간의 긴밀한 협조체제 구축
⑤ 젖소의 성장 · 착유단계별 우군 건강관리 프로그램 운영
⑥ 위생적인 착유와 착유시설 · 운영
⑦ 우사 환경관리
⑧ 우유 보존관리

4) 낙농가에서의 잔류물질 예방을 위한 중점요소들 (Critical Control Point, CCP)

(1) CCP 1: 우군 건강관리(표 1-2)

(2) CCP 2 : VCPR(수의사-목장주-환축) 체계확립(표 1-3)

(3) CCP 3 : 공인약품(OTC) 및 의사 처방약품(Rx) 사용(표 1-4)

표 1-2. CCP 1: 우군 건강관리

Critical Control Point	목 적
- 유방염예방 프로그램	각 개체의 예방용 건강관리 프로그램 갖추기
- 깨끗하고 건전한 환경 내에서의 우군 관리	확실한 수의사 / 낙농가 / 환축관계는 의약품을 이용한 품질보증 프로그램 구축에 필수적임
- 영양 및 번식프로그램의 채택	약물요법의 의존 최소화로 치료비, 약품비의 절감
- 예방백신 및 기생충구제 프로그램	연간 우군의 건강상태로의 관리
- 질병 전파로부터의 방어	수의사와의 연결에 의한 국가 낙농 데이터베이스와 상담
- 신생 송아지, 육성우, 거세우 프로그램	수의사와의 상담서비스의 이용도 제고

표 1-3. CCP 2 : VCPR(수의사-목장주-환축) 체계확립

Critical Control Point	목 적
- 수의사와 낙농가는 상호 협력관계를 구축해야 하고, 가축의 건강에 대한 임상진단과 약물치료의 필요성을 이해하여야 함. - 위법의약의 무잔류 보증을 위한 모든 변이를 고려해야 함.	- 수의사는 약품사용 조절과 우군 건강관리 책임 - 확실한 VCPR체계 구축 - 수의사와 생산자는 처방된 약품의 저장과 적절한 시험에 동의해야 함

표 1-4. CCP 3 : 공인약품(OTC) 및 의사 처방약품(Rx) 사용

Critical Control Point	목 적
- OTC와 Rx 간의 차이점 이해 - 특수약품 사용 이해 - 모든 처방된 처방전 의약품이 공인기관에서 인증되었는지를 확인 - 인증된 의약품 목록 작성	- 적절한 약품사용은 잔류방지를 위해 필수적임 - 사용방법 숙지 - 법률적 책임에 최소화, 식품안정성 보증과 약품의 효과보증 - 국가 공인약품의 소지 - 구입한 농가 특수목록 약품에 사용형태 최소화

(4) CCP 4 : 약품상표의 공식 확인

① 사용된 모든 의약품 또는 상표 요구조건에 맞는 상표인지를 확인
- A등급 살균유 법령과 경영조사에 응해야 함
- 모든 약품은 반드시 적절한 사용을 위해 라벨을 붙여야 함

(5) CCP 5 : 적절한 의약품 보존

① A등급 살균유 법령과 조사에 응해야 함
② 약품오용을 방지하기 위해 적합한 약품저장 지침 준수

(6) CCP 6 : 적절히 투약된 개체 확인

적절한 잔류시간 보증, 투약우의 이동방지, 환축 및 처리우 확인

(7) CCP 7 : 투약된 개체의 적절한 처리기록 유지와 이용

정확한 농장 특수약품 목록 유지, 모든 가축 개별 확인, 처리우 확인

표 1-5. 물질 중점관리 분석 예

생산단계	1. 원유는 목장에서 수유시 6℃ 이하, 저유탱크는 5℃ 이하에서 48시간까지 저장		2. 원유를 50℃로 가열하고 크림분리
위 해	1.1 미생물이 증식된 우유는 제품결함이나 독소를 생산	1.2 원유의 병원균과 부패균이 최종제품에 교차오염	2.1 원유와 크림중의 병원균과 부패균이 최종제품에 교차오염
통제수단	- 생산자 특성 - 저유탱크와 착유라인 세척 / 위생 - 저장된 우유와 냉각수와의 온도조절 - 원유순환	- 위생지침 - 계획된 세척	- 위생지침 - 계획된 세척
목표수준	- 목장에서 6℃ 이하 계획된 세척 - 저유탱크에서 5℃ 이하 - 최고 48시간 저장	- 위생지침에 따른 계획된 세척	- 위생지침에 따른 계획된 세척
감시순서	- 온도체크 - 생산과 현장 감시 - 온도기록 - 처리시간 기록	- 생산과 현장 감시 - 현장 감시	- 생산과 현장 감시 - 현장 감시
대처행동	- 목장검사 - 제훈련 - 우유공급 온도와 저유탱크 - 온도조절 검사 - 생산계획 조사	- 제훈련이나 개선 - 제훈련	- 제훈련이나 개선 - 제훈련

(8) CCP 8 : 잔류약품 검사

① 적절한 농장 및 실험실 시험을 통한 우유 및 오줌검사

- 잔류 물질검사 위반 방지
- 원유 및 고기에 잔류물질이 없다는 확신을 주고 원유 구입자에 확신을 줌

(9) CCP 9 : 약품사용 인식교육

고용자에게 상품성이 떨어지는 제품을 막기 위한 적절한 약품 사용방법의 지식과 인지를 확인함

(10) CCP 10 : 우유 및 젖소 비육우 잔류약품 방지 처방전

① 정확한 농가 특수약품 목록 보관, 개체별(주사투여) 구분

• 원유위해

참고문헌

1. Alcamo, I. E. 1983. Fundamentals of Microbiology. Addison-wesley.
2. Bauchop, T. 1979. Rumen Anaerobic Fungi of Cattle and Seep. Appl. Environ. Microbiol. 38: 148～158.
3. Church, D. C. 1975. Digestive Physiology D. C. Church.
4. Church, D. C(Editor). 1988 The Ruminant Animal Digestive Physiology and Nutrition. Prentice Hall
5. Ensminger, M. E. 1993. Dairy Cattle Science. Interstate Publishers, Inc. Illinois
6. Fuller, R. 1989. Probiotics of man and animals. J. Appl. Bacterio.. 66:365378
7. Hungate, R. E. 1966. The Rumen and Its Microbes. Academic Press.
8 Jay, J. M. 2000. Modern Food Microbiology. Aspen Publishers.
9. Madigan, M. T., J. M. Martinko, J. Parker. 2000. Brock-Biology of Micro-organisms. Prentice-Hall .
10. Stanier, R.Y. 1979. Introduction to the Microbial World. Prentice-Hall
11. Tortora, G. J. 1968. Microbiology An introduction. Benjamin.
12. Volk, W. A. 1988. Basic Microbiology. Harper & Publishers.
13. 강국희. 김우호. 김종우. 김종협. 김창한. 이택주. 정기철. 한문희. 1993. 낙농미생물학. 선진문화사.
14. 김병홍. 1995. 미생물생리학. 아카데미서적.
15. 민경희. 1991. 대학미생물학. 탐구당
16. 배동호. 1995. 낙농학-그 원리와 응용. 선진문화사

17. 배동호. 강희신. 고준수. 김동암. 김현욱. 김형균. 민병렬. 박영일. 임경순. 안종건. 정근기. 정천용. 한홍율. 1984. 한국낙농요론. 선진문화사

18. 윤성식 2000. Probiotics용 유산균의 Design과 Molecular typing에 의한 동정법, 한국유가공기술과학회지 18(1): 47～60.

19. 이명헌 2006. 6. 생균제! 바로 알고 제대로 씁시다. 바이엘화학 "중소가축편 38～43.

20. 이창룡 1995 생균제에 대한 올바른 이해. 바이엘화학 "대가축편" 48 : 28～35

21. 인영민 1998. 낙농농가에서의 HACCP적용. 한국유가공기술과학회지 16(1): 44～56

22. 임번삼 2004. Probiotics의 기술 및 시장동향. 식품기술 17(3): 3～24

23. 정석근 2007. 젖소사육농가 HACCP시스템 적용 2007년 전남친환경축산반 교육자료 241～267. 전라남도.순천대학교 친환경축산사업단

24. 황교열 2003. 생균제의 이해 : http://www.biotopia.co.kr

제 2 장

미생물 분리 및 보존

1. 미생물 분리

미생물들은 토양, 물, 공기, 음식물이나 동・식물의 표피 등 자연계의 어느 곳에나 널리 혼합되어 분포하고 있다. 따라서 미생물을 이용한 실험을 위해서는 그 목적에 따라 혼합된 미생물을 단일 집락(single colony)으로 분리할 수 있어야 한다. 다른 종과 혼합되지 않은 단일 종의 미생물로 분리하여 배양하는 것을 순수분리(pure isolation) 또는 순수배양(pure culture)이라고 한다. 자연상태로부터 순수한 단일 종의 미생물을 얻기 위해서는 첫째 다른 미생물로부터 순수하게 분리하여야 하고, 둘째 순수분리한 균을 적절한 환경에서 다른 미생물의 오염 없이 배양하는 두 단계의 과정을 거쳐야 한다.

여기서는 미생물을 순수분리 할 수 있는 방법인 도말평판(spread-plate)법, 주가평판(pour-plate)법, 획선평판(streak-plate)법, 천자접종(stab-inoculation)법, 혐기성 세균 분리법을 소개하도록 하겠다.

1.1 미생물의 순수분리법

1) 도말평판(spread-plate)법

세균 혼합액으로부터 순수한 단일 미생물을 분리하기 위해 도말평판법을 사용할 수 있다. 도말평판법은 희석시킨 소량의 세균 혼합액을 배지 표면에 주입한 후 유리봉(glass rod)으로 도말하는 방법을 말한다(그림 2-1).

그 방법을 간단히 설명하면 희석시킨 소량의 세균 혼합액을 멸균된 피펫(pipette)을 사용하여 평판배지 표면에 주입한다. 그리고 도말할 때 사용할 유리봉을 70% 이

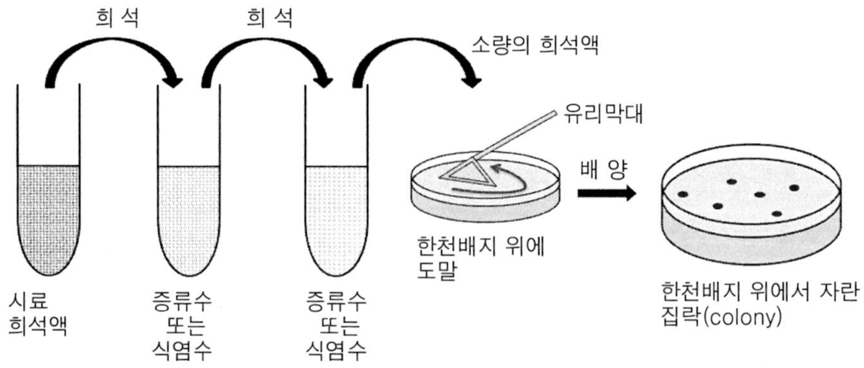

그림 2-1. 도말평판(spread-plate)법

상의 알코올이 담긴 비커에 담그는데, 이때 유리봉의 구부러진 윗부분까지 알코올에 충분히 잠기도록 한다. 알코올에 담근 유리봉을 알코올램프의 불꽃에 소독하여 식힌 후 평판배지 표면에 주입된 세균 혼합액으로 가져가 미생물이 배지 표면에 골고루 퍼지도록 배지를 돌리면서 가볍게 문지른다. 도말이 끝난 후 유리봉을 다시 알코올로 소독하고 세균이 도말된 평판배지는 배양기에서 일반적으로 1～2일, 길게는 1주일 이상 배양한다.

2) 주가평판(pour-plate)법

세균 배양액 내의 살아 있는 미생물 수를 측정하거나 세균 혼합액으로부터 단일 집락을 분리하기 위하여 주가평판법을 사용할 수 있다. 이 방법은 적절하게 희석시킨 세균 혼합액을 먼저 45～50℃로 식힌 한천배지와 혼합한 후 페트리접시(petri dish)에 주입하는 방법으로 세균을 고르게 분산시킨 후 배양기에 배양하면 단일 집락을 얻을 수 있다(그림 2-2).

배지를 페트리접시에 붓기 전에 오염을 방지하기 위하여 시험관 입구를 알코올램프로 살짝 가열해 주는 것이 좋다. 또한 배지를 페트리접시에 주입할 때 기포가 발생하지 않도록 주의하여 서서히 부어야 하며, 배지가 고르게 펴질 수 있도록 페트리접시를 서서히 회전시켜 주도록 한다. 배지가 굳은 후 배양기에 배양시키면 단일 집락을 얻을 수 있다.

3) 획선평판(streak-plate)법

여러 종의 미생물이 혼합되어 있는 시료나 세균 배양액에서 도말평판법이나 주가

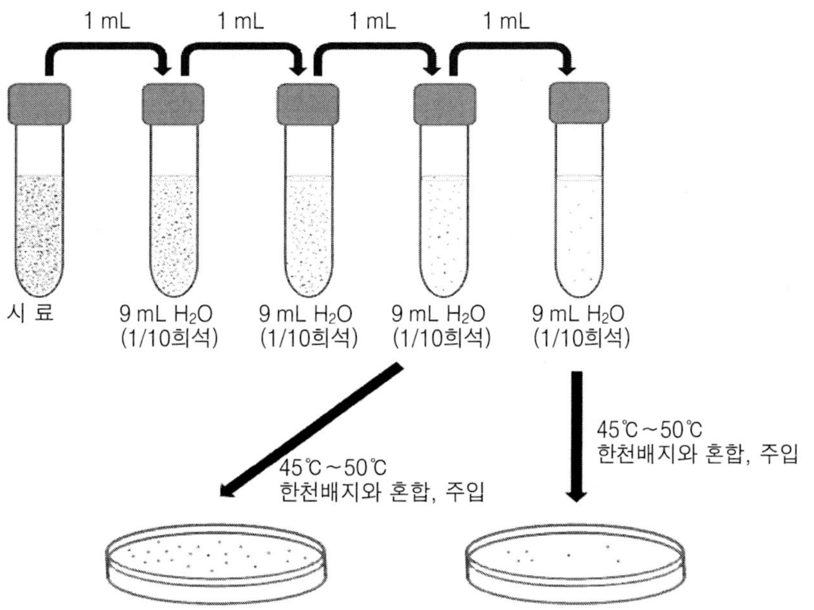

그림 2-2. 주가평판(pour-plate)법

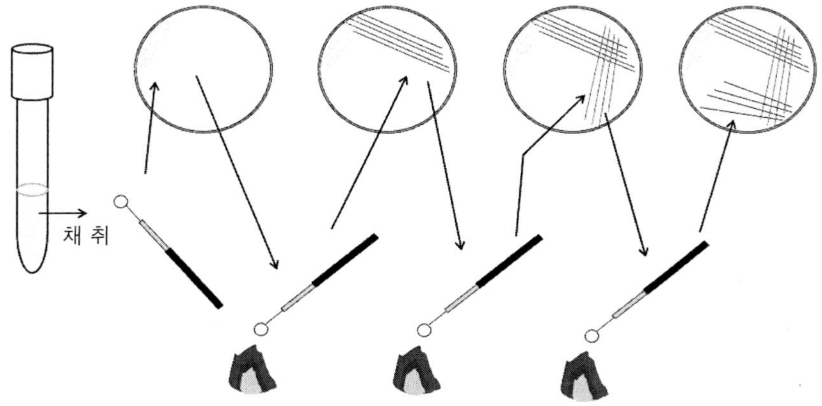

그림 2-3. 획선평판(streak-plate)법

평판법을 이용하여 분리한 단일 집락을 획선평판법을 이용하여 순수 분리할 수 있다. 이 방법은 평판배지에 백금선(platinum wire)을 이용해 균 밀도를 낮추어 단일 집락을 얻는 방법이다(그림 2-3). 획선평판법에서 단일 집락을 얻기 위해 시료를 배지에 긋는 방법은 다양하지만 실험 원리 및 방법은 동일하다고 볼 수 있다. 도말평판법이나 주가평판법에서 얻은 집락을 알코올램프로 멸균시킨 백금이로 딴 후 평판배지에 여러 단계로 그은 후 배양기에 배양한다. 백금이로 한 번 긋고 나서 다시 그을 때는 반드시 백금이를 알코올램프에 다시 멸균시켜야 한다.

배지에 긋는 방법에는 4단계로 나누어 배지를 긋는 두 종류의 쿼드런트 획선(quadrant streak)법이 있고, 이 외에도 방사 획선(radiant streak)법과 연속 획선(continuous streak)법이 있다. 실험실에서 가장 많이 사용하는 방법은 쿼드런트 획선법(그림 2-4)으로 이것을 흔히 4분법이라고도 한다. 쿼드런트 획선법은 선은 이어지지 않으나 각 단계별로 넘어가면서 선이 그 전 단계에 그어진 선과 맞물리도록 그어주는 방법이다. 이렇게 맞물리게 그어 주되 다음 단계로 넘어갈 때는 반드시 백금이를 다시 알코올램프에 멸균시켜야 한다. 이런 방법을 이용하면 4번째 구역쯤에서 균수가 줄어들어 우리가 원하는 단일 집락을 얻을 수 있다.

4) 천자접종(stab-inoculation)법

미생물의 황화수소 생성 같은 생리적 특성을 조사할 경우, 부분적인 혐기조건을 만들어 주어야 하는 경우, 생성된 기체의 확산을 막아야 할 경우 또는 순수 분리된 세균을 고체 배지에 장기간 보관하고자 하는 경우에 천자접종법을 사용한다. 이것은 시험관의 반고체 배지에 접종 침을 이용하여 배지 내부까지 세균을 접종하는 방법이다(그림 2-4). 시험관에 반고체 배지를 만들고 알코올램프에 멸균시킨 백금선을 시료

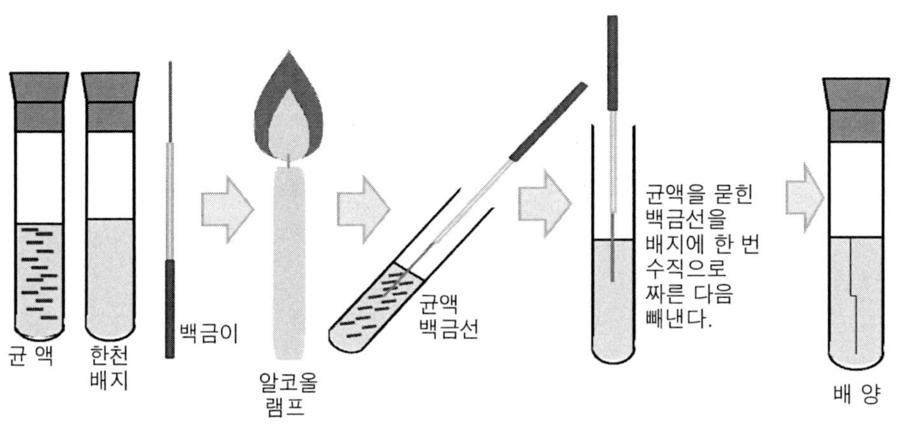

그림 2-4. 천자접종(stab-inoculation)법

나 세균 배양액에 담가 균을 묻힌다. 균이 묻은 백금선을 반고체 배지에 수직으로 한 번 찌르고 빼낸 후 시험관 입구를 막고 배양기에 배양한다.

1.2 미생물의 구조

미생물학을 연구하기 위해서는 아주 작은 크기의 미생물을 관찰하는 적적한 방법을 필요로 한다. 이 가운데 가장 기본적인 것이 현미경 기술이다.

1) 광학현미경

광학현미경(light microscope)은 집광렌즈(집광기), 대물렌즈, 대안렌즈로 구성된 복합현미경으로 대안렌즈가 하나이면 단안현미경이라 하고, 대안렌즈가 두 개여서 양쪽 눈으로 관한하는 것을 쌍안현미경이라 한다.

광학현미경은 그림 2-5에서와 같이 대물렌즈 근처에 관찰하려는 표본을 두고 대물렌즈로 만들어지는 도립된 실상을 대안렌즈의 초점에 두어 대물렌즈로 만들어지는 도립된 실상보다 더 확대된 상을 대안렌즈로 관찰하는 것이다. 따라서 광학현미경의 배율은 일정한 길이의 경통에서 대물렌즈와 대안렌즈의 각각의 배율을 곱한 값이 된다.

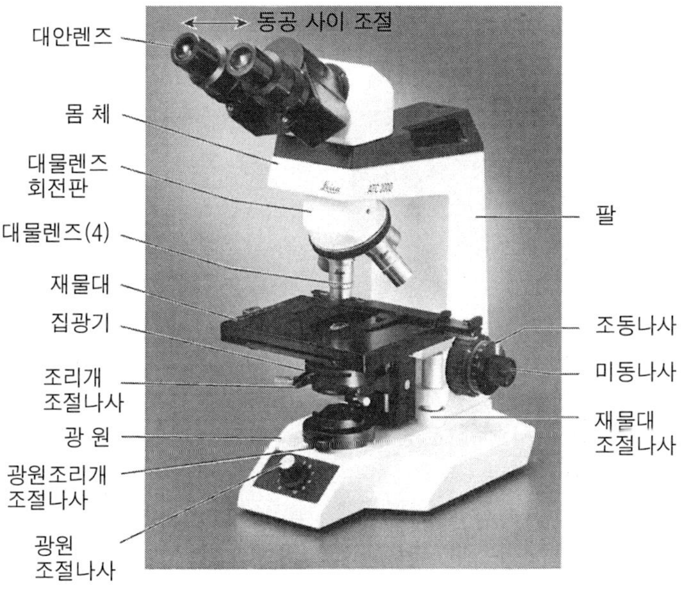

그림 2-5. 명시야 현미경의 구조

조동나사와 미동나사를 이용해 초점거리를 조절하고 재물대나 대물렌즈 회전판을 이용해 물체의 상을 조절한다. 재물대는 몸체 중심부에 위치하며 현미경 슬라이드를 고정하는 장치가 있다. 재물대 조절나사를 이용하여 슬라이드의 위치를 바꾸면서 시료를 관찰할 수 있다. 집광기는 재물대의 안이나 아래에 있으며 슬라이드에 비춰지는 빛의 초점을 맞춘다.

광학현미경에서는 배율이 1,000 X 이상이 되면 표본과 대물렌즈의 간격이 너무 좁아 표본에서 반사된 모든 빛이 대물렌즈로 들어가지 못하기 때문에 뚜렷한 상을 볼 수 없다. 이를 방지하기 위하여 고배율에서는 표본 위에 관찰용 기름(immersion oil)을 떨어뜨려 표본에서 반사된 모든 빛이 대물렌즈로 들어가게 해야 한다.

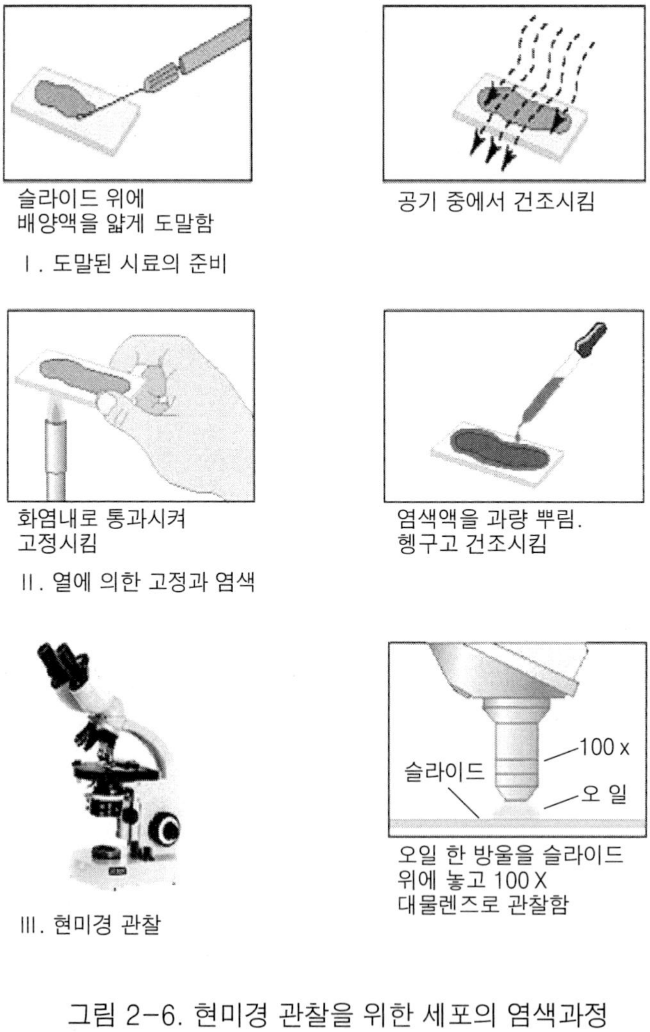

그림 2-6. 현미경 관찰을 위한 세포의 염색과정

2) 그람 염색

광학현미경으로 표본을 관찰할 때는 보통 배경과 뚜렷이 구별하고 세표의 모양과

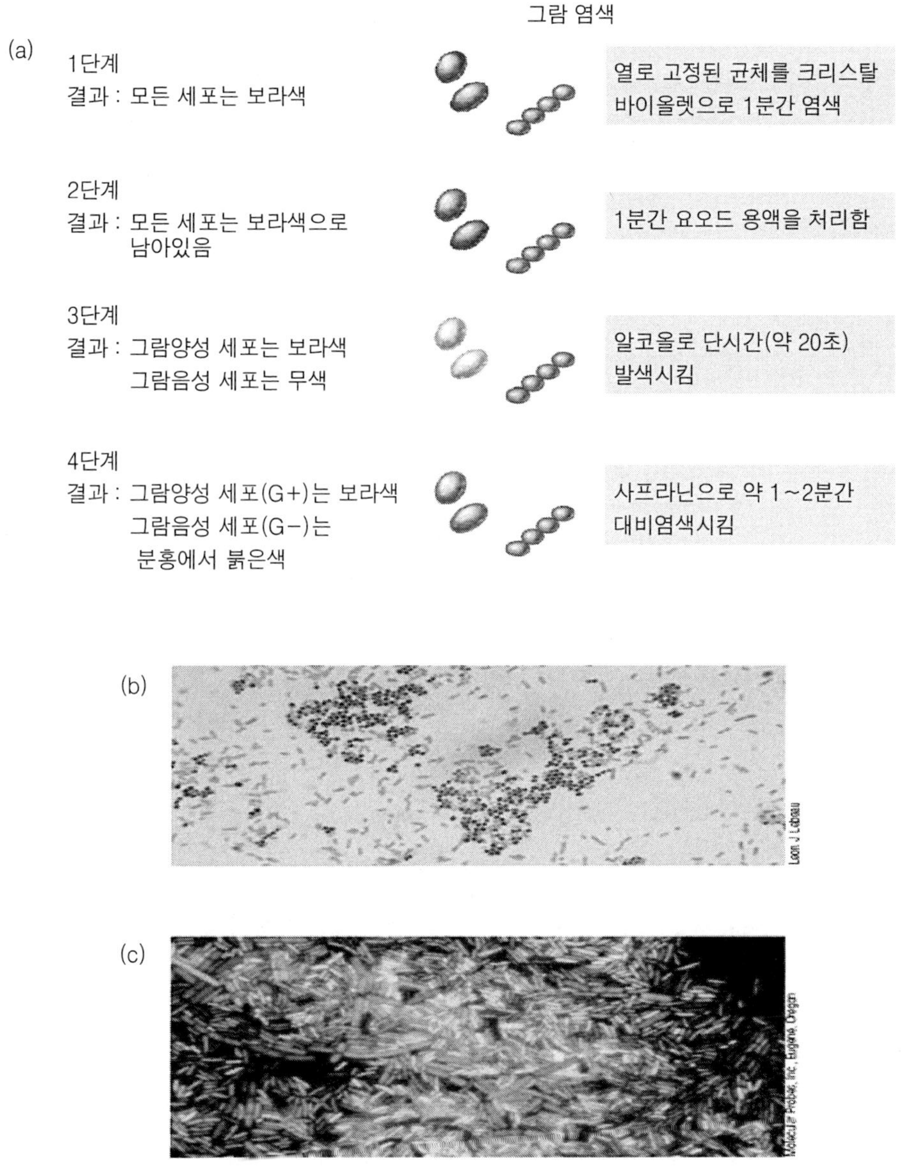

그림 2-7. 그람 염색

(a) 그람 염색 과정의 순서. (b) 그램 염색된 세균의 사진으로서 그람양성(보라색) 세균과 그람음성(붉은색) 세균을 보이고 있다. 종들은 각각 *Staphylococcus aereus*와 *Escherichia coli*

구조를 쉽게 확인하기 위하여 표본을 염색하게 된다. 그람 염색(Gram staining)은 1884년 영국의 Chtistian Gram이 개발한 염색법으로서 세균을 분류하는 기준으로 이용되며, 이 염색법에는 염료 2종과 시약 2종이 사용된다. 1차 염료인 염기성 크리스탈 바이올렛(crystal violet)으로 세포를 보라색으로 염색시킨 후 염색된 시약을 고정하기 위한 매염제(mordant)로서 그람요오드(Gram's iodine) 시약을 사용하여 크리스탈 바이올렛-요오드(CVI) 복합체를 형성함으로써 더욱 강한 보라색을 띠게 한다. 특히 그람양성균은 세포벽에 포함된 마그네슘-리보핵산이 CVI 복합체와 결합하여 Mg-RNA-CVI 복합체가 만들어지는데 이것은 CVI 복합체보다도 세포에 더욱 강하게 결합되어 제거하기다 더욱 어렵다.

이다음 탈색제로서 지방용해와 단백질 탈수작용을 가진 95% 에틸알코올을 사용하여 탈색시킨다. 세포벽의 지질 함유량이 많은 그람 음성균은 지질이 알콜에 녹아 세포벽에 큰 구멍이 생김으로써 세포벽 단백질의 탈수가 어느 정도 진행된다. 따라서 에틸알코올을 처리한 그람 음성균은 CVI 복합체가 쉽게 세포벽에서 떨어져 나오면서 세포벽은 무색이 되는 반면 세포벽의 지질 함유량이 적은 그람양성균은 세포벽에 작은 구멍만 생기게 되기 때문에 Mg-RNA-CVI 복합체는 세포벽 안에 그대로 남아 있어 여전히 보라색을 띠는 것이다.

마지막 단계로 붉은색 염료인 사프라닌(safranine)으로 대조염색(counterstaining)하면 탈색된 무색의 그람음성균만 염색됨으로써 그람양성균은 보라색, 그람음성균은 붉은색을 띠게 됨으로써 미생물 세포를 분별할 수 있게 된다.

1.3 혐기성 세균분리

혐기성 세균은 공기가 없는 곳에서만 자랄 수 있기 때문에 알맞은 배지 선택과 혐기상태를 유지하기 위한 공기 차단이 혐기성 세균을 분리하기 위한 중요한 요소가 된다.

1) 혐기성 균배양조(anaerobic jar)

혐기성 균배양조 안에 균을 접종한 배지를 넣은 후 진공펌프로 공기를 빼내고 대신 혼합가스(일반적으로 N_2, CO_2, H_2의 혼합가스)를 주입하여 혐기조건을 만드는 방법이다. 또한 양초를 켜서 혐기성 균배양조 안에 넣고 뚜껑을 닫아 밀폐시키면 양초가 타는 동안 산소를 소비하여 균배양조 안을 혐기성 조건으로 만들 수 있다(그림 2-8 A). 이렇게 만든 균배양조를 배양기에 넣고 키우면 혐기성 세균을 분리할 수 있다.

(A) 양초 균배양조(candle jar)

(B) 혐기성 균배양조

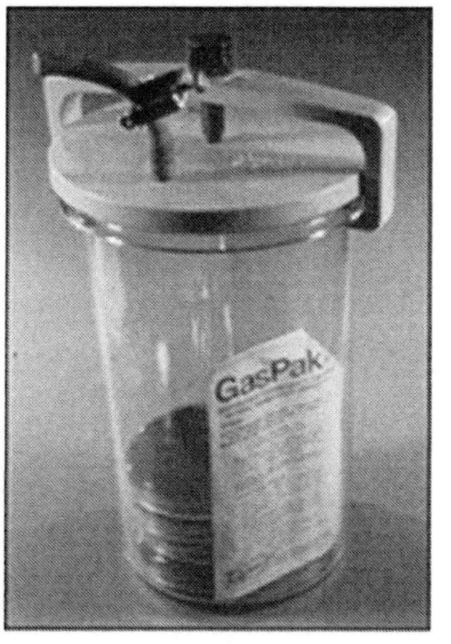

(C) 가스팩

그림 2-8. 혐기성 세균분리법

2) 가스팩(gaspak)

접종한 배지를 넣은 후 가스팩에 물 10 mL를 넣는다. 이것을 바로 균배양조에 넣고 뚜껑을 닫으면 가스팩으로부터 H_2와 CO_2 가스가 발생한다(그림 2-8 c). 뚜껑에는 촉매가 든 철망을 미리 끼워 놓는데 촉매는 팔라듐(palladium)을 입힌 알루미나(alumina) 입자이며, 이것은 가열하여 활성화시킨 후 건조한 실온에 보관하였다가 사용한다.

균배양조 안이 혐기성 상태인지 확인하기 위해서 혐기성 지시약을 사용하는데 혐기성 지시약으로 메틸렌 블루(methylene blue)가 사용될 수 있으며, 혐기적 조건에서는 파란색이 무색으로 환원된다. 따라서 배양이 끝났을 때 지시약이 무색으로 환원되지 않았다면 혐기성 상태가 되지 않았다는 뜻이다. 또 가스팩을 넣은 후 25분이 경과하도록 균배양조 안쪽 벽에 김이 서리지 않았다면 촉매가 나쁘거나 균배양조가 새기 때문이므로 다시 열어서 혐기성 조작을 한다.

2. 기능성 유용미생물의 선별

대부분의 실험들은 순수 배양된 단일 미생물을 이용하지만 실제 자연환경에서는 한 곳의 서식지에 다양한 종류의 미생물들이 공존하고 있다. 따라서 미생물들의 특성을 연구하기 위해서는 자연적으로 형성된 크고 복합적인 미생물 집단으로부터 특정 미생물이나 특정 유형의 미생물들을 분리하여야 하며, 이를 위해 여러 선별 기법들이 사용된다. 일반적으로 분리하고자 하는 미생물이 미생물 집단 내에 우점종으로 존재할 때는 분리가 용이하므로 분리대상 미생물의 성장이나 생존특성을 이용하여 그 수를 증가시키면 쉽게 선별할 수 있다.

예를 들어, 내생포자(endospore)를 형성하는 세균의 경우에는 미생물이 혼합된 시료를 끓인 후 그 잔존물들을 배양하면 오직 내생포자만을 가진 미생물을 분리할 수 있고, 질소가 없는 배지에 토양 접종원을 배양하면 대기에 존재하는 질소를 사용할 수 있는 질소 고정 세균만 성장이 가능하므로 그들을 쉽게 순수 분리할 수 있다. 또한 환경 미생물학자들은 유독한 오염물질을 분해할 수 있는 미생물을 찾기 위해 그 오염물질이 단일 탄소원 및 에너지원으로 사용된 배지에 혼합된 미생물 시료를 접종하여 그 탄소원을 이용하는 미생물만을 선별 배양하기도 한다. 이 장에서는 생물물리학적, 생화학적, 생물학적 선별의 특징과 대표적인 선별 방법에 대해 알아보고자 한다.

2.1 생물물리학적 선별

미생물의 혼합액 중 나머지 개체들을 제거하거나 저해하기 위한 생물물리학적 선별법으로 미생물의 생장온도 설정, 시료의 가열 전처리, 자외선(UV) 조사와 같은 조건들을 사용할 수 있는데 여기서는 미생물의 온도처리에 대해 설명하고자 한다.

1) 미생물의 생장온도

미생물들은 0℃ 이하부터 100℃ 이상에 이르는 광범위한 온도에서 생존할 수 있다. 이러한 미생물들을 온도에 따라 최적 성장을 보여주는 4개의 그룹으로 구분할 수 있다(표 2-1).

(1) 저온성 세균(psychrophiles)

-5℃~10℃ 범위에서 최적 생장을 보이는 미생물들이다. 이 미생물들은 북극과 남극 같은 추운 지역 및 고산지대, 깊은 바다, 냉장고 등으로부터 분리할 수 있다. *Arthrobacter* 나 *Psychrobacter* 가 저온성 미생물의 대표적 예들이다.

(2) 중온성 세균(mesophiles)

중온성 세균은 너무 온도가 높거나 낮은 조건에서 잘 성장하지 못하는 미생물로 25℃~40℃ 범위에서 최적 성장을 보이며 대부분의 미생물들이 이 그룹에 속한다.

표 2-1. 여러 가지 미생물의 성장온도 범위

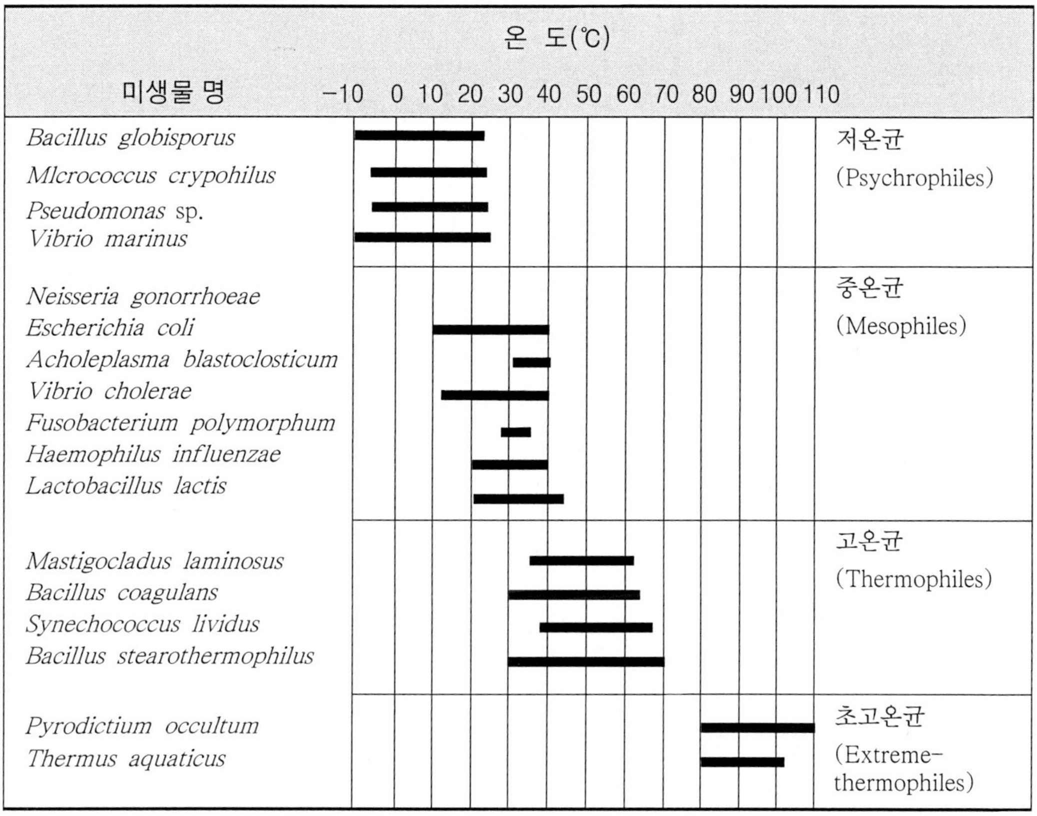

또한 대부분의 병원성 세균 역시 35℃~40℃ 범위에서 잘 성장하는 중온성 세균들이다.

(3) 고온성 세균(thermophiles)

45℃~80℃ 범위에서 최적 성장을 보이는 미생물이며, 이 그룹의 미생물은 온천이나 60℃~65℃를 초과하여 발효가 일어나는 퇴비 더미에서 발견된다. 고온성 세균은 열 안정성이 높은 유용효소를 가지고 있어 산업적 관심이 높은 미생물 그룹이다.

(4) 초고온성 세균(extreme thermophiles)

80℃ 이상의 온도를 가진 곳에서 발견되는 미생물이다. 많은 고세균(archaea)들이 이 그룹에 속하는데 이들은 화산활동으로 인해 물의 온도가 100℃ 이상으로 되는 환경에서도 살 수 있다. 그렇기 때문에 해저의 열수구와 화산에 의해 가열된 온천에서 이들을 분리할 수 있다.

2) 성장온도에 의한 미생물 분리

(1) 저온배양

대부분 중온성 미생물의 성장을 방해하기 위해 0～5℃의 온도를 배양조건으로 잡으면 저온성 미생물들만 선별 배양할 수 있다.

(2) 고온배양

높은 온도에 의해 고온성 세균이 아닌 다른 미생물들은 성장을 방해받기 때문에 배양온도를 높게 잡으면 고온성 미생물들만 선별 배양할 수 있다.

(3) 고온처리

적절한 고온에서 시료를 처리하면 혼합된 미생물 시료로부터 고온 저항성 미생물만을 선별할 수 있다. 고온처리는 고온에서 성장력이 강한 일부 미생물들과 생육온도는 저온이지만 포자를 형성하는 미생물들만 살아남을 수 있도록 높은 온도에서 미생물 혼합액을 처리하는 것을 말한다.

2.2 생화학적 선별

생화학적 선별은 분리하고자 하는 미생물에게는 영향을 주지 않으면서 나머지 개체들을 제거하거나 그들의 생장을 저해하기 위한 방법으로 유독한 화학약품이나 항생제들을 이용한다. 또한 특정 유기물질이 혼합된 개체군 내에서 유기물을 유일한 탄소원 및 에너지원으로 이용할하는 미생물만 선별 분리할 수 있다.

1) 염분에 의한 저해(salt inhibition)

대부분의 미생물들은 수분 활성도(water activity)가 0.9～1.0일 때 가장 잘 자란다. 그러나 일부 미생물들은 높은 염화나트륨(sodium chloride, NaCl)에 의해서도 성장이 저해되지 않고 오히려 성장을 위해 고농도의 염화나트륨을 요구하는 경우도 있다. 따라서 미생물이 낮은 수분 활성도와 높은 삼투압에 대처하는 능력에 따라 아래와 같이 나눌 수 있다.

(1) 호염성 세균(halophiles)

호염성 세균은 세포벽을 본래 모습으로 보존하고 성장하기 위해 15～30% 정도의 염화나트륨을 필요로 한다. 주로 고세균에 속하는 미생물들로 염호수(salt lake) 같은 곳에서 발견되고 때때로 소금에 절인 생선에서도 자랄 수 있다. 염생세균(*Halobacterium*)과 같은 극호염성 미생물은 최소 15% 이상의 염화나트륨을 필요로 한다.

(2) 내염성 세균(halotolerant)

일부 미생물들은 염분에 대한 내성을 가지고 있기 때문에 5~20% 염화나트륨에서도 자랄 수 있다. 예를 들어 포도상 구균(*Staphylococcus aureus*)은 11%의 염화나트륨 용액에서도 견딜 수 있다.

(3) 호삼투 세균(osmophiles)

과도한 당분이 있는 환경에서 성장할 수 있는 미생물을 말한다. 효모인 *Xeromyces* 같은 경우 고농도의 당분이 있는 잼이나 젤리에서 생장할 수 있어 잼이나 젤리를 오염시키고 부패시킬 수 있다.

2) 고염농도에서 분리된 미생물

(1) 포도상 구균(*Staphylococci*)

대부분의 포도상 구균은 10% 염화나트륨을 포함한 배지에서도 자랄 수 있다. 따라서 음식물이나 다양한 환경이 혼합된 미생물 시료에서 포도상 구균을 분리하고 싶을 때는 다른 미생물의 성장을 저해하는 농도인 7.5% 염화나트륨을 포함한 Mannitol-Salt agar(MSA)를 이용해 분리할 수 있다.

(2) 염생세균(*Halobacteria*)

고세균(archaea) 속인 *Halobacterium*과 *Halococcus*는 높은 염분을 포함하는 단백질 물질(소금에 절인 생선), 염전, 사해, 그리고 염호수에서 발견되며 종종 천일염 시료에서도 분리된다. 이 미생물들이 최적의 생장을 하기 위해서는 고농도의 염화나트륨(약 25%)이 필요하고 15% 이하의 염분에서는 잘 자랄 수 없으며, 만약 15% 이하의 염분 농도에 장시간 노출되면 죽을 수도 있다. 따라서 20% 또는 그보다 높은 농도의 염화나트륨을 사용함으로써 이 미생물들을 쉽게 분리할 수 있다.

(3) *Halomonas* species

*Halomonads*는 고농도와 저농도의 염분에 모두 내성이 있는 진정세균(eubacteria)이며, 알려진 모든 종들이 배지 종류에 따라 0.2~25%의 염화나트륨에서 자랄 수 있다. 이 미생물들은 천일염, 사해, 대양의 망간단괴(manganese nodules), 지하 염분층

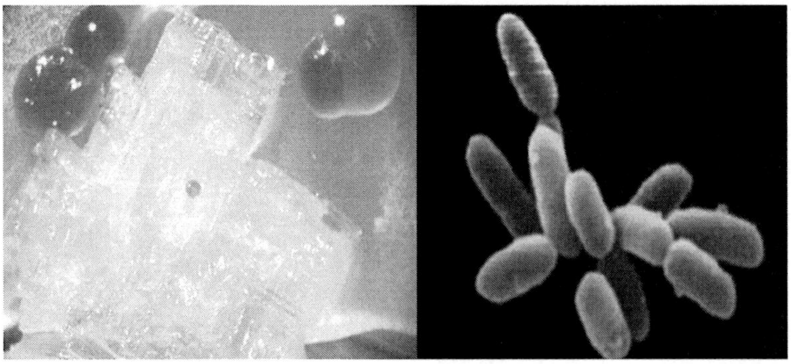

그림 2-9. 소금 결정 근처 혹은 그 위에 자라는 *Halomonas* (A)와 전자현미경 사진(B)

등 염류가 있는 다양한 환경에서 분리된다. 이들을 고농도의 염분을 첨가한 배지에서 분리할 수 있으며, 핑크색이나 빨간색 집락을 형성하는 시원세균의 호염성 세균과는 달리 흰색이나 노란색 집락을 형성한다(그림 2-9).

3) 담즙에 의한 저해(bile inhibition)

담즙이나 담즙산염을 배지에 첨가하여 종종 장내 세균을 선별할 수 있다. 하지만 *Yersinia pestis* 같은 균은 장내 미생물이 아님에도 불구하고 순수 담즙에서 자랄 수 있는데, 이것은 *Y. pestis*가 장내 미생물인 *Y. pseudotuberculosis*와 밀접한 관련을 가지고 있어 담즙에 대한 내성이 있기 때문이라 추측되고 있다. 이와 같이 일부 예외가 존재하기는 하지만 담즙은 장내의 그람음성 간균이나 장내구균(*Enterococci*)을 선별하는 중요한 물질로 사용된다.

장내세균(*Enterobacteriaceae*)류를 선별하기 위해서 담즙이나 담즙산염을 첨가한 맥콘키 한천(MacConkey agar)배지, 살모넬라-쉬겔라 한천(Salmonela-Shigella agar)배지, Violet Red Bile 한천(VRBA)배지 등이 사용되며, 장내구균(*Enterococci*)류 선별에는 Bile Esculin 한천배지가 일반적으로 사용된다.

2.3 생물학적 선별

생물학적 선별은 특정 미생물의 선택적 생장을 유도할 수 있도록 특별한 숙주를 사용하거나 나머지 개체들은 가지고 있지 않은 일부 병원균의 침입(infection)과 같은 특성을 이용하는 방법이다.

1) *Bdellovibrios*에 기생하는 미생물 분리

*Bdellovibrio*라 불리는 비브리오(vibrio)균은 토양이나 물에 광범위하게 분포하고 있으며 다양한 그람음성 미생물에 부착하고, 미생물 세포벽에 침투하여 세포 막 공간 내에 번식해 결과적으로 숙주 미생물의 세포를 파괴한다. 대부분의 *Bdellovibrio*는 광범위한 숙주 범위를 가진다는 차이점을 제외하고는 많은 면에서 박테리오파아지(bacteriophages)와 유사하므로 다음과 같이 분리할 수 있다.

막 필터(membrane filter)를 이용하여 멸균시킨 토양 시료와 *Enterobacteria aerogenes* 나 *Pseudomonas fluorescens* 와 같이 숙주로 이용할 미생물을 혼합하여 배지에 접종한 후 배양한다. *Bdellovibrios* 에 의해 형성된 용균반(plaque, 최소 이틀 배양 후 나타남)을 잘라내어 YP(yeast extract, peptone) 배지에 부유시킨 후 희석하여 준비된 숙주 균태(bacterial lawns)에 접종하고 다시 형성된 용균반을 위상차현미경(phase contrast microscope)을 이용하여 관찰한다.

작지만 높은 운동성이 있는 0.3 ㎛의 비브리오가 있는 용균반을 도려내어 YP 액체 배지에 부유시킨 후 필터를 이용하여 멸균하고 희석하여 다시 숙주 균태(bacterial lawns)에 접종한 후 분리할 수 있다.

2) 식물공생 미생물인 뿌리혹세균(*Rhizobia*) 분리

콩과 식물의 뿌리에서 발견되는 근류(nodule)는 *Rhizobium*과 *Bradyrhizobium* 속 같은 공생적 질소 고정 미생물을 분리할 수 있는 좋은 시스템이다. 자주개자리, 대두, 또는 붉은 토끼풀 같이 마디가 형성되어 있는 뿌리를 잘 씻은 후 근류에 부착된 일부 뿌리만 남겨두고 뿌리와 근류를 분리한다.

근류를 1:1,000 염화수은($HgCl_2$) 용액에 3～6분간 담근 후 멸균된 핀셋을 이용하여 근류 주위를 제거하고 75% 에탄올로 옮겨 수분 간 흔들어 씻어준 후 증류수로 옮겨 다시 반복하여 씻어준다. 여섯 개의 페트리접시에 각각 증류수 1 mL씩 넣고 첫 번째 접시에 근류를 옮긴 후 멸균된 핀셋을 이용하여 근류를 분쇄하고 그것을 증류수와 섞는다.

루프를 이용하여 부유물을 두 번째 접시의 증류수로 옮겨 섞는다. 각각 희석한 물을 45℃에서 녹인 Yeast extract Mannitol agar에 넣어 실온에서 배양한다. 선별과정에서 최대의 효과를 얻기 위해 단 하나의 방법을 사용하기보다 여러 가지 물리적, 화학적, 생물학적 방법들을 함께 사용하기도 한다.

3. 미생물 보존

자연계에서 반복하여 동일한 미생물을 채집한다는 것은 어려운 일이다. 더구나 분리된 미생물은 일반적으로 계대배양을 반복함으로써 일정한 방향으로 성상이 변화하거나 활성이 약해지고 또는 형태적 특성을 잃기도 한다. 따라서 실험실 내에서 항상 동일한 상태의 미생물 균주를 이용하여 실험하고 양호한 생육을 복원할 수 있도록 보존해야 한다.

미생물은 가능한 오염되지 않고 변화나 변이 없이 원래 분리된 그 상태로 순수하게 유지되어야 한다. 예를 들면, 이차대사 산물의 생산능력이 있는 균주를 가능한 한 처음 균주와 같은 상태로 유지할 수 있도록 하는 것이다. 많은 보존방법들이 미생물 균주를 보존하는 데 이용되고 있으나 모든 종류의 미생물이 같은 방법에 의하여 보존될 수는 없다. 균주를 보존할 때는 보존 균주의 일련번호, 문자 등을 표기하여 체계적으로 정리, 보존하는 것이 매우 중요하다.

미생물 보존법은 단기보존법과 장기보존법으로 나눌 수 있는데, 단기간 보존방법에는 계대배양 보존법(subculturing), 광유 침지보존법(immersing in mineral oil), 건조보존법(drying) 등과 같은 방법이 있고, 장기보존법에는 동결건조법(freeze-drying, lyophilization)과 초저온 동결법(ultra-freezing)이 있다(표 2-2).

3.1 미생물의 준비

미생물을 보존 및 배양할 때 처음에는 계속적으로 단일 미생물(single colony)을 분리, 계대하여 순계를 유지하는 것이 중요하다. 보존할 때는 사면한천배지 또는 평판한천배지에 미생물을 1차적으로 배양한 후 액체배지에 접종하여 키운 다음 원심분리로 집균하여 보호제에 현탁(suspension)한다. 다음 순서로 저온 등에 보관하면서 고유의 형질을 잃어버리지 않고 보존하도록 하는 것이 중요하다.

미생물에서 DNA를 복제할 때 변이가 일어날 확률은 약 10^{-6} ~ 10^{-8}로 매우 낮지만 지속적인 계대과정에서 우성인 돌연변이주가 전체 집단을 이루게 되면 이미 처음 분리한 균주의 특성이 없어진 것으로 간주해야 한다. 저온보존, 동결보존 또는 동결건조 보존인 경우에 동결 보호제(cryoprotective agent)를 첨가하여 생존율(viability)을 높여 주는 것이 필요하다.

표 2-2. 대표적 세균속의 보관방법에 따른 보존기간

속(Genus)	보 존 법				
	계대배양법 (개월)	광유침지 보존법(년)	동결보존법 (년)	동결건조법 (년)	초저온냉동 보존법(년)
Acetobacter	1～2	1	1～3	>40	>40
Achromobacter	1	1～2	1～3	>40	>40
Acinetobacter	1주			>40	>40
Actinobacillus	1주	2～3		>40	>40
Actinomyces	1		2～3	>40	>40
Agrobacterium	1～2	1～2		>40	>40
Arthrobacter	1～2		1～2	>40	>40
Bacillus	2～12	1	2～3	>40	>40
Bacteroides	1주		1	>40	>40
Chromatium	1			>5	>40
Clostridium	6～12	1～2	2～3	>40	>40
Corynebacterium	1～2	1	1～2	>40	>40
Erwinia	1～4	1～2		>40	>40
Escherichia	1～4	1～2		>40	>40
Flavobacterium	1	2		>40	>40
Haemophilus	1주	1개월(37℃)		>40	>40
Klebsiella	1～4	1	1～2	>40	>40
Lactobacillus	1주			>40	>40
Methanobacterium	1			>5	>40
Micromonospora	1		1	>40	>40
Nocardia	1～4	1	1～2	>30	>40
Proteus	1～2	1	1～2	>40	>40
Pseudomonas	1～3			>40	>40
Streptococcus	1～2	1		>40	>40
Streptomyces	1～8	1～2	1～3	>40	>40
Xanthomonas			1～2	>40	>40

3.2 단기보존법

1) 계대배양 보존법(subculturing)

계대배양 보존법은 미생물 균주를 신선한 배양배지에 주기적으로 옮겨주는 방법으로 계대주기는 미생물의 종류, 배지 종류, 외부 환경에 따라 다르다. 이 방법을 이용할 경우 세 가지 조건을 검토하고 결정해야 한다. 첫째 적당한 보존용 배지, 둘째 이상적인 보존 온도, 셋째 계대빈도이다. 보존용 배지는 미생물의 대사율을 낮게 유지시킴으로써 계대 빈도를 줄일 수 있는 최소배지(minimal media)를 사용하는 것이 좋으나 경우에 따라서는 복합배지(complex media)를 사용하여 특정한 생리적 특성을 유지해 주기도 한다. 이때는 증식이 가속되고 대사산물 축적이 빨리 일어나므로 배지를 자주 갈아주어야 한다.

균주의 보관은 건조의 위험을 최소화하기 위해 고무 띠가 있는 마개 또는 파라필름(para film)을 사용하거나 시험관을 플라스틱 통에 넣어 두어야 하며, 대사속도를 줄이기 위해 냉장고(5～8℃)에 보관하면 3～5개월 정도 보존이 가능하다. 계대배양 방식에서 배지를 갈아주는 시간 간격은 연속적으로 배지를 갈아주면서 균주가 순수배양 되는지와 형질이 변화되는지를 간략한 특성 판별로 수행하면서 결정한다. 일반적으로 세균은 2주 이내, 효모 및 곰팡이는 4주 정도 간격으로 계대하면 좋다. 다만 계대배양 보존법은 오염의 위험, 잘못된 표기의 가능성, 돌연변이주의 선별 가능성, 균주의 손실 가능성, 그리고 불필요하게 많은 보관 장소 필요와 같은 단점을 가진다.

2) 광유(mineral oil) 침지보존법

대부분의 세균은 멸균된 광유(paraffin oil, 비중 0.865～0.890)에 담가 수개월 이상 보존이 가능하다. 오염을 방지하기 위하여 180℃ 건열멸균기에서 2시간 동안 멸균(고압증기 멸균은 부적합)한 광유를 사용한다. 균주를 사면배지에 배양한 후 멸균된 광유를 적어도 2 cm 이상 넣고 냉장고(4～10℃)에 바로 세워 보관하는데, 이 방법이 계대배양 보존법보다는 보존기간이 길다.

3) 동결보존법(freezing)

동결보존법은 균주를 냉장고의 냉동실이나 0～-20℃ 범위의 냉동고에서 보존하는 방법이다. 사면배양이나 액체배양한 균을 얼려서 보존하는 것인데 6개월에서 2년간 보존이 가능하다. 다만 용융(eutectic) 온도에서는 세포가 손상을 입기 때문에 NaCl 용액 등의 전해질 용액이 함유된 경우 -20℃에서 이 보존방법은 부적합하다.

4) 건조보존법(drying)

실험실 내에서는 대부분의 배양 미생물들이 건조되면 사멸하지만 포자형성 균들의 경우 적절한 용제를 이용하면 수년간 보존이 가능하다. 일반적으로 멸균된 건조토양, 실리카겔(silica gel), 다공성 유리 비드(porous glass bead)와 자기 비드(porcelain bead) 등을 균액과 혼합하여 저온에 보존한다. 포자형성 균들은 토양이나 실리카겔에서 건조시켜 보존할 수 있으며, 유리 비드 같은 불활성 고형무질 표면 위에 포자를 건조시켜 보존할 수도 있다. 토양이나 실리카겔은 씻어서 스크루 캡 바이얼(screw cap vial)에 분주하여 고압 멸균한 후 25℃에서 건조시켜 사용한다.

3.3 장기보존법

1) 동결건조법(lyophilization)

동결건조법은 동결보존법에 비하여 준비 과정에 시간이 많이 소모되고, 적은 범위의 미생물에 적용이 가능하지만 미생물을 오랫동안 보관하는 가장 경제적이고 효과적인 방법이다. 동결 건조된 미생물의 경우 일반적으로 5℃ 이하에서 보존하고, -20～-80℃에서는 10년 이상 장기보존도 가능하다.

배양액의 조제는 액체배양에서는 대수증식기의 균 배양액, 고체배양에서는 집락균을 수집하여 현탁액으로 만든다. 동결 보호제 1～2 mL를 사면배지에 첨가하여 백금이 등으로 긁어서 현탁액을 만들거나 액체배양인 경우에는 원심분리 혹은 여과해서 모은 후 보호제를 첨가하여 현탁한다. 고도 호염균에서는 보호제의 염 농도를 내리면 세포가 파괴되고, 염 농도가 올라가면 건조 후에 소금이 석출되므로 이것을 막기 위해 우선 보호제의 탈지분유(skim milk)만을 앰플 풀에 분주하여 동결 건조해 두고 여기에 세포 현탁액을 넣어 동결 건조기에서 건조를 완료하는 방법을 이용한다. 균의 현탁액을 만들 때 사용하는 동결 보호제는 동결 시와 동결 후 건조 시 완충작용 및 보호작용을 위하여 매우 중요하며, 주로 많이 사용하는 조성은 다음과 같다.

- 12% 탈지분유 ; 5% 탈지분유 + 5% 포도당(glucose) ; 12% 설탕(sucrose) ;
- 10% 탈지분유 + 1% 글루탐산나트륨 ; 10% 덱스트란(dextran) ;
- 20% 녹말(starch) ; 10% 이노시톨(inositol) ; 10% 트레할로즈(trehalose) ;
- 3% 글루탐산나트륨 + 0.1 M 인산완충액(pH 7.0) ;
- 3% 글루탐산나트륨 + 1.5% 리비톨(ribitol) + 0.05% 시스테인(cysteine) + 0.1 M
- 인산완충액(pH 7.0)

위의 동결 보호제를 멸균할 때에는 카라멜화 반응(caramelization)이 일어나지 않도록 5 mL씩 시험관에 분주한 후 116℃에서 20분간, 2회에 걸쳐 간헐 멸균한다. 생존율의 확인을 위해서는 제작한 앰플 가운데 한 개를 개봉하여 고체 배지에서 배양하고 오염 여부와 생존율을 조사한다. 제작 직후에는 양호한 생존율을 나타내고 있었던 것이 수년 후에 갑자기 사멸하는 일이 있는데, 이와 같은 장기적인 생존율의 평가에는 가속시험이 이용된다. 5℃에서 7년간 보존한 것과 37℃에서 2주간 유지한 후의 생존율이 거의 일치한다고 보고되어 있으므로 이에 근거하여 장기 보존 가능성을 평가할 수가 있다.

2) 액상건조법(liquid drying)

액상건조법은 시료를 동결하지 않고 액체 상태에서 진공으로 건조한다는 점에서 기존의 동결건조법과 차이가 있다. 동결이나 동결건조에 민감한 미생물의 경우에는 액상건조법을 이용해 보존할 수 있다. 액상건조법은 동결건조법에 비해 여러 가지 장점을 가지고 있어 다수의 미생물 보존센터에서 효과적으로 이용하고 있다. 최근에는 동결이나 동결건조 과정에서 생존하지 못하는 감수성 미생물(혐기성균 포함)을 보존하는데 액상건조법이 성공적이었다는 보고가 있다.

한편 액상건조법은 급격한 진공에 의해 시료가 얼지 않도록 하여야 하며, 동결 방지제로는 메조-이노시톨(meso-inositol, 5% w/v), 꿀(honey, 10% w/v), 글루탐산나트륨(5% w/v) 혹은 라피노오즈(raffinose, 5% w/v)가 효과적인 것으로 알려져 있다. 산소에 민감한 미생물인 경우 10%(w/v) 메조-이노시톨 10%(w/v) 용액을 끓인 후 질소가스로 충전하고 단단히 밀봉하여 115℃에서 13분간 멸균하여 준비한다. 산소에 노출되거나 수분함량과 온도가 높을 경우 미생물의 보존기간을 떨어뜨리는 주요 요인이 된다. 따라서 건조한 저온에서 액상건조 앰플을 보존하는 것이 보존기간을 연장시킬 수 있고, 밀봉되지 않은 액상건조 앰플도 -30℃에서는 수년간 보존될 수 있다고 알려져 있다.

3) 초저온 동결법(ultra freezing)

초저온 동결법은 실험실 내에서 할 수 있는 가장 신속하고 간편한 방법으로 Deep freezer(-80℃)나 액체질소(-196℃)를 이용하여 만들 수 있다. 초저온 동결법은 약 30년 이상 액체질소에서 보존할 수 있는 것으로 알려져 있으나 일반적인 보존기간은 -60℃에서 5년간으로 보고되고 있다.

초저온 동결법에 의해 미생물을 보존하기 위해서는 동결 보호제를 사용해야 하는

데 일반적으로 글리세롤(glycerol)과 DMSO(dimethylsulfoxide)가 사용되며, 이들은 세포막을 쉽게 통과하여 세포 내부와 외부가 빙점 이하로 떨어지는 것을 방지하는 역할을 수행한다. 글리세롤은 고압살균으로, DMSO는 막여과(membrane filter)로 살균하며, 일반적으로 글리세롤은 10%, DMSO는 5%가 최적 농도로 알려져 있다. 대부분의 세균과 효모, 사상균은 직접 냉동고에 넣어 동결시켜도 큰 문제는 없으나, 일부 동결에 감수성이 높은 사상균은 5～10℃에서 30분에서 수시간 동안 세포에 보호제를 습윤시킨 후 동결하면 생존율 향상에 효과가 있는 것으로 알려져 있다.

동결 시 냉각속도는 미생물의 생존에 중요한 요소로 작용하는데, 일반적으로 느린 냉각속도(1.5℃/min)가 냉동보존에 적당하다. 초저온 동결법은 보존 안정성이 높은 방법 중의 하나이지만, 초저온에 감수성이 높은 미생물은 동결 후 장기 보존의 조건에서 며칠간 두었다가 복원을 실시하여 생존율을 반드시 확인하여야만 한다. 동결된 균주를 녹일 때는 앰플을 37℃의 수조(water bath)에 넣고 가볍게 흔들어 주면서 빠르게 녹여주는 것(50～90초 정도)이 생존율을 증가시켜 주는 것으로 보고되고 있다.

3.4 미생물 보존기관

연구 재료로 사용하는 미생물 균주는 연구자 자신이 분리하거나 연구실에서 지속

표 2-3. 주요 미생물 계통 보존기관과 보존 미생물

보존기관	보존미생물	국 가
NRRL(Northern Region Research Laboratory)	농업용 및 산업용 미생물	미국
ATCC(American Type Culture Collections)	모든 미생물 원생동물 세포주	미국
IFO(Institute for Fermentation, Osaka)	세균, 방선균, 효모, 사상균	일본
JFCC(Japan Federation of Culture Collections)	미생물	일본
DSMZ(Deutsche Sammlung von Mikroorganismen und Zellkulturen GmbH)	미생물, 조류	독일
NCIMB(National Collections of Industrial and Marine Bacteria Ltd.)	미생물, 플라스미드	영국
NCTC(National Collection of Type Cultures)	세균(병원성 세균)	영국
KCTC(Korean Collection for Type Cultures)	세균, 방선균, 효모, 사상균	한국
KACC(Korean Agricultural Culture Collection)	미생물	한국

적으로 배양해 온 것이거나 이미 보고된 균주를 외부에서 들여오는 것 중 하나일 것이다. 외부에서 들여오는 데는 타 연구자로부터 기증받거나 미생물 계통 보존기관으로부터의 구입하는 방법이 있다. 미생물의 구입은 분양을 위해 보유 미생물 균주를 공개하고 있는 미생물 보존기관(culture collection)을 이용하는 것이 좋다. 대부분의 경우는 유료이지만 취급법의 지도나 규제의 대상으로 되어 있는지의 정보도 함께 얻을 수가 있으므로 특히 익숙하지 않는 미생물 균주를 취급할 때 유용하다. 또 분류학적인 표준 균주는 반드시 계통보존기관에서 구입하여 비교 대상으로 사용하여야 한다. 주요한 미생물 계통 보존기관을 표 2-3에 제시하였다.

4. 미생물 분류 및 동정

미생물이 지니고 있는 다양한 정보를 어떤 질서에 따라 정리하여 종별로 묶어서 순서대로 배열하는 것을 분류(classification)라 한다. 그리고 분류된 종에 대해서 이름을 붙이는 것을 명명(nomenclature)이라고 하는데, 명명에 의한 미생물명은 그 이름이 인용되었을 때 미생물의 특징이나 성질이 잘 전달될 수 있도록 지어져야 한다. 미생물도 동물이나 식물과 마찬가지로 속(genus)과 종(species)으로 나누는 린네(Carl von Linnê)의 2분법에 따라 명명하며 보통 문장에서 이탤릭체를 사용한다. 또 어떤 미생물을 자연계로부터 분리하였을 때 그 미생물을 분류 순서에 따라서 검색하면 그것이 이미 알려져 있는 어느 균종에 속하는 것인가를 정확하게 결정할 수 있게 된다. 이와 같은 수단을 동정(identification)이라고 한다.

미생물 분류 동정을 위해 그 미생물의 형태학적, 배양학적 그리고 생리학적 특성들에 대한 정보가 필요하다. 그리고 세균의 세포벽, 지방산 조성, 퀴논(quinone), 단백질의 아미노산 조성 및 전기영동 결과 등 균체의 화학조성을 분석하는 생화학적 특징과 염색체 DNA의 G+C 함량, DNA-DNA 혼성화(hybridization), rRNA의 염기서열분석 등 유전자 분석 자료들이 미생물 분류에 이용되고 있다.

4.1 형태학적 특성에 따른 미생물의 분류

1) 미생물의 형태

미생물의 기본 형태는 구형이나 타원형의 구균(coccus), 원통형이나 막대기처럼 길쭉한 간균(bacillus), 나선형인 나선균(spirillum) 그리고 곰팡이나 방선균 같이 균사로 되어 있는 사상균(filamentous)으로 구분할 수 있으며, 보통 일반 광학현미경이나

그림 2-10. 미생물의 형태학적 특성에 따른 분류

전자현미경을 이용해서 관찰한다(그림 2-10).

(1) 구균(coccus)

세균 형태가 구형인 것으로 세균의 종류에 따라 특징 있게 배열하는 균들도 있다. 세균의 배열모양도 세균을 분류하는 하나의 항목이 될 수 있다. 세포가 하나하나 흩어져 있는 단구균(monococcus), 세포가 2개씩 연결되어 있는 쌍구균(dipolococcus), 한쪽 방향으로만 분열하여 길게 연결되어 있는 연쇄상 구균(*Streptococcus*), 분열방향이 불규칙하여 포도송이 같은 모양을 띠고 있는 포도상 구균(*Staphylococcus*) 등이 있다.

(2) 간균(bacillus)

원통 모양이나 막대 모양을 하고 있는 모든 균을 간균이라고 하는데, 편의상 길이가 폭의 2배 이상의 것을 장간균(long rod bacteria), 2배 이하의 것을 단간균(short rod bacteria)으로 구별하고 있다. 간균은 양쪽 끝이 뚝 잘린 것과 둥근 것이 있으며, 몇 개의 간균이 쇠사슬 모양으로 이어진 것, 옆면에서 볼 때 목책 모양으로 늘어서 있는 것 등 다양한 배열형태를 나타낸다.

(3) 나선균(spirillum)

개개의 세포가 분산되어 있어 배열모양이 나타나지 않는 균을 나선균이라고 한다.

일반적으로 S모양으로 된 것을 나선균(spirillum), 나선의 정도가 불완전하여 만곡한 모양을 가진 균을 호균(vibrio)이라고 한다.

(4) 사상균

가는 실 모양의 영양체인 균사체와 자실체를 만드는 누룩곰팡이속(*Aspergillus*), 페니실리움속(*Penicillium*), 리조푸스속(*Rhizopus*) 등의 곰팡이를 사상균이라 하며, 음식을 발효시키거나 부패시키고 그을음병과 같은 식물병을 일으키기도 한다.

2) 미생물 집락모양(colony morphology)

미생물을 한천평판배지 상에서 배양하여 집락(colony) 형태를 관찰하면 원형, 점형, 방사형, 불규칙한 모양 등 여러 가지 모양으로 관찰된다. 또 한천배지의 옆에서 집락모양을 관찰하여 보면 평평한 모양, 볼록한 모양, 약간 솟은 모양을 비롯한 여러 가지 형태를 관찰할 수 있는데 이것을 융기(elevation)이라고 한다. 집락 가장자리 모양을 관찰하는 방법도 있는데 이것을 마진(margin)이라고 하며, 이것도 균에 따라 다르지만 매끈한 모양, 울퉁불퉁한 모양, 불규칙한 모양 등을 볼 수 있다(그림 2-11).

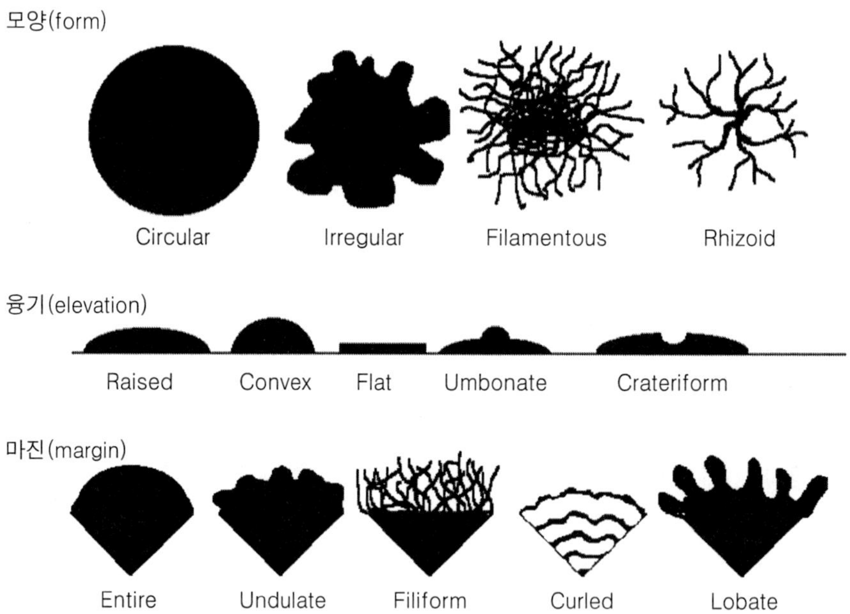

그림 2-11. 미생물의 집락모양에 의한 분류

3) 미생물의 외부구조

(1) 편모(flagellum)

편모는 미생물의 운동기관이며 편모의 화학조성은 단백질로 구성되어 있다. 편모의 유・무와 수 그리고 위치는 세균의 분류학적 측면에 있어서 중요한 항목이며, 편모는 위치에 따라 극모(polar flagella)와 주모(peritrichous flagellum)로 구분되며, 극모는 다시 단극모(monotrichous flagella)와 양극모(amphitrichous flagella), 극속모(lophotrichous flagella)로 나뉘게 된다(그림 2-12). 편모는 간균이나 나선균에 주로 존재하며 구균에서는 거의 볼 수 없다.

4.2 생리학적 특성에 따른 미생물의 분류

1) 그람 염색(Gram staining)

그람 염색은 세균학에서 가장 많이 사용하고 있는 염색법이며, 이 염색법으로 그람양성균과 그람음성균으로 구별할 수 있다. 그람양성균과 음성균이 서로 다르게 염색되는 것은 근본적으로 세포벽 구조가 다르기 때문이다. 세균의 세포벽은 크기와 형태를 유지하고 또한 삼투압에 의한 세포 파열을 방지하는 역할을 한다.

세균의 세포벽에는 펩티도글리칸(peptidoglycan)이라고 하는 물질이 있는데, 그람양성균의 세포벽은 약 80～90%가 펩티도글리칸으로 이루어져 두꺼운 반면 그람음성

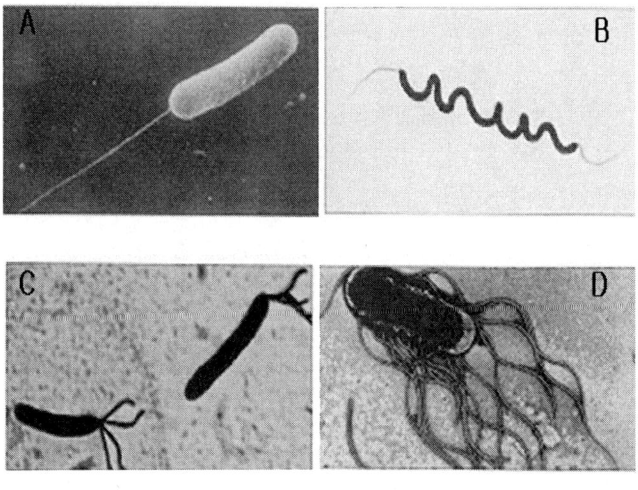

그림 2-12. 편모의 종류 및 형태
(A : 단극모, B : 양극모, C : 극속모, D : 주모)

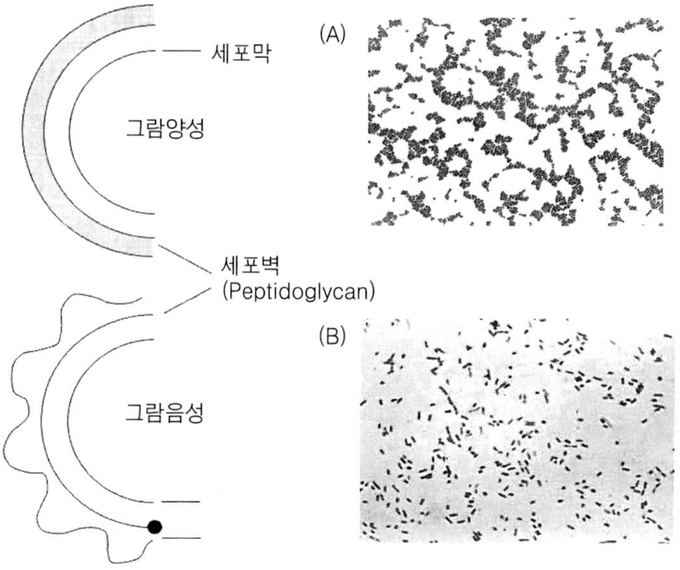

그림 2-13. 그람양성 및 음성균의 세포막과 세표벽의 구조 및 그람 염색 예
(A) *Staphylococcus aureus* (그람양성) (B) *Neisseria gonorrhoeae* (그람음성)

균의 세포벽은 세포벽의 10~20%만이 펩티도글리칸으로 매우 얇으며, 이 층의 외부는 인지질, 지질다당류(lipopolysaccharide), 지질단백질(lipoprotein) 등으로 구성되어 있다(그림 2-13). 이러한 세포벽 구조의 차이로 인해 그람 염색을 했을 때 그람양성균은 보라색으로 염색되고, 그람음성균은 분홍색으로 염색된다.

2) 카탈라아제(catalase)의 생산

산소를 사용하는 대부분의 호기성 또는 통성혐기성 균들은 자신의 효소계에 해로운 과산화수소(H_2O_2)를 생산한다. 과산화수소는 호기성 당분해 산화과정의 최종산물로서 독성이 있기 때문에 세포 내에 축적되면 세포가 죽게 되지만, 이러한 환경에서도 미생물이 생존할 수 있는 것은 이들이 과산화수소를 물과 산소로 전환하는 카탈라아제를 생산하기 때문이다. 카탈라아제의 생산 유무는 세균의 분류에 있어서 매우 중요한 차별점이 된다. 카탈라아제 생산 유무를 알아볼 수 있는 방법은 통성혐기성 세균이나 호기성 세균에 과산화수소를 떨어뜨리면 아래와 같이 즉시 카탈라아제에 의해 과산화수소가 물과 산소로 전환되는데 이때 산소 방울 즉 기포가 발생되는 것을 확인할 수 있다.

3) 산화효소(oxidase)의 생산

세균 중 일부는 NADH(reduced nicotinamide adenine dinucleotide)로부터 전자수용체인 산소로 전자 전달을 촉매하는 시토크롬 산화효소(cytochrome oxidase) 또는 인도페놀옥시다아제(indophenoloxidase, iron-containing hemoprotein)를 세포 내에 함유하고 있다. 시토크롬 산화효소(oxidase)는 환원된 시토크롬을 산화시키면서 생성된 전자가 산소에 전자를 전달해주는 역할을 수행하는데, *p*-phenylenediamine dihydrochloride와 같은 무색의 시약을 산소와 같은 산화효소의 인위적인 전자수용체로 사용할 수도 있다. 산화효소는 무색의 *p*-phenylenediamine dihydrochloride 시약이 산화되어 청색의 인도페놀 블루(indophenol blue)라는 화합물을 형성하는 것으로 판별할 수 있다.

4) 질산염 환원

세균에 의하여 일어나는 질산염(nitrate)의 환원과정은 질산이 아질산염(nitrite)과 암모니아를 거쳐서 아미노산 또는 질소질의 세포 구성 물질로 합성되는 반응과 혐기조건하에서 질산을 산소 대신 최종 전자수용체로 이용하는 무기호흡반응으로 나눌 수 있다. 많은 통성혐기성 세균은 혐기적 호흡상태에서 질산염을 전자수용체로 이용하여 아래 반응과 같이 질산염을 아질산염으로 전환시키는데, 이러한 반응을 유도하는 효소를 질산염 환원효소(nitrate reductase)라 한다.

Sulfanilic acid와 dimethyl-alpha-naphthylamine 용액을 차례로 떨어뜨렸을 때 분홍색으로 변하면 양성, 즉 질산염이 아질산염으로 환원된 것이며, 변화가 없는 것은 음성으로 판정한다.

5) 가수분해(hydrolysis)

(1) 녹말(starch) 가수분해

녹말은 화학적으로 아밀로오스(amylose)와 아밀로펙틴(amylopectin)의 두 성분으로 구성된다. 세균들은 녹말을 가수분해하는 효소인 아밀라아제(amylase)를 분비하여 녹말을 엿당(maltose), 글루코오스(glucose), 덱스트린(dextrin)으로 분해할 수 있다. 세균에 의한 녹말의 가수분해 현상을 알아보기 위해서는 그람 요오드(Gram's iodine)와 녹말 한천평판 배양체가 준비되어야 하고, 배양체에 그람 요오드를 떨어뜨렸을 때 녹말이 가수분해 되지 않은 부분은 요오드-녹말(iodine-starch) 반응으로 인해 보라색이 나타나며, 녹말이 가수분해 된 부분은 투명하게 나타난다.

(2) 단백질(protein) 가수분해

단백질은 펩톤(peptones), 폴리펩티드(polypeptides), 디펩티드(dipeptide)의 순서로 분해가 진행되며, 최종적으로 아미노산(amino acid)을 생성하는데 이 과정을 펩톤화(peptonization) 또는 단백질 분해(proteolysis)라고 한다. 카세인(casein)은 우유에 포함된 주 단백질로서 펩티드 결합(peptide bond)으로 이루어진 아미노산 고분자 물질이다.

많은 세균이 카세인 가수분해효소(caseinase)를 분비하는데 탈지분유 배지(Skim milk agar)에 접종하여 투명환이 형성되는지를 보고 카세인 분해효소 생산유무를 알 수 있다.

(3) 에스큐린(esculin) 가수분해

에스큐린(esculin)은 6, 7-dihydroxycoumarin-β-D-glucoside의 구조를 가진 물질로서 비타민 P의 활성을 가지고 있다. 에스큐린 가수분해는 세균이 생성하는 베타 글루코시드 가수분해효소(β-glucosidase, esculinase)에 의해 6, 7-dihydroxycoumarin과 β-D-glucoside의 연결부위가 절단됨으로써 에스큐린과 포도당이 생성되며, 에스큐린은 철 성분(Fe^{3+})과 결합하여 검은 색의 석탄산 철 화합물을 형성하는 특성을 가지고 있으며, 이를 통해 에스큐린 가수분해 유무를 판단할 수 있다.

(4) 요소(urea) 가수분해

요소(urea) 분해 미생물들은 요소를 가수분해하면 발생하는 암모니아와 이산화탄소를 질소와 탄소원(광합성 미생물의 경우)으로 각각 이용할 수 있다. 미생물의 요소 분해효소(urease)는 그림 2-14와 같이 요소로부터 암모니아를 생성하여 배지의 pH를 증가시키는데, 여기에 페놀레드(Phenol red) 지시약을 떨어뜨리면 황색에서 적색으로 변화하는 것으로 생성 유무를 판별할 수 있다.

(5) 젤라틴(gelatin) 가수분해

젤라티나아제(gelatinase)는 겔(gel) 형태의 젤라틴(gelatin)을 가수분해 시켜 액체로 만든다.

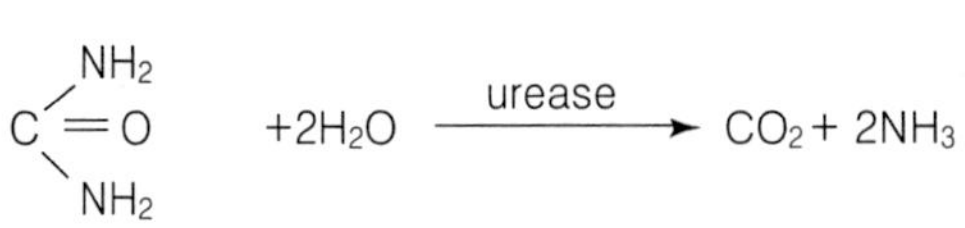

그림 2-14. 요소(urea)의 가수분해반응

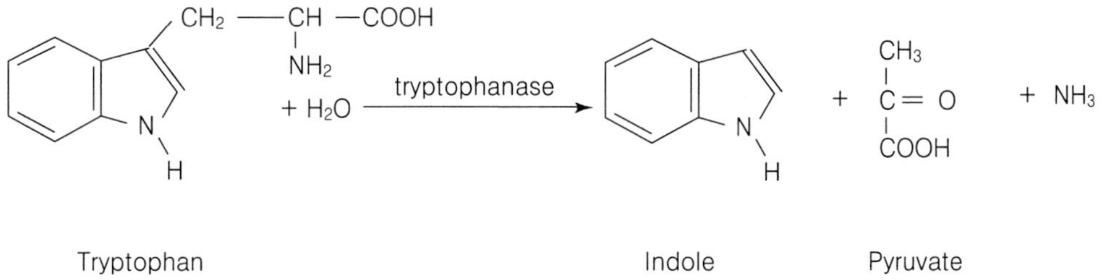

그림 2-15. Tryptophan 가수분해반응

(6) 트립토판(tryptophan) 가수분해

대장균(*E. coli*)과 같은 특정한 세균은 트립토판을 인돌(indole)과 피루브산(pyruvic acid)으로 분해하는 능력을 가지고 있는데, 이러한 반응을 일으키게 하는 효소가 트립토판 가수분해효소(tryptophanase)이다(그림 2-15). Tryptone 배지(1%)가 시험용 배지로 사용되며, 이때 생성되는 인돌은 Kovac 시약에 의해 쉽게 검출할 수 있는데 붉은색으로 나타나면 양성이고, 황색으로 나타나면 음성이다.

4.3 생화학적 특성에 따른 미생물의 분류

미생물이 가지는 화학적 성분을 분석하고 그 차이를 이용하여 분류하는 방법으로 분석 대상으로는 세포막 지방산 조성, 이소프레노이드 퀴논(isoprenoid quinones), 미콜산(mycolic acids), diaminopimelic acids(DAP) 등을 이용하며, 최근의 기기분석 기술발달로 미생물의 생화학적 특징 분석이 보편화되었다.

1) 지방산(fatty acids)

미생물 균체에 존재하는 지방산은 polar lipids나 당지질(glycolipid)의 구성성분으로 세포질 막에서 주로 발견되며, 고세균(archaea)을 제외한 미생물에 분포하는 중요한 세포성분이다. 세균 균체 지방산의 탄소쇄(carbon chain) 길이는 2개부터 시작하여 미콜산에서 발견되는 90개 이상까지 매우 다양하다. 그러나 분류학적 측면에서는 10~24개 정도의 탄소쇄로 이루어진 균체 지방산이 가장 중요한 정보로 이용되는데, 이는 미생물에 따라 탄소쇄의 길이, 이중결합의 위치, 치환기 등이 다양한 형태로 존재하므로 미생물 분류 연구의 유용한 분류 마커(marker)가 될 수 있다.

세포가 환경에 적응하는 과정에서 지질성분의 양이나 조성이 변동되는 예가 많아 지방산 분석 결과가 배양조건에 많은 영향을 받기 때문에 미생물 군에 따라 동일한 조건으로 동시에 배양하는 것이 바람직하다. 지방산을 분석할 때는 지방산을 휘발성 유도체로 만들어서 가스크로마토그래피로 분석한다.

2) 극성 지질(polar lipids)

극성 지질은 극성이 비교적 높아 세포막의 유동성을 유지하는 기능을 수행하는 지질에 대한 총칭인데 주로 인산화합물, 당, 아미노산, 아민 등을 함유한다. 인지질(phospholipids)은 대표적인 극성 지질의 하나인데 구조상 인지질은 보효소와 분자 내에 인산에스테르(phosphorous ester)를 가지고 있는 아실글리세롤(acylglycerol)을 기본 성분으로 하는 글리세롤 인지질(glycerophospho lipid)과 *N*-acylspingo lipid를 기본 성분으로 하는 스핑고 인지질(spingophospho lipid)로 나뉘며, 둘 다 소수성 장쇄 알킬(alkyl)기와 친수성 인산기를 갖는 양친매성이다.

극성 지질 추출 및 분석에는 용매분획을 통한 추출과 이차원 박층크로마토그래피(thin layer chromatography)에 의한 분자종 결정법이 주로 이용되고 있으며, 각 반점(spot)의 동정은 기본적으로 TLC 상의 위치와 각종 발색시약에 대한 발색성에 의해 결정된다.

3) 이소프레노이드 퀴논(isoprenoid quinone)

이소프레노이드 퀴논(isoprenoid quinone)은 호흡연쇄(respiratory chain)의 지용성 성분으로서 산화적 인산화반응 및 광산화적 인산화 반응으로 ATP(adenosine tri-phosphate) 에너지를 얻는 생물계에 널리 존재하고 있다. 이러한 이소프레노이드 퀴논은 1968년 이후 세균뿐만 아니라 효모, 곰팡이를 포함한 일반 미생물의 분류 동정을 위해 유용한 지표로서 현재까지 널리 이용되고 있는 화학분류학적 성질 중의 하나이다. 이러한 미생물의 이소프레노이드 퀴논은 벤젠핵의 골격구조에 따라 벤조퀴논(benzoquinone)과 나프토퀴논(naphthoquinone)으로 크게 구별되며(그림 2-16), 이것은 각각 유비퀴논(ubiquinone, Q)과 메나퀴논(menaquinone, MK)으로 대표된다.

벤조퀴논의 대표적 퀴논인 유비퀴논은 조효소(coenzyme) A로 널리 알려져 있고, Q-5에서 Q-13까지의 이소프렌(isoprene) 단위 분자종이 미생물의 우점 퀴논으로 존재한다. 나프토퀴논의 경우 메나퀴논이 대표적으로 존재하며, 비타민 K의 유도체(vitamin K_2)인 메나퀴논은 우점 분자종으로 MK-4에서 MK-14까지 세균에 존재하고 있다.

Proteobacteria의 경우는 주로 유비퀴논을, 그람양성 세균은 메나퀴논을 주로 함유하고 있으며, 유비퀴논은 호기성 그람음성 세균에서만 발견된다. 이와 같은 이소프레

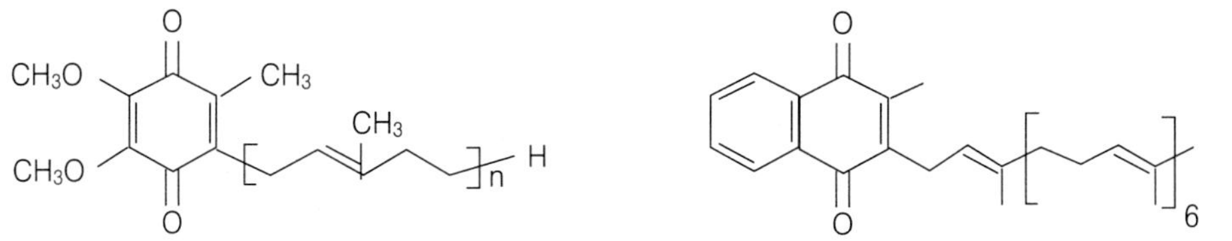

유비퀴논(ubiquinone) 메나퀴논(menaquinone)

그림 2-16. 이소프레노이드 퀴논(isoprenoid quinone)의 종류

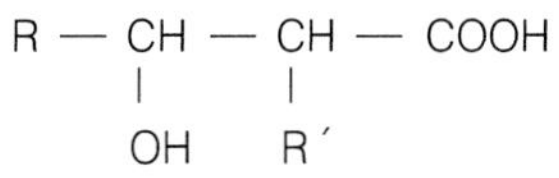

그림 2-17. 미콜산의 일반적인 구조

노이드 퀴논의 데이터베이스(database)는 자연계에서 분리한 그람 염색이 어려운 세균의 신속 동정은 물론 일반 미생물의 신속 동정을 위한 주요 마커로도 활용될 수 있다.

4) 미콜산(mycolic acids)

미콜산(mycolic acids)는 긴 알킬 장쇄를 갖는 알킬 히드록시 지방산(2-alkyl-3-hydroxy fatty acids)의 구조를 가지며 일반적으로 24~90개의 탄소수를 갖는다(그림 2-17). 미콜산은 *Mycobacterium*, *Nocardia*, *Rhodococcus*, *Corynebacterium* 속에 속하는 미생물의 지질 성분 특성이며, 특히 meso-diaminopimelic acid를 세포벽 성분으로 갖는 미생물에 한정되어 존재하는 것으로 알려져 있다.

4.4 분자 생물학적 특징에 따른 미생물 분류

생물정보의 기본단위는 유전자이며 그 정보를 암호화하고 있는 생체물질의 실체는 DNA(deoxyribonucleic acid)이다. 핵산은 염기(base), 당(sugar) 그리고 인산(phosphate)으로 구성되어 있는데 네 종류의 뉴클레오티드(nucleotide)로 이루어져 있으며, 아데닌(adenine), 구아닌(guanine), 시토신(cytocine), 티민(thymine)과 5탄당인 디옥시리보오스(deoxyribose)로 이루어져 있다(그림 2-18).

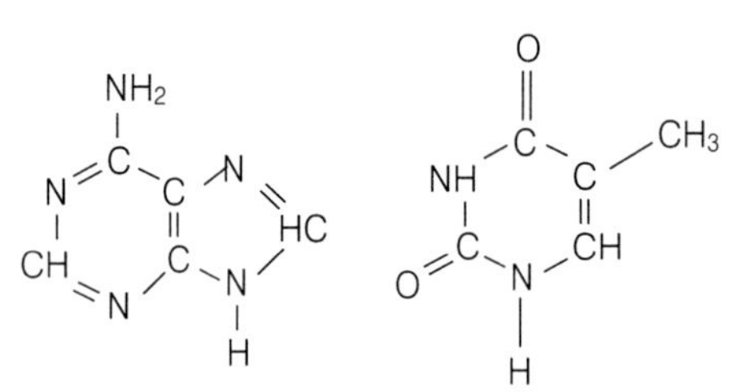

그림 2-18. DNA의 염기조성

이 네 가지 염기가 배열되어 DNA를 구성하게 된다. 현대 미생물 분류학에 있어서 유전체의 DNA 정보가 가장 중요한 요소가 되고 있다.

1) 리보솜 RNA 유전자의 염기서열

리보솜 RNA(rRNA)는 모든 생물에 보편적으로 존재하며, 보존성이 높은 핵산분

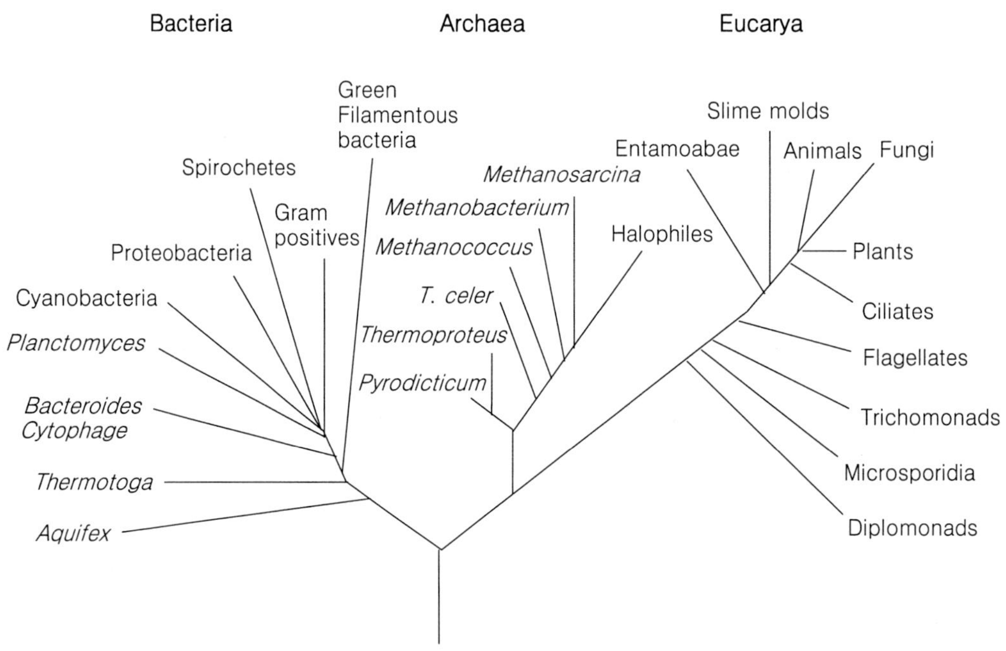

그림 2-19. rRNA 유전자 서열을 기초로 한 생물의 계통학적 분류

자로 생물의 진화계통 연구에 가장 유용한 지표로서 이용되고 있다(그림 2-19). 이러한 이유는 리보솜이 생존에 필수적이고 6S rRNA 유전자(small subunit rRNA, SSU

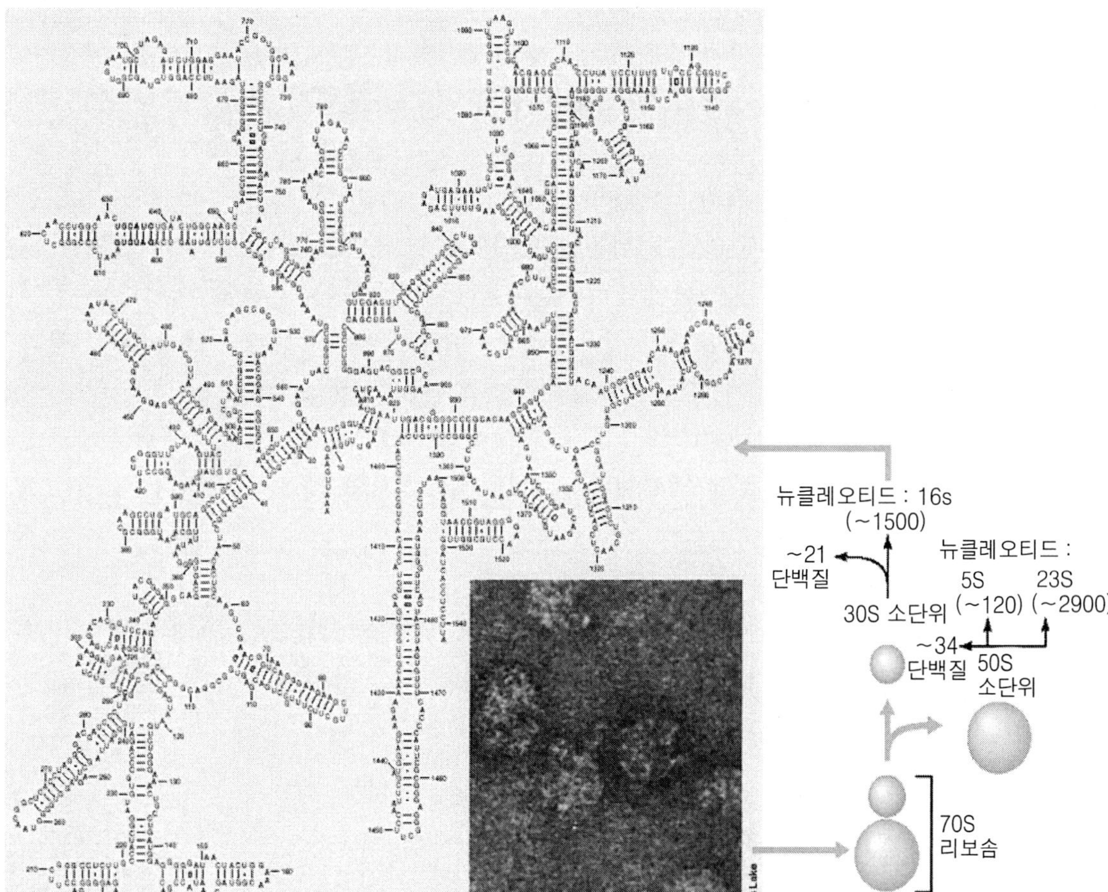

그림 2-20. 리보솜 RNA

(A) *Escherichia coli*의 70S 리보솜의 선사현미경 사진.

(B) 리보솜의 구성성분 ; 5S, 16S, 23S는 리보솜 소단위의 서로 다른 RNA의 형태를 나타낸다.

(C) 16S 리보솜 RNA(rRNA)의 1차 구조.

이 *Escherichia coli*의 16S rRNA이며, 고세균의 16S rRNA는 2차 구조(접힘)에서는 유사하나 1차 구조(서열)에서는 많은 차이가 난다. 진핵생물에서 16S rRNA에 상응하는 분자는 18S rRNA로 세포질의 리보솜에 존재한다.

rRNA)는 복잡한 리보솜 구조의 일부이므로 6S rRNA 유전자에 돌연변이가 심하게 일어나지 못한다. 따라서 이들 유전자는 매우 서서히 변화하고 서로 다른 문의 서열을 비교하는데 장애가 되는 수평적 유전자 전달도 잘 일어나지 않는다. 6S rRNA 유전자는 비교적 변화가 많은 부분도 있고 매우 안정된 부분도 있다. 서로 가까운 미생물을 비교할 때에는 변화가 많은 부분을, 유연관계가 매우 적은 생물들은 시간이 지나도 거의 변하지 않은 안정된 서열을 이용해 서로의 진화적 연관성을 연구할 수 있다.

그림 2-20에서 보는 바와 같이 미생물에 있어서 범용성이 높은 16S rRNA 유전자의 염기서열은 가장 일반적인 미생물 분류지표로 이용되고 있다. 특히 밝혀지지 않은 미생물의 분류와 균주의 계통학적 위치를 알기 위한 최초 실험단계에서 SSU rRNA 유전자 서열 분석은 필수적이다. 16S rRNA 유전자 염기서열이 미생물 계통 분류에 가장 많이 사용되지만 이외에도 23S rRNA 유전자(large subunit rRNA) 염기서열, rRNA 오페론에 존재하는 16-23S rDNA spacer 영역 분석, RecA, ATPase 유전자 서열도 16S rRNA 유전자 염기서열과 함께 제한적으로 사용되고 있다.

2) DNA G+C 함량

DNA는 이중나선 구조로 아데닌(A)과 티민(T), 구아닌(G)과 시토신(C)이 쌍을 이루고, 전체 genomic DNA 염기에서 G와 C의 비율은 미생물 종에 대한 일정한 범위를 갖는 것으로 알려져 있다(그림 2-21). G+C 함량 측정법에는 여러 가지가 있는데 현재는 DNA를 P1 nuclease를 이용해서 단위체(monomer nucleotide)로 분해한 DNA 분해물을 고속액체크로마토그래피(high-performance liquid chromatography)로 측정하는 정량법이 일반적으로 사용된다. 이때 아데닌과 티민, 구아닌과 시토신의 mol 함량이 일치하면 분석이 잘 되었다는 증거이다. 또한 열 변성에 의해 이중가닥 DNA가 단일가닥으로 분리될 때 흡광도가 증가한다는 것과 고온에서 DNA 나선구조가 풀리면서 단일가닥으로 되는 온도가 G+C 함량과 일정한 관계가 성립한다는 점을 이용하여 분광학적 측정법(Tm법)이 개발되었다.

3) DNA-DNA 혼성화(hybridization)

Genomic DNA 용액을 가열한 후 천천히 온도를 내리면 재결합하여 이중가닥 DNA를 형성하는데, 서로 다른 단일가닥 genomic DNA끼리 일어나는 재결합의 정도로부터 genomic DNA 염기서열 간의 유사도를 구할 수 있다. 같은 미생물 유래의 genomic DNA 재결합 정도에 대한 다른 미생물 genomic DNA와의 재결합 정도를

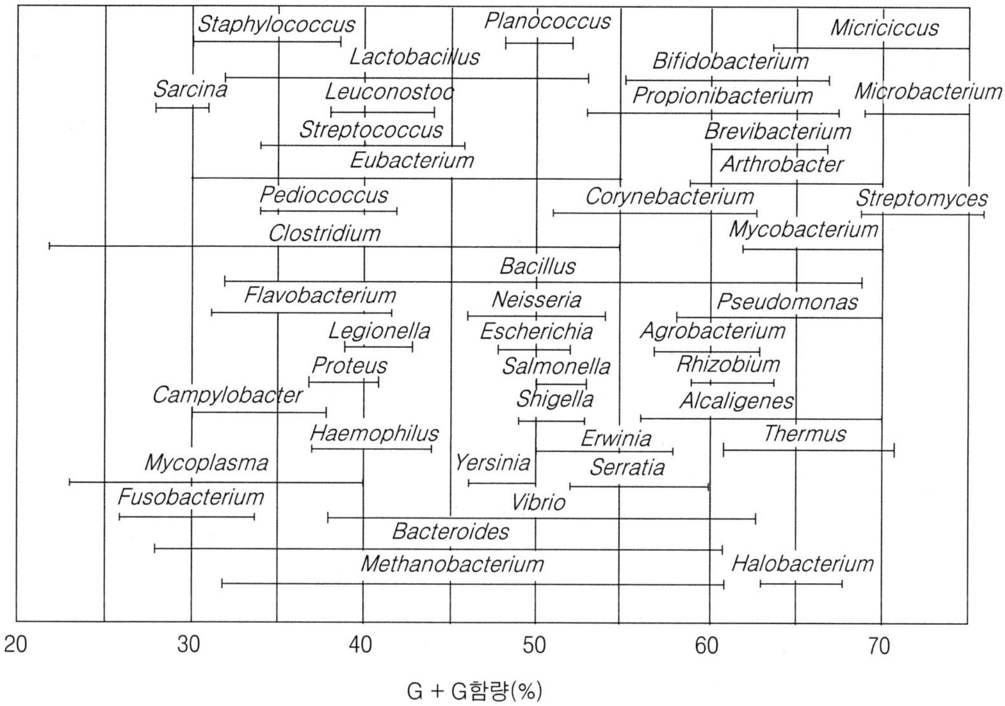

그림 2-21. 주요 세균 속의 G+C 함량 분포

백분율로 나타낸 것을 DNA 상동성(homology)이라고 하며, 이는 미생물 간 유연관계의 기준이 될 수 있다. 하지만 DNA-DNA 혼성화는 근연관계에 있는 종의 유전적 식별방법이기 때문에 폭넓은 분류군에 걸친 계통관계를 알기가 어렵다는 단점이 있다. 따라서 DNA-DNA 혼성화 결과의 해석은 16S rRNA 유전자 염기서열에 근거한 계통분류와 화학분류, 생리・생화학적 특징 등의 표현형질과 함께 종합적으로 비교하여 수행하여야 한다. DNA-DNA 혼성화 정도는 현재 미생물 종 분류에 결정적인 요소가 되며, 70% DNA 상동성을 미생물 종 구분을 위한 근거로 사용하고 있다.

4.5 Bergey의 세균학 분류요람에 의한 분류

과거에는 주로 Bergey의 세균학 분류요람(Bergey's Manual)에 근거해 세균의 분류 및 동정을 수행하여 왔다. Bergey의 분류방법은 세균의 형태학적 성질과 생리학적 성질을 그림 2-22와 2-23과 같이 이분법적으로 분류하는 방식이며, 미생물이 가지는 분자생물학적 특징보다는 세균의 크기, 모양, 편모, 포자의 유무, 운동성, 염색성 등의 형태학적 성질과 각종 배지에 있어서의 배양 특징 및 대사산물의 검색, 생리학

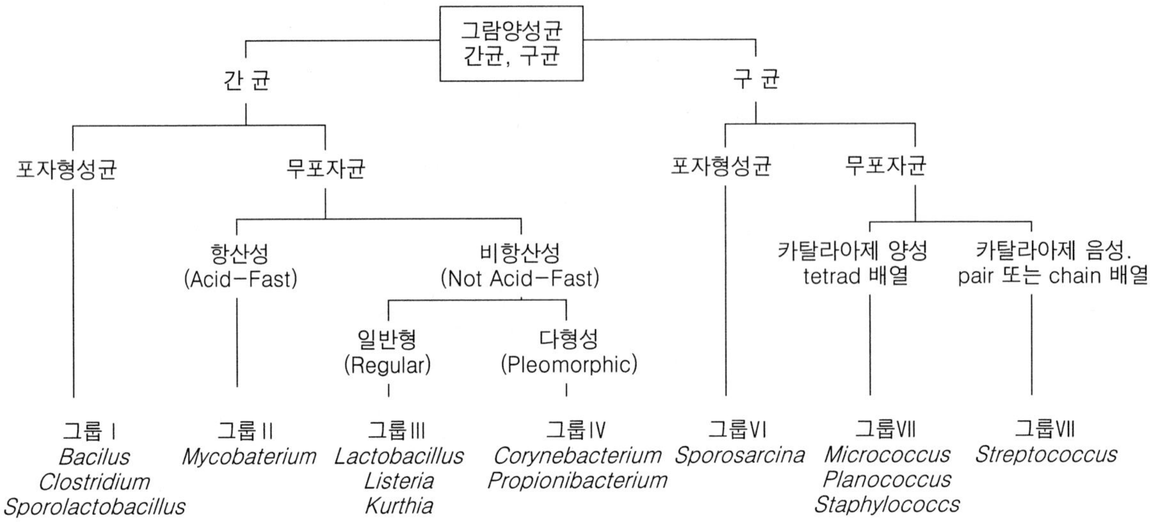

그림 2-22. 그람양성 간균 및 구균의 분류체계도

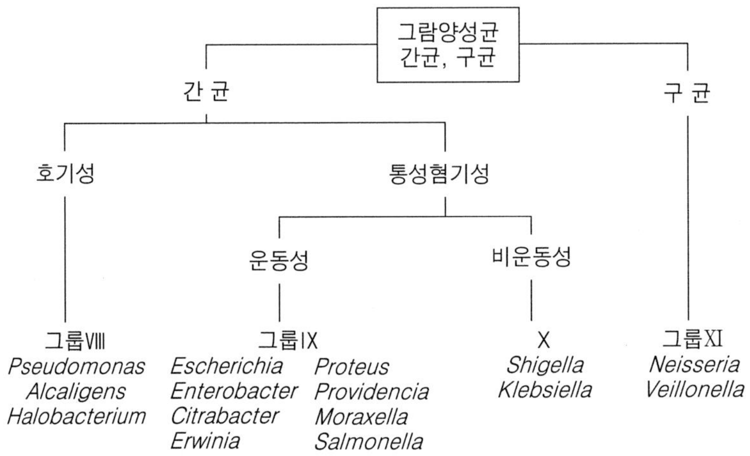

그림 2-23. 그람음성 간균 및 구균의 분류체계도

적인 여러 성질 등에 기초를 둔 분류형식이다. 최근에는 전통적인 Bergey의 분류방법에 생화학적 분류 방법과 분자생물학적 특징 등을 모두 이용하는 다상적 분류법(polyphasic classification)이 주로 이용되고 있다.

Acknowledgement
본 내용의 일부는 Brock의 미생물학 제 11판(월드사이언스, 2006년), 일반미생물학 7판(라이프사이언스. 2008년) 및 미생물과학(도서출판 효일. 2001년)에 수록된 내용을 재정리하였습니다.

참고문헌

1. Brown, A. E. Benson's Microbiological applications: laboratory manual in general microbiology, complete version, 10th ed. McGraw-Hill, New York, NY, 2007.
2. Gerhardt P., Murray R. G. E., Wood W. A., and Krieg N. R., Methods for General and Molecular Bacteriology, American Society for Microbiology, Washington, DC, 1994.
3. Ingraham, J. L. and Catherine A. Ingraham, Introduction to microbiology, 2nd ed. BROOKS/COLE, Pacific Grove, CA, 2000.
4. Komagata, K. and Suzuki, K., Lipid and cell-wall analysis in bacterial systematics. Meth, Microbiol 19, 161～208. 1987.
5. 강형일, 강호영, 김건수, 김응빈, 김정완, 김종설, 박우준, 박중찬, 박진숙, 석영재, 소재성, 송홍규, 오계헌, 이병욱, 이홍식, 정용석, 차창준, 최순영. Brock의 미생물학 제11판. 월드사이언스. 2006.
6. 김영민, 김경민, 노영태, 방성호, 서영훈, 정인실, 조은희, 하영미. 일반미생물학 7판. 라이프사이언스. 2008.
7. 민봉희, 박성주, 박용근, 백형석, 이건형, 이호용, 한홍의. 미생물과학. 도서출판 효일. 2001.
8. 박진수, 황경수, 천종식, 미생물의 분류·동정 실험법, 월드사이언스, 2005.
9. 손규목, 김성영, 조정일, 김재근, 백병학, 이별나. 식품 미생물학. 도서출판 효일, 2003.
10. 한국미생물학회 편. 미생물학 실험서, 을유문화사, 1998년.

제 3 장

혐기성 미생물의 이용기술과 산업적 이용

1. 혐기성 미생물

국가의 주인을 국민이라고 한다면, 지구의 주인은 미생물이라고 할 수 있다. 미생물은 지구 생물체 총량의 60% 이상을 차지하기 때문이다. 또한 미생물은 그들 사이에 또는 식물, 동물 등 다른 생물군과 다양한 관계를 맺으며 지구의 생태계를 유지시키고 있다. 한 예로 우리 몸에는 우리 몸을 구성하는 세포 수보다 10배나 더 많은 수의 미생물들이 살고 있고, 분의 절반 이상은 미생물로 구성되어 있으며, 이들이 우리 몸의 정상적인 기능을 돕고 있다. 동물의 소화기관은 산소가 없는 혐기상태로서 혐기성 미생물에 의한 소화작용이 일어나고 있다.

지구상에는 생명체가 전혀 서식하기 어렵다고 생각되는 환경이 존재하고 있다. 예를 들면 영양분이 전혀 없다고 판단되는 환경, 온천수와 같은 고온 환경, 북극과 같은 얼음 땅, 소금의 농도가 대단히 높은 염전, pH가 극단적으로 산성 또는 알칼리성으로 편재된 장소, 산소가 전혀 존재하지 않는 곳 등이다. 이와 같이 생명체의 서식이 불가능하다고 생각되는 환경에도 많은 종류의 미생물들이 분리되고 있다. 산소의 공급이 여의치 않은 동물의 소화관과 같은 혐기상태에서도 많은 종류의 혐기성 미생물들에 의해 유기물들이 분해된다.

1.1 혐기성 미생물이란

미생물들은 여러 가지 기준에 의해 다양하게 분류된다. 용존 산소량도 미생물 분류의 중요한 지표가 되는데 용존 산소량에 따라 크게 3가지로 분류하면 호기성

(aerobic), 혐기성(anaerobic), 임의성(facultative) 미생물이다. 호기성은 산소가 절대적으로 필요한 상태를 말한다. 말 그대로 산소를 좋아하는 미생물이다. 그리고 산소를 싫어하는 정도에 따라 통성 및 편성 혐기성세균으로 구분한다.

전자는 산소의 존재와는 상관없이 생활할 수 있는 미생물, 즉 호기성과 혐기성에 관계없이 성장하는 미생물이다. 후자는 산소가 없는 곳에서만 생활할 수 있는 세균(strick 또는 obligatory)을 말한다. 용존 산소량에 따라 미생물들을 좀 더 세분하면 표 3-1과 그림 3-1에서와 같이 5가지로 분류할 수 있다.

표 3-1. 산소와 미생물 관계에 따른 미생물의 분류

미생물의 분류	산소의 영향	대표적인 미생물
절대호기성 (obligate aerobe)	산소 존재 하에서만 생존 가능	*Micrococcus luteus, Pseudomonas, Mycobacterium*
통성혐기성 (facultative anaerobe)	반드시 산소가 필요하지는 않지만 산소가 존재할 때 더 잘 생장	*Eschericha, Enterococcus, Saccharomyces cerevisiae*
내산소혐기성 (aerotolerant anaerobe)	산소농도와 관계없이 생장	*Streptococcus pyogenes*
절대혐기성 (strict anaerobe)	산소 독성을 견디지 못하여 산소가 존재하면 사멸	*Clostridium, Bacteroides, Methanobacterium*
미호기성 (microaerophile)	생장에 필요한 산소분압이 2~10%로서 대기 중에서는 손상을 입음	*Campylobacter, Treponerma pallidum*

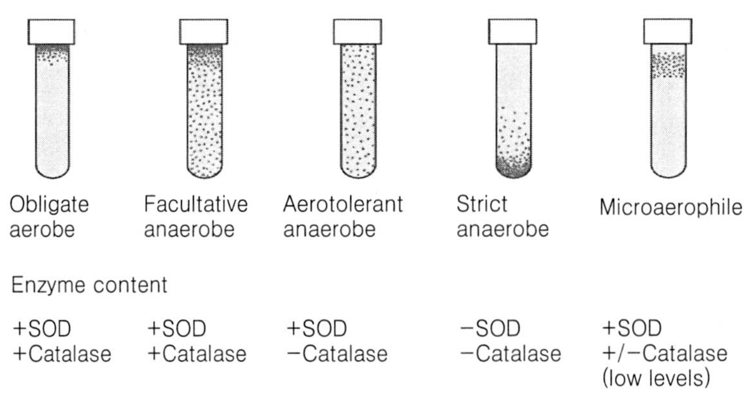

그림 3-1. 용존산소에 따른 미생물의 분포와 분류

절대호기성균(obligate aerobe)은 에너지 생산, 포화지방산 합성 등 생장에 필요한 물질을 합성하기 위해서는 산소를 꼭 필요로 하는 미생물이며, 통성혐기성균(facultative anaerobe)은 생장에 필요한 에너지를 호기성호흡이나 발효에 의해 얻지만 생합성 과정에 산소를 꼭 필요로 하지 않는 미생물로서 산소가 존재하지 않으면 전자수용체로 NO_3^- 같은 무기염류를 대신 사용한다.

혐기성균(anaerobe)은 전자전달계가 미흡하여 산소와 관계없이 발효에 의해 에너지 생산하는 균을 총칭하며, 좀 더 세부적으로는 내산소혐기성균(aerotolerant anaerobe), 절대혐기성균(obligate anaerobe) 및 미호기성(microaerophile)으로 나뉜다. 내산소혐기성균은 혐기성균 중 산소를 전자수용체로 사용하지는 못하지만 산소에 의한 해를 받지 않으며 성장 가능한 균이다. 절대혐기성균[또는 공산소성균(aerophobics)이라 함]은 산소 독성을 견디지 못하여 산소가 존재하면 사멸하는 균이며, 미호기성은 생장에 필요한 산소분압이 2~10%로서 대기 중의 산소압이 0.2기압 이상이 되면 생장을 정지하거나 손상을 입는 균들을 의미한다.

1.2 혐기성 미생물의 분포

지구상에는 산림, 해양, 수서, 토양, 동물 장내, 반추위 등과 같은 다양한 생태계가 있다. 일반적으로 반추위 생태계를 제외하고는 부분적으로 혐기상태를 유지하고 있다

표 3-2. 반추위 생태계와 다른 혐기성 생태계와의 비교

구 분	산림생태계	수서생태계	토양 생태계	반추위 생태계
1. 유입물	부분적으로 알려짐	잘 모름	잘 알려짐	잘 알려짐
2. 유출물	부분적으로 알려짐	잘 모름	측정 가능함	측정 가능함
3. 환경	대부분 호기상태 부분적인 혐기상태	대부분 호기상태 부분적인 혐기상태	대부분 호기상태 부분적인 혐기상태	완전 혐기상태
4. 시료채취	거의 불가능함	용이하지 않음	아주 용이함	아주 용이함
5. 기후의 영향	현저함	보통임	현저함	전혀 받지 않음
6. 종의 분포	부분적으로 알려짐	잘 알려지지 않음	알려짐	아주 잘 알려짐
7. 생화학 반응	매우 복잡 (단세포-다세포)	매우 복잡 (단세포-다세포)	복잡 (단세포-다세포)	비교적 복잡 (단세포)
8. 실험의 용이성	어려움/수치화곤란	비교적 어려움	어렵지 않음	아주 좋음
9. 안정성	비교적 높음	보통임	비교적 높음	매우 높음
10. 계절효과	심한 영향 받음	영향 있음	영향 있음	영향 없음

고 설명하고 있다(표 3-2). 그러나 산림, 해양, 수서, 토양 생태계의 대부분이 실제로는 혐기상태라고 생각된다. 왜냐하면 심해나 갯벌, 지표면을 제외한 토양의 밑 부분 그리고 지하수와 같은 곳은 산소의 공급이 여의치 않기 때문이다. 그밖에도 동물의 피부 등에서 나타나는 병원성 혐기미생물로는 파상풍균, 가스괴저균, 클로로스트리듐균 등이 있다.

산소는 혐기성세균의 발육을 방해할 수 있는데, 그 정도는 세균이나 배양기의 종류에 따라 다르다. 산소가 발육을 저해하는 이유는 혐기성세균은 산화환원전위가 낮은 경우에만 대사를 영위할 수 있기 때문이다. 따라서 인위적으로 산화환원전위를 낮추어주면 산소가 있는 곳에서도 발육할 수가 있다. 대개의 혐기성세균은 시토크롬을 가지고 있지 않으므로, 산소호흡을 하지 않는다.

그밖에도 산림생태계에서 낙엽과 다른 유기물들이 퇴적하여 혐기발효가 일어날 때 혐기 미생물이 부분적으로 존재한다. 그리고 해저 퇴적층에는 *Desulfovibrio*나 *Methanogenium* 같은 혐기성 세균들이 서식한다. 또한 앞에서 설명한 생명체의 서식

표 3-3. 초고온성 극한 미생물의 종류, 생육온도와 서식지 및 생육환경

극한 미생물	생육온도	서식지	생육환경
Thermotoga maritima	55 ~ 90℃	해 양	혐기상태
Aquifex pyrophilus	67 ~ 95℃	해 양	호기상태
Pyrobaculum aerophilum	75 ~ 104℃	해 양	호기/혐기상태
Staphylothemus marinus	65 ~ 98℃	해 양	혐기상태
Pyrodictium occultum	82 ~ 110℃	해 양	혐기상태
Thermodiscus maritimus	75 ~ 98℃	해 양	혐기상태
Pyrococcus furiosus	70 ~ 105℃	해 양	혐기상태
Archaeoglobus fulgidus	60 ~ 95℃	해 양	혐기상태
Methanopyrus kandleri	84 ~ 110℃	해 양	혐기상태
Methanococcus igneus	45 ~ 91℃	해 양	혐기상태
Sulfolobus acidocaldarius	60 ~ 85℃	육 지	호기상태
Metallosphaera sedula	50 ~ 80℃	육 지	호기상태
Acidianus infernus	60 ~ 95℃	육 지	호기/혐기상태
Stygiolobus azoricus	57 ~ 89℃	육 지	혐기상태
Thermoproteus tenax	70 ~ 97℃	육 지	혐기상태
Pyrobaculum islandicum	74 ~ 103℃	육 지	혐기상태
Themofilum pendens	70 ~ 95℃	육 지	혐기상태
Desulfuroccus mobilis	70 ~ 95℃	육 지	혐기상태
Methanothermus sociabilis	65 ~ 97℃	육 지	혐기상태

이 불가능하다고 생각되는 극한환경에서 살고 있는 극한 미생물들의 대부분이 표 3-3에서와 같이 혐기상태에서 생육하고 있기 때문이다. 적어도 35억년 동안 지구상의 생물진화를 주도해 온 혐기성의 미생물들은 수심 천 미터 이상의 바다 밑바닥에서부터 끓어오르는 온천수에 이르기까지, 소의 반추위에서 흰개미의 소화관까지 모든 생태계에 퍼져 있다.

이들은 자연 생태계에서 분해자로써, 인간을 비롯한 다양한 생물에 질병을 유발하는 병원체로써, 또는 인간에게 유익함을 부여하는 유용 생물로써의 기능을 수행한다. 세균이 질병의 원인이라는 사실이 밝혀진 이래 사람들은 세균을 지저분하고 더러운 존재이며 성급하게 '인류의 적'으로 간주하기도 했지만, 사실 세균이 없다면 사람은 물론 자연생태계조차도 유지되기 어렵다.

실제로 사람이나 동물을 병들게 하는 해로운 세균보다는 섬유소를 분해하는 반추위 미생물처럼 이로운 세균이 훨씬 더 많다. 해로운 세균 한 마리에 대해 해가 없거나 유용하며 심지어 꼭 있어야 하는 세균은 3만 마리에 이른다고 한다. 또한, 공기 $1m^3$ 중에도 미생물이 10^4 정도 존재하고, 토양 1 g 중에는 $10^6 \sim 10^7$, 반추동물의 반추위액 중에는 토양에서보다 수십만 배나 더 많은 $10^{11} \sim 10^{12}$개의 미생물들이 분포되어 있다.

1.3 동물의 소화기관 내의 혐기성 미생물

동물의 소화기관은 입으로부터 식도, 위, 소장, 대장 그리고 항문에 이르는 점막으로 덮여져 있는 하나의 긴 관으로(그림 3-2) 마치 동물의 몸을 뚫고 지나가는 터널

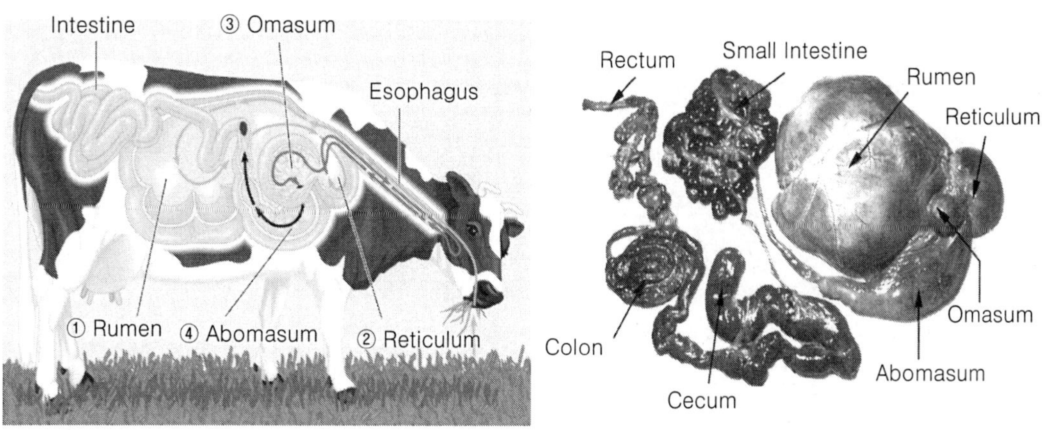

그림 3-2. 반추동물 소화기관의 구조

그림 3-3. 소화기관의 구조에 따른 동물의 분류

과도 같으며 사료의 섭취, 소화와 흡수 및 배설작용이 일어나는 부위로서 혐기상태를 유지한다. 소화과정은 저작이나 소화관의 운동과 같은 기계적인 작용과 그리고 반추위 혹은 대장 내 혐기성미생물과 소화선에서 분비되는 소화효소(digestive enzyme)에 의한 화학적인 분해과정에 의하여 이루어진다. 따라서 동물의 소화기관 내에서 혐기성 미생물에 의한 사료의 소화작용은 동물자원학에서 중요한 연구대상이 되고 있으며, 섭취하는 사료의 종류나 소화기관의 구조에 따라서 단위동물과 반추동물 그리고 비반추 초식동물 등으로 나누어 볼 수 있다(그림 3-3).

1) 반추동물의 반추위 내 혐기성 미생물

동물의 소화기관은 크게 3개 부위로 나눌 수 있는데 식도에서 위까지를 전장(foregut), 소장부위를 중장(midgut), 대장부위를 후장(hindgut)이라고 한다(그림 3-4). 소와 면양 그리고 캥거루와 같이 반추위에서 혐기성 미생물 발효가 일어나는 초식동물을 전장 발효동물(foregut fermentors), 말과 토끼 그리고 설치류처럼 대장에서 혐기성 미생물 발효가 일어나는 초식동물을 후장 발효동물(hindgut fermentors)이라고 한다(그림 3-5).

반추동물의 반추위에서 서식하는 미생물들에는 지구가 생성될 무렵부터 존재하였다는 시원세균을 포함한 수많은 박테리아와 생명계의 3분법상 동물계로 분류되는 원

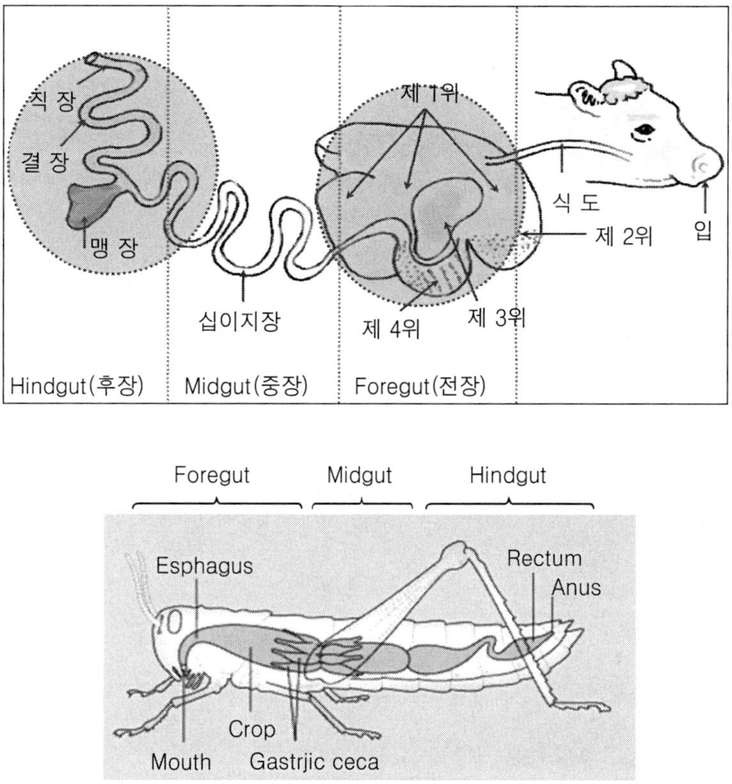

그림 3-4. 동물 소화기관의 구분법

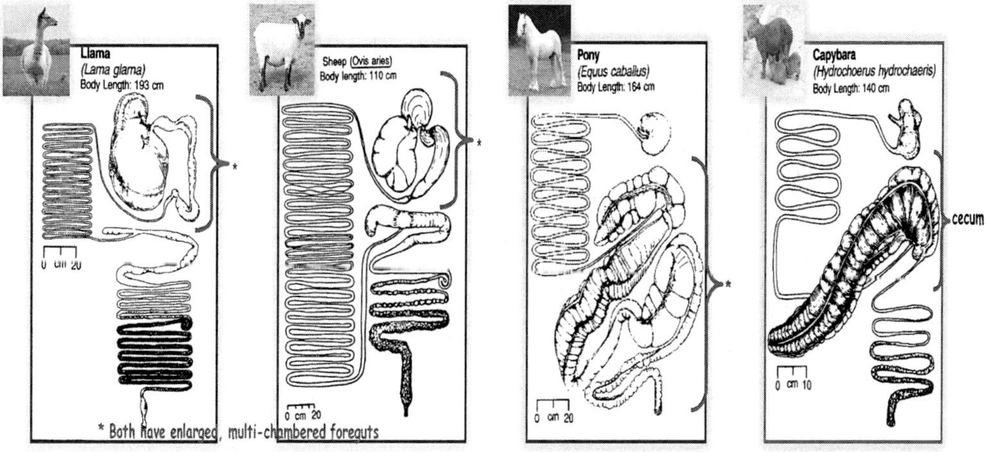

그림 3-5. 전장 발효동물(좌측)과 후장 발효동물(우측) 소화기관의 구조비교

생동물(protozoa), 식물계로 분류되는 곰팡이(fungi) 그리고 미생물계로 분류되는 수많은 박테리아들이 있다(그림 3-6).

이 혐기성 미생물들은 숙주동물인 반추동물과 공생하며 진화되어 왔다. 반추위는 소화액이나 소화효소를 분비하지 않는 것으로 알려져 있기 때문에 이곳에서 일어나는 사료의 소화는 모두 미생물이나 미생물이 분비하는 효소의 작용이라고 할 수 있

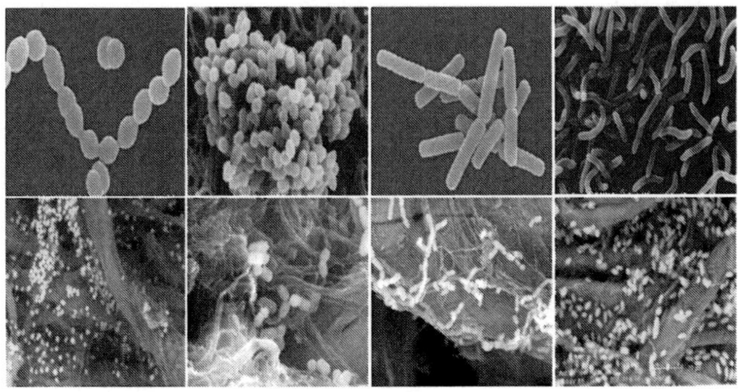

(A) 반추위 혐기성 박테리아

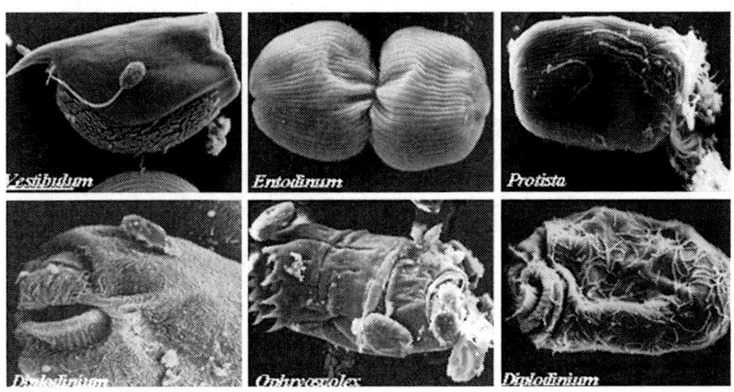

(B) 반추위 혐기성 프로토조아

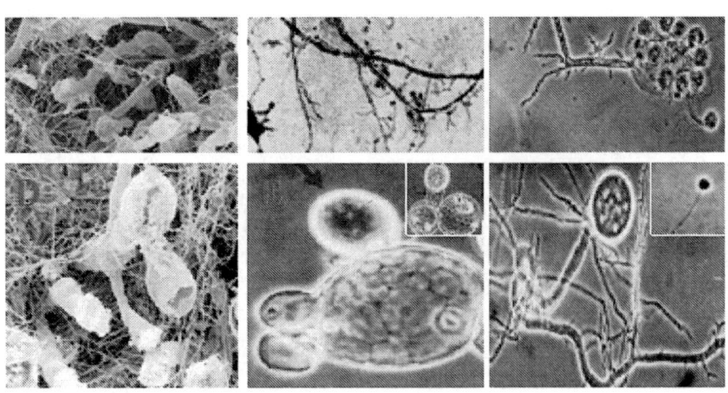

(C) 반추위 혐기성 곰팡이

그림 3-6. 반추위 혐기성 미생물

다. 미생물은 사료를 발효시킴으로써 에너지와 그 밖의 주요 영양소를 얻어 성장한다. 또한 반추동물은 혐기성 미생물이 서식하기에 적합한 환경을 제공하는 대신 미생물로부터 에너지와 단백질, 그리고 그 밖의 영양소(비타민 등)를 공급받아 생산이나 성장에 이용한다. 이러한 면에서 반추동물과 반추위내 미생물과는 전형적인 공생관계를 이루고 있음을 알 수 있다.

반추동물의 반추위는 자연계에서 혐기성 미생물이 서식하기에 가장 적합한 환경적 조건을 가지고 있다. 그래서 반추위는 자연 상태에서 가장 다양하고 많은 종류의 혐기성 미생물을 보유하고 있다. 반추위 자체는 항온을 유지하려는 생리적 작용으로 언제나 미생물이 성장하기에 적합한 38.5～41℃의 온도를 유지하고 위내의 수소 이온의 농도(pH)는 5.5～7.0의 상태를 일정하게 유지된다. 삼투압 역시 이온화 물질의 희석, 흡수 및 통과에 의해 조절되므로 300～400 m Osm 정도로 혈액과 커다란 변화가 없는 셈이다. 또한 산화환원 전위(redox potential)가 -300～-350 mV라는 점은 반추위에는 산소가 전혀 없는 완전 혐기상태라는 것이다(그림 3-7).

미생물이 이용할 수 있는 영양소가 반추동물의 입을 통하여 사료의 형태나 침의 형태로 계속적으로 공급되고 미생물의 발효산물인 여러 가지 종류의 산들은 트림을 통해 생태계 외부로 배출되거나 반추위벽을 통하여 흡수되거나 하부 소화기관으로 유입되며 일부는 침에 의해 중화되어 일정한 상태로 유지된다. 따라서 반추위 혐기성 미생물의 발효 환경으로서의 균형이 깨어지지 않는다. 반추위의 수축작용은 미생물의 기질로 이용될 사료, 물, 침이 잘 혼합되도록 해 주고 미생물의 이동을 돕는다. 그러므로 반추위는 혐기성 미생물이 서식하기에 가장 이상적인 환경이라 할 수 있다.

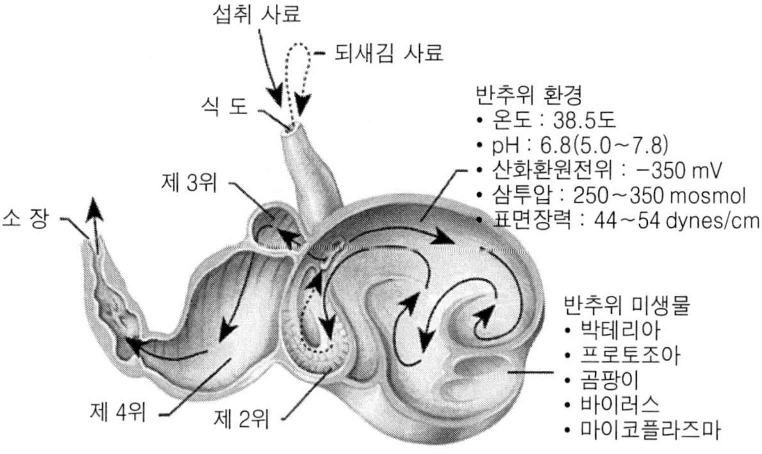

그림 3-7. 미생물 서식처로서의 반추위내 물리적 환경

(1) 반추위 혐기성 미생물의 다양성

현재 생물계의 구분은 Whittaker의 5계(Kingdom system) 분류법에 따르고 있으며, 미생물들은 세균(bacteria), 균류(fungi), 원생동물(protozoa), 조류(algae), 바이러스(virus)의 5가지로 분류하고 있다. 반추위에서는 5계{① Plantae(진핵 다세포-다핵생물), ② Animalia(진핵 다세포-다핵생물), ③ Fungi(진핵 다세포-다핵생물) ④ Protista(진핵-단세포생물) 그리고 ⑤ Monera(원핵-단세포 생물)} 중에서 3계가 있으며, 미생물 군에서도 algae를 제외한 모든 미생물들이 아주 다양하게 살고 있다(그림 3-8).

그림 3-9는 small subunit ribosomal RNA 유전자의 염기서열을 이용하여 만든 생명나무(계통수)이다. 혐기성의 미생물은 지구상에서 가장 오랫동안 진화해온 생명체이다. 따라서 미생물의 유전체 연구는 생명의 기원, 생명현상의 원리, 생물의 다양성, 그리고 진화를 이해하는 기초가 되며 미생물의 유전자 풀은 엄청나게 방대하다. 게놈의 70% 이상이 상동성이 있어야 같은 종으로 인정하는 세균 분류의 관점에서 보면 포유류 전체는 그림 3-9에서 보듯이 겨우 한 두 종에 지나지 않는다. 이렇게 다양한 미생물 생태계에서 반추위 내에는 원핵세포의 박테리아뿐만 아니라 고세균(archaea)으로 분류되는 메탄생성 박테리아 그리고 진핵세포인 fungi, slim molds, 섬모충(ciliates)과 편모충(flagellates) 등이 광범위하게 살고 있다(그림 3-9, 그림에서 점선의 동그라미는 반추위에서 발견되고 있는 미생물임).

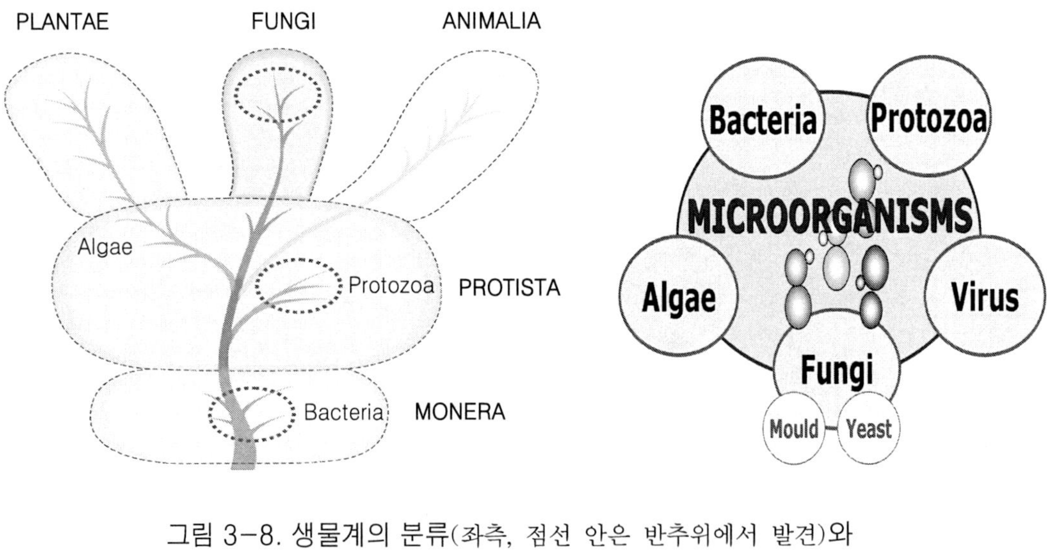

그림 3-8. 생물계의 분류(좌측, 점선 안은 반추위에서 발견)와 미생물의 구분(우측)

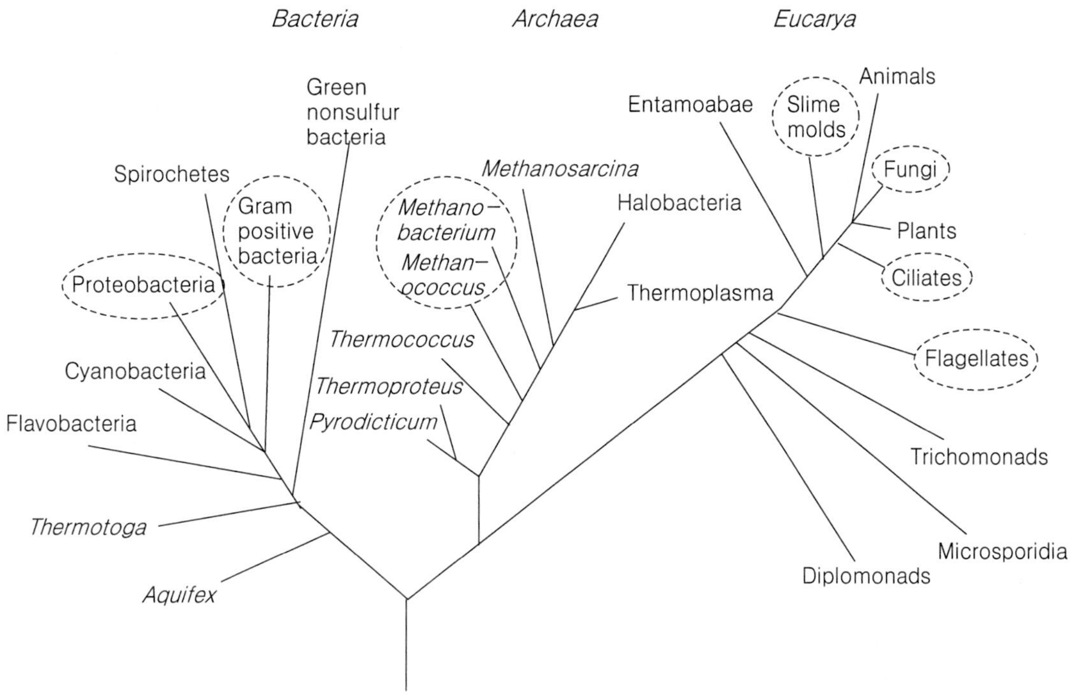

그림 3-9. 생명나무의 예로 본 반추위 혐기성 미생물의 다양성
(점선 안의 미생물들은 반추위에서 발견되고 있음)

지금까지 인간에 의해 분리, 동정된 적이 있는 미생물은 지구상에 존재하는 미생물 전체 종의 겨우 1%에 지나지 않는다고 한다. 또한 새로운 미생물 종의 유전체를 해독할 때마다 전체의 약 1/4 정도가 이전까지 전혀 알려진 바 없는 새로운 유전자이다. 따라서 반추위는 다양한 미생물과 유전자 자원을 찾아낼 수 있는 보물창고와도 같다.

(2) 반추위 혐기성 미생물의 역할

반추동물은 위가 네 부분으로 나뉘어 있고 일부 소화된 음식물을 다시 게워내 되새김을 하는 초식동물이다. 예를 들면 소, 사슴, 고라니, 낙타, 버팔로, 양, 염소, 기린 등이 반추동물에 속한다. 이러한 섭식방법은 많은 양의 음식을 단시간에 먹을 필요가 있는 동물에게서 발달했다. 다시 씹어서 소화하기 쉬운 형태로 사료를 분쇄하는 것은 좀 더 편하고 안전한 지역에서 나중에 한다. 더 중요한 것은 미생물이 풀이나 다른 사료의 두꺼운 세포벽을 분해함으로서 반추동물이 아마 다른 방법으로는 사용할 수 없었을 많은 양의 마른 풀을 소화하도록 돕는다.

표 3-4. 반추위 혐기성 미생물이 분비하는 세포벽 구성성분의 분해효소

기질 중합체	가수분해작용 - 결합부위	가수분해효소
Cellulose	β-1, 4-Glucose linkage	endo-â-1, 4-glucanase
Cellulose(non-reducing end)	β-1, 4-Glucose linkage	exo-â-1, 4-glucanase
Soluble cellooligomers	β-1, 4-Glucose linkage	Cellulodextrinase
Cellobiose	β-1, 4-Glucose linkage	β-1, 4-Glucosidase
Cellulose 혹은 xylan	β-1, 4-Glucose linkage 혹은 xylose linkage	Xylocellulase
Xylan	β-1, 4-Xylose linkages	endo-β-1, 4-xylanase
Xylobiose	β-1, 4-Xylose linkage	β-1, 4-Xylosidase
Arabinoxylan	α-1, 3-Linkage	α-L-arabinofuranosidase
Glucuronoxylan	β-1, 3 or á-1, 2 Linkage	β-Glucuronidase
Acetylxylan	Acetylester bond	Acetyl xylan esterase
Ferulic acid cross bridge	Feruloylester bond	Ferulic acid esterase
Coumaric acid cross bridge	Coumaryl ester bond	*p*-Coumaric acid esterase
Laminarin	β-1, 3-Glucanase	β-1, 3-Hexose linkage
Lichenin	β-1, 3-; â-1, 4- Hexose 결합	β-1, 3-; â-1, 4-Glucanase
Polygalacturan	β-1, 4-Galacturonide 결합	Pectate lyase
Pectin	β-1, 4-Galacturonide 결합	Pectin lyase
Pectin	Methylester bond	Pectin methylesteras

반추동물은 식물의 세포막 구성성분을 분해하는 효소들(표 3-4)을 합성하지는 못하므로 대신 이 효소를 만들 수 있는 혐기성 미생물과의 상리공생적 관계를 정착시켰을 것으로 보인다. 다양한 종류의 반추위 미생물들이 세포막 구성성분을 거의 완벽하게 분해시키는데, 세포벽 구성 물질들은 반추위 미생물이 분비하는 효소에 의해 가수분해되어 단당류로 전환되고, 이것을 다시 발효시켜 acetate, butyrate, propionate, lactate와 같은 유기산으로 변화시키고, 이 유기산들이 바로 반추동물의 에너지원이 된다(그림 3-10).

일반적으로 반추동물이 섭취한 사료 중 유기물의 65%, 질소화합물의 25%, 세포막 물질의 85%, cellulose의 90% 그리고 가소화 탄수화물의 82~90%가 반추위 내에서 혐기성 미생물에 의해 소화된다. 특히 조섬유가 많이 함유되어 있는 사료는 제 1위에서 소화율이 높고 사료 중의 섬유질은 제 1, 2위내에서 거의 모두 소화가 이루어진다.

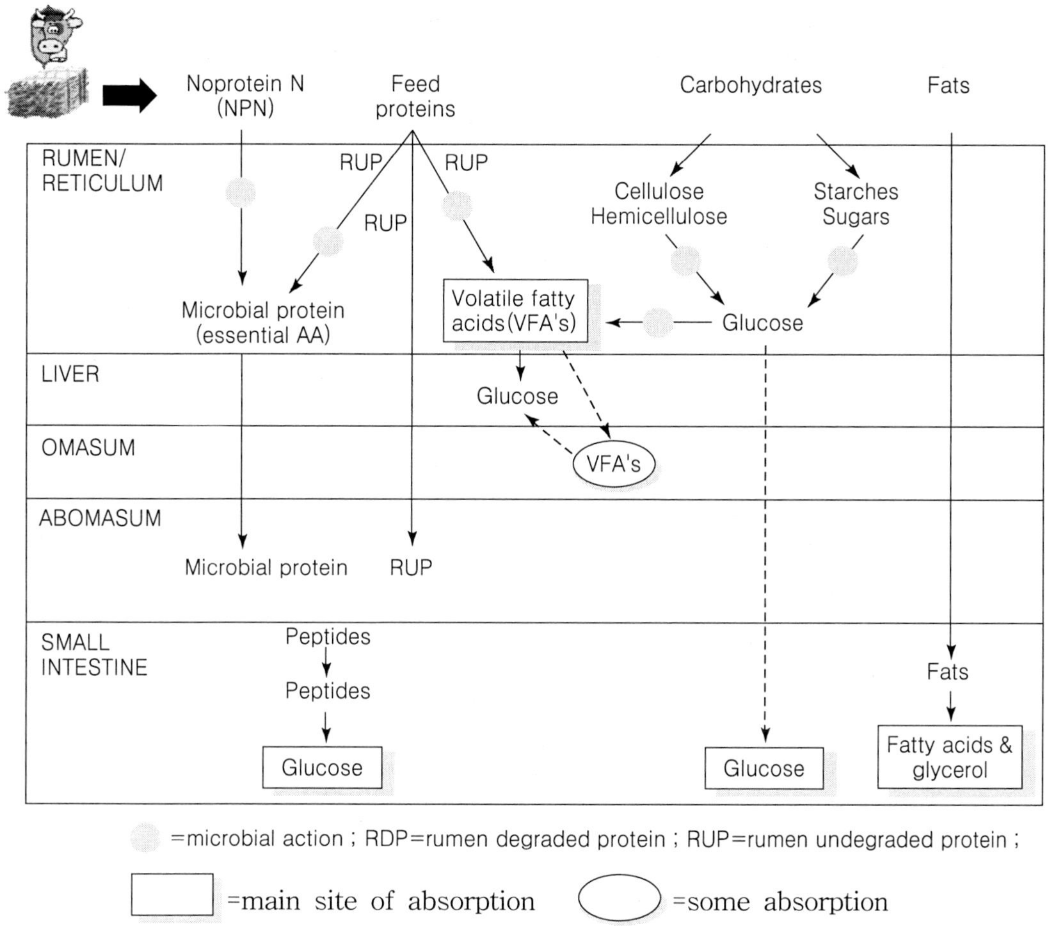

그림 3-10. 반추동물 소화기관 내에서 사료 중 영양소의 소화 개요

이와 같이 급여사료의 약 65%가 반추위에서 소화되므로 반추가축에 있어서 반추위는 가장 중요한 소화기관이라고 할 수 있다. 사실 반추위에서의 소화작용은 반추동물의 고유한 생리적 작용에 의한 것이 아니고 반추위라는 혐기적 생태계에서 공생하고 있는 수많은 종류의 미생물에 의해 일어나는 것이다.

반추위 내에서는 인간이나 동물에 의해 소화될 수 없는 풀 사료들이 각종 미생물의 공격을 받아 소의 위벽을 통하여 흡수될 수 있는 크기로 분해되고, 생성된 미생물들은 다시 소장으로 들어가 단백질 분해효소에 의해 분해되어 영양소로 이용된다. 반추위내에는 양적으로나 수적으로 매우 많고 다양한 종류의 미생물들이 살고 있다. 반추위내 미생물은 반추동물의 소화작용을 돕고 여러 가지 영양소를 합성하여 반추가축이 이용할 수 있도록 한다.

표 3-5. 반추위 미생물과 반추동물과의 상호관계 요약

소화과정	효 과
타액분비(salivation)	• 소화물의 희석과 이동 • 중화력의 부여 • 질소원의 지속적 공급
반 추(rumination)	• 사료의 물리적 분쇄 • 통기성의 부여 • 타액 분비량의 증가
반추위 운동(rumen movement)	• 소화물의 혼합 • 반추위 소화물의 제거 • 사료의 물리적 분해
가스생성(gas production)	• 트 림 • 표면장력 효과 • 흡 수 • 적정온도의 유지
반추위 벽을 통한 흡수 (Absorption by rumen wall)	• 발효산물의 제거 • pH의 유지 • 적정온도의 유지

반추위 미생물은 영양소 특히, 섬유소의 분해, 아미노산의 합성, 비타민 B군과 K의 합성, 미생물체 영양소 공급 등의 역할을 한다. 따라서 반추위는 거대한 발효조와 같은 역할을 한다. 표 3-5에는 반추위 미생물과 반추동물과의 상호관계를 요약하였다.

2) 비반추초식동물의 대장 내 혐기성 미생물

한편 육식동물의 대장에도 미생물이 서식하지만 특별한 기능을 가지고 있지 않는 것에 비해 말이나 토끼와 같이 풀을 먹는 비반추 초식동물의 대장은 미생물에 의한 소화가 이루어지는 중요한 부위이다.

섬유소를 에너지원으로 이용하는 초식동물의 가장 큰 특성은 미생물의 사료 발효에 필요한 어느 특정 장기의 일부가 확대되어 있다는 것이다. 마른 마분의 무게 중 50% 이상이 미생물이며, 소화 장기에 있는 미생물의 수는 전체 체조직의 세포수보다 10배 이상이 많다. 포유동물은 cellulose, hemicellulose, pectin과 같은 섬유소를 흡수가 가능한 형태로 분해할 수 있는 효소를 생산하지 못하고 단지 미생물이 이를 분해할 수 있는 효소를 분비한다. 또한 섬유소의 분해과정은 전분이나 단백질에 비해서

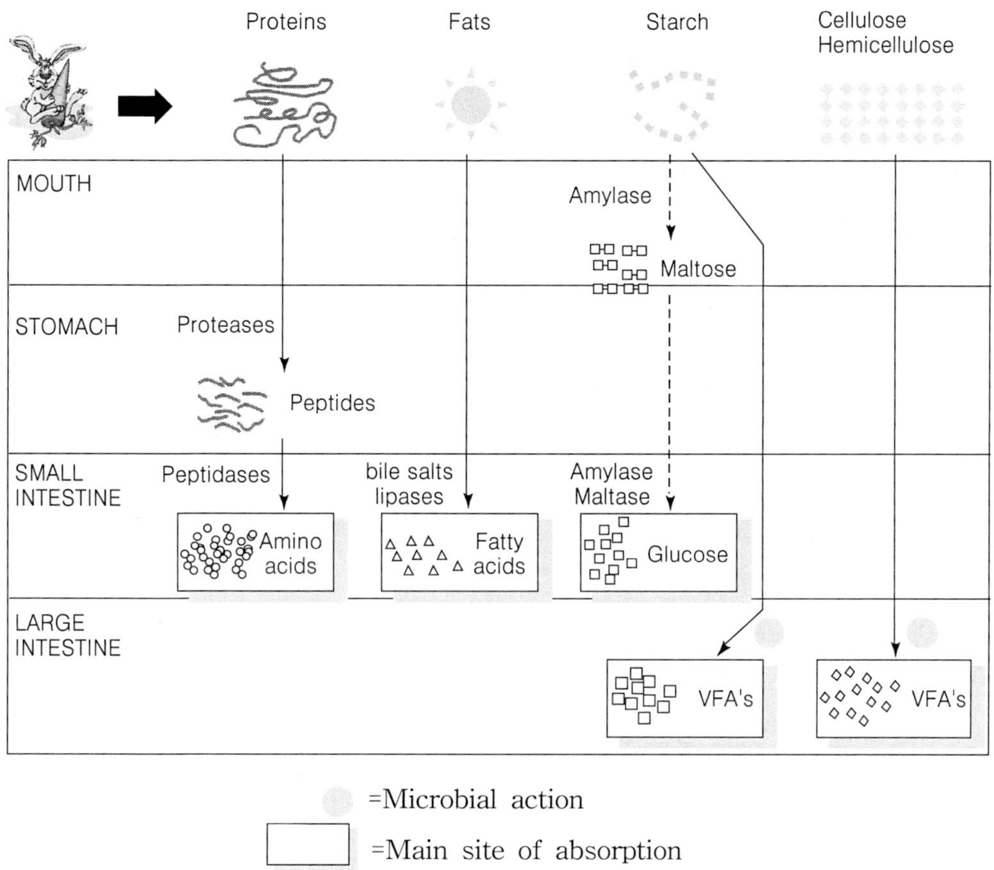

그림 3-11. 비반추 초식동물 소화기관 내에서 사료 중 영양소의 소화 개요

상대적으로 느리다. 따라서 섬유소를 숙주동물이 유익하게 이용하기 위해서는 관련 소화 장기에서 장기간 머무르면서 미생물에 의한 충분한 분해 및 발효가 이루어져야 한다.

회장의 말단부분에는 큰 말의 경우 길이가 1 m, 용적이 25～35 L가 되는 맹장이 있다. 복부 측의 좌우 결장과 배(등)측의 좌우 결장을 합하여 대결장을 이루는데, 성마의 경우 길이는 3～4 m, 용적은 맹장의 두 배에 이른다. 맹장과 결장에서의 소화는 전적으로 혐기성 미생물의 활동에 의존한다. 대부분 장 내용물은 사료 섭취 후 3시간 이내에 대장에 도달을 하며, 소장에서 소화되지 않은 물질들이 대장에서 장시간 체류하며 분해 및 발효가 일어난다(그림 3-11). 그러나 대장에서의 통과시간은 반추동물에서보다 빠르기 때문에 섬유소 소화능력이 반추위에 비해서 떨어지게 된다.

대장에서 혐기성 박테리아의 수는 맹장과 복부 측 결장(결장상부)에서가 가장 많으며, 이곳에서 섬유소 분해 박테리아는 결장 말단부보다 6～7배 많다. 대장에서 약 20% 정도의 박테리아가 단백질 분해에 관여한다. 하루에 두 번 사료급여를 하고 있는 말에서 어떤 특정 미생물은 24시간 동안 100배까지도 그 수가 변한다. 이러한 큰 미생물 수의 변동은 특히 전분과 단백질에 있어서 영양소 이용률의 변화를 말하며, 장 내용물의 pH 변화를 가져온다.

곡류사료의 다량급여는 과도한 전분의 섭취를 의미한다. 이러한 전분은 소장에서의 통과속도가 빨라 소장에서 완전한 소화흡수가 되지 못하고 일부는 대장으로 유입되게 된다. 대장에서는 전분분해 미생물(amylolytic bacteria)이 활성을 띠게 되고, 이들 미생물들에 의해 생산된 젖산에 의해 대장의 pH가 떨어진다(pH 7 → 6.7). 이렇게 낮은 pH 조건하에서 미생물들은 내독소(endotoxin)를 분비하게 되고, 이 내독소에 의해 산통 및 제엽염이 발생한다. 따라서 조사료에서 곡류사료 위주로 사료급여 체계를 바꾸거나 곡류사료를 다량 급여하는 것은 혐기성 미생물 성상의 변화를 가져와 치명적인 손실을 입을 수 있다.

사료급여 빈도는 소화율에는 영향을 크게 미치지 않으나 소화기 장애 또는 대사장애에 큰 영향을 미치게 된다. 이러한 결과들은 사료 또는 장 내용물이 미생물의 수에 직접적으로 영향을 미치기 때문이다. 따라서 조사료의 적절한 급여 등 장내 미생물의 활성을 위한 사양관리를 취해야 한다. 말의 사료소화율은 반추동물에 비해 곡류사료 약 85%, 조사료는 70～75% 정도에 불과하다. 그 이유는 대장에서의 통과시간이 빠르고 섬유소분해 미생물 조성이 다르기 때문이다.

2. 혐기성 미생물의 이용기술

혐기성 환경에 존재하는 미생물은 지구 환경에 매우 큰 영향을 미치는 것으로 알려져 있다. 이러한 혐기적 환경에는 다양한 종류의 유기 오염물질을 분해할 수 있고, 다양한 전자 수용체를 이용할 수 있으며, 여러 미생물들과 상호작용할 수 있는 미생물들이 존재한다. 그러나 전통적인 미생물 배양법을 이용하는 것은 충분한 혐기성 미생물 자원을 확보하는 데 큰 걸림돌이 되고 있으며, '난배양성 미생물'이라고 지칭되어지는 엄청난 양의 미발견 미생물이 연구자들의 분리를 기다리고 있는 실정이다. 이에 따라 새로운 미생물 분리방법에 대한 연구가 진행되고 있으며, 어느 정도 성과를 보이고 있다.

혐기성 미생물 이용기술은 혐기성 환경에 적응하여 생육하는 혐기성 미생물의 탐색・분리・보존 및 체계적인 계통적 분류 체계의 구축을 통한 신규 미생물의 자원화

기술과 신규로 탐색・분리된 혐기성 미생물의 산업적 이용기술을 포함한다.

이러한 혐기성 미생물 이용기술에 속하는 주요기술로는 ① 혐기성미생물의 탐색・분리・보존기술, ② 혐기성 미생물의 계통적 분류기술, ③ 혐기성 미생물의 게놈 분석 연구, ④ 혐기성 미생물이 보유한 효소의 분리 및 특성연구를 통한 산업적 이용기술, ⑤ 혐기성 미생물을 이용한 환경정화기술, ⑥ 화학공정의 대체 보완 및 지속가능개발(Sustainable Development)을 위한 환경 조화형 생물전환 공정기술 등이 있다.

2.1 혐기성 미생물의 배양장치

혐기성 미생물을 배양하기 위해서는 산소의 공급을 차단시켜 미생물이 산소에 노출되는 것을 막아야 한다. 혐기상태는 완전히 밀폐된 공간 내부를 질소나 탄산가스로 치환하여 산소가 완전히 배재된 조건을 만들어 혐기성 미생물을 분석・조작하는 데 이용하고 있다. 혐기성 미생물들을 배양하는 3대 장비에는 혐기 배양기, 혐기 자 그리고 혐기가스 분주장치 등이 있는데 1960년대에 주로 개발되었다.

1) 혐기 배양기(Anaerobic chamber, Anaerobic glove box)

혐기 배양기는 본체, 인큐베이터, 발열코일, 질소가스, 탄산가스 및 수소 혼합가스 등이 연결되어 있으며, 본체는 투명한 비닐 막으로 되어 있어 외부에서 작업자가 장갑을 통해 혐기성 조건이 형성된 내부에 손을 넣고 작업을 할 수 있도록 되어 있다. 내부는 무산소 조건이기 때문에 알코올램프 등을 쓸 수 없어서 니크롬선 코일에 전열을 가하도록 한 발열코일 장치를 사용한다. 질소가스와 함께 소량 혼입되는 수소가스

그림 3-12. 혐기성 미생물 배양을 위한 혐기장치들
(혐기가스 분주장치, 혐기 배양기, 혐기 자)

는 기기 내부의 미량 산소와 반응하여 수증기를 형성하는데, 팔라듐이라는 금속 촉매가 이 반응을 촉진시킨다.

혐기장치 중에서 가장 가격이 비싸며, 장비의 유지비도 많이 소요되지만 손쉽게 혐기 미생물을 조작할 수 있고, 혐기 자보다 혐기조건 형성이 우수하고 대량의 시료를 한꺼번에 배양할 수 있는 장점이 있다.

2) 혐기 가스 분주장치(Anaerobic gassing system)

혐기가스 분주장치(Anaerobic gassing system)란 배지의 제조와 분주 및 멸균 그리고 접종 및 배양 전 단계에서 산소에 노출시키지 않도록 하는 혐기 배양법이다. 모든 과정에서 환원된 탄산가스를 분주하여 혐기가 유지된 상태로 작업을 수행하며, 멸균과 배양과정에서는 뚜껑을 사용하여 완벽하게 공기의 유입을 방지하여야 한다. 이 방법은 혐기상태의 유지가 거의 완벽하므로 반추위 혐기 미생물과 같은 절대 혐기성 미생물을 다루는 데 많이 이용하고 있는 방법이다. 탄산가스를 환원시키기 위해서는 deoxigenator column을 이용한다. 혐기장치 중에서 가장 일찍 개발된 방법으로 설치가 비교적 용이하고 가격 또한 저렴하여 가장 많이 보급되어 있는 장치이다. 그러나 혐기 배양기와 비교하여 잔손 작업이 많이 들어 비교적 소규모의 시료를 처리하는 데 용이하다.

3) 혐기 자(Anaerobic jar)

혐기 자(Anaerobic jar)는 혐기성 단지 안에 평판배지를 넣고 뚜껑을 닫고 밀폐시킨 다음 가능한 방법을 동원하여 내부의 공기를 제거하여 단지 내부를 혐기성으로 만드는 방법이다.

혐기 자의 내부를 혐기상태로 만들기 위하여 혐기 자의 뚜껑에 달린 그물망 속에 10～20알의 촉매제를 넣은 다음 배지를 넣고 내부의 공기를 흡입하여 빼내고 대신 N_2 80%, H_2 10%, CO_2 10%의 비율로 가스를 주입한다(Evacuation Replacement Method, 배기 대체법). 그러나 H_2 가스는 실험실에서 폭발의 위험이 있어 불편하며, N_2, CO_2 가스는 공급도 어려운 실정이므로 안전하고 비교적 사용하기 간편한 Gaspak 방법을 많이 이용하고 있다.

Gaspak 방법은 혐기 자의 뚜껑에 달린 그물망 속에 10～20알의 촉매제를 넣은 다음 혐기성 미생물을 접종한 배지를 넣고 가스 발생봉지인 Gaspak의 모퉁이를 잘라내고 그곳에 물 10 mL를 주입한 다음 즉시 혐기 자 안에 넣은 후 밀봉한다. 그러면 Gaspak 봉지에서 수소와 탄산가스가 발생되며 생긴 수소가스 촉매의 작용으로 산소와 반응하여 물이 된다.

반응이 제대로 일어나는지를 알려면 혐기성 자의 벽에 수증기가 엉기는 것도 촉매제의 위 뚜껑이 따뜻해지는 것으로 알 수 있다. 탄산가스는 혐기성 세균의 증식에 적당한 10% 정도가 된다. 이 방법은 안전하고 간단하면서도 혐기성 세균의 분리율이 비교적 양호하므로 실험실에서 간편하게 사용하기에 적합하다. 그러나 반추 미생물과 같은 절대혐기성 미생물을 다루기에는 한계가 있는 방법일 수 있다.

3. 동물자원분야에서 혐기성 미생물의 이용과 전망

3.1 동물 생산성 향상을 위한 혐기성 미생물의 이용

1) 반추위 내 혐기성 발효 조절을 통한 생산성 향상

반추위 내에서 일어나는 혐기성 발효는 다양한 개개 미생물의 작용과 상호관계의 결과이어서 인위적으로 조절하는 것이 쉽지 않다. 그러나 미생물에 대한 연구와 새로운 학문의 접목으로 이런 미생물의 발효과정도 어느 정도 변화시킬 수 있다. 인위적 조절이 가능한 과정과 인간의 관점에서 유익한 조절방향을 보면 그림 3-13과 같다. 물론 반추위내 발효과정의 조절에는 미생물 자체를 대상으로 하는 것 뿐 아니라 반추위액의 하부 장기로의 유출속도 조절도 포함될 수 있다.

2) 혐기성 미생물을 이용한 사료 첨가제(microbial feed additives)

최근에 곰팡이 배양물(fungal culture extracts)을 첨가하면 반추위 발효가 조절되어 생산성을 높일 수 있다는 연구들이 많이 진행되고 있는데, *Aspergillus oryzae*의 발효 추출물(fungal culture extracts)과 *Saccharomyces cerevisiae*란 효모 배양물(yeast culture)이 동물용 사료 첨가제로 이용되고 있다.

또한, 이 등은 일련의 실험을 통하여 재래산양의 반추위로부터 곰팡이를 순수 분리한 다음 이를 대량 배양하여 반추위에 다시 투여하면 배양물에 의해서 반추위 발효가 조절되고, 배양물에 함유된 효소들에 의해 사료의 소화율 특히 cellulolysis가 증기히며 혐기적으로 배양된 곰팡이가 반추위내에서 다시 성장하므로서 동물의 생산반응을 증대시킬 수 있다고 하여 반추위 혐기성 곰팡이의 산업화 가능성을 시사하였다(표 3-6).

앞에서 설명되었듯이 동물의 소화장기는 절대 혐기성의 상태이므로 혐기성 미생물을 이용한 사료 첨가제의 개발이 앞으로는 주를 이룰 것으로 기대한다(그림 3-14).

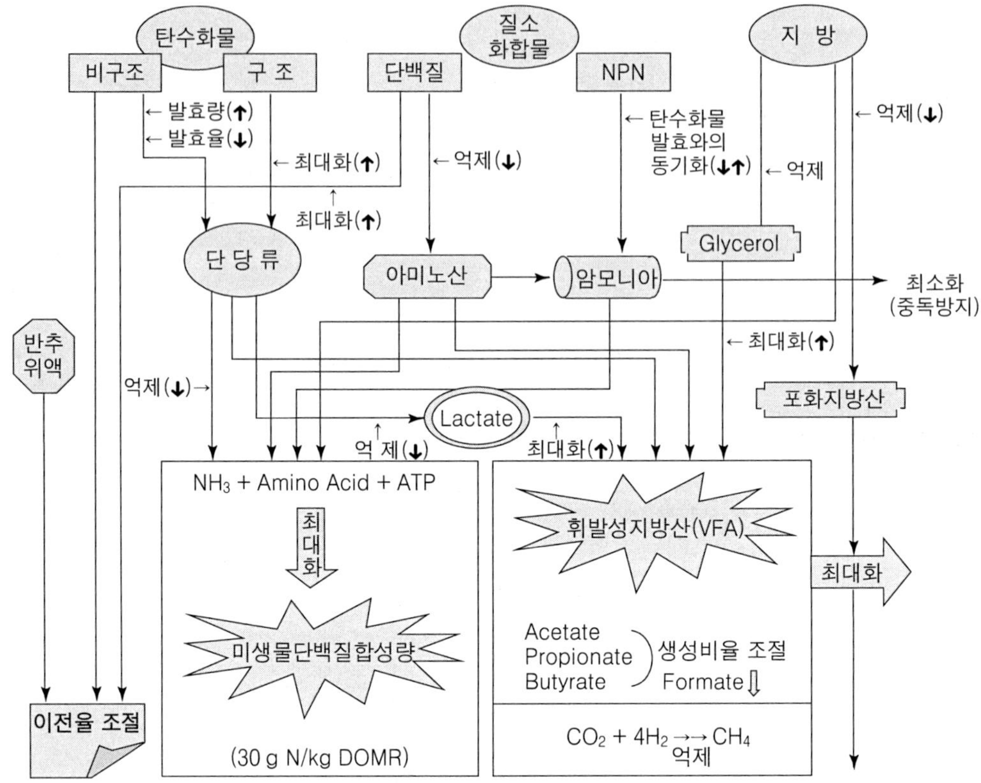

그림 3-13. 반추위 내에서 사료의 분해와 미생물 발효의 조절부위

반추위내 미생물 발효를 조절할 수 있는 대사과정을 10가지 정도로 요약해 보면

① 반추위내 적정 pH와 희석율(dilution rate)의 유지
② 구조탄수화물의 발효량의 증대와 발효율의 감소
③ 비구조탄수화물의 발효량 증가와 발효속도의 감소
④ 휘발성지방산 생성량의 최대화와 생성비율의 조절
⑤ 젖산(lactate) 생성량의 억제
⑥ 단백질이나 아미노산의 탈아미노 반응 감소
⑦ 반추위 미생물의 단백질 합성효율 증대와 발효량의 최대화
⑧ 지방의 분해 억제와 수소첨가 반응의 억제
⑨ 탄수화물의 발효속도와 비단백태질소원(NPN) 분해속도의 동기화
⑩ 메탄생성을 통한 사료에너지 이용효율 향상과 지구 온난화효과 감소 등이다.

그림 3-14. 미생물을 이용한 사료첨가제들의 예

표 3-6. 반추위로 물(T_1), 반추위 혐기성 곰팡이 배양물(T_3) 그리고 멸균한 T_3(T_2) 200 mL 각각 투여한 면양의 *in vivo* 소화율(%) 변화

Items	Treatments			Mean
	T_1	T_2	T_3	
Dry matter	71.45b	70.77b	75.23a	72.48
Crude protein	68.55^{b}	69.05^{b}	71.85^{a}	69.75
Ether extracts	69.18^{NS}	68.75	70.49	69.44
Crude fibre	67.59^{a}	63.84^{b}	70.02^{a}	67.05
NDF[1)]	65.05^{b}	62.79^{b}	68.93^{a}	65.47
ADF[2)]	57.30^{b}	57.04^{b}	62.87^{a}	58.94
Hemicellulose	75.07^{a}	71.17^{b}	77.09^{a}	74.35
Cellulose	68.35^{b}	70.80^{b}	78.98^{a}	72.73
Cell contents	72.31^{NS}	73.46	74.39	73.35

[1)] NDF : Neautral detrgent fibre.

[2)] ADF : Acid detergent fibre.

a, b, c : Means in the same low and item with different superscripts differ significantly($P < 0.01$)

NS : Not Significant.

3) 혐기성 미생물을 이용한 저장사료 첨가제

섬유질 배합사료(TMR : total mixed ration)와 반추동물 사료급여의 한 방법으로 그 이용량이 계속 증가하고 있으며, 또한 사일리지는 수분함량이 다소 많은 사료작물을 사일로에 충진하여 주로 유산균 발효에 의하여 생성된 젖산이 부패 분해균 등 잡균의 생장을 억제함으로써 저장성이 부여된 다즙질 조사료이다(그림 3-15). 이런 저장 조사료들도 혐기성 미생물에 의한 혐기발효를 통하여 저장성이 부여된다.

TMR 생균제 사료는 인체는 물론 가축에게 해가 없는 미생물로 소에서 분리한 미생물 중에 GRAS(일반적으로 안정성을 인정받은 미생물)에 등록된 균주만을 사용하여 발효시킨다. TMR 사료의 문제점은 장기간 보관하면서 급여하므로 이때 수분이 많으면 부패할 수 있고 잘못하면 가축에게 치명적일 수 있다. 혐기성의 생균제를 TMR 사료에 첨가하는 경우는 TMR 사료의 장기보존이 가능하게 된다. 발효로 인해 사료가 흡수되기 좋은 형태로 변하여 동물이 좋아하는 향이 나오게 되며, 동물의 수명이 길어지고 유량이 증가하여 생산성을 높여 준다. 이밖에 TMR 사료 생균제는 송아지 설사 예방, 육질 개선, 사료효율 개선, 분뇨냄새 개선, 면역기능 강화 등이 있다고 연구자들에 의해 보고되고 있다.

일반적인 발효사료와 TMR사료에는 젖산균과 효모, 바실러스가 주를 이루고 있고, 사일리지는 젖산균류가 주로 이용된다. 젖산균은 일반적으로 가축의 장이나 분변에서 채취 분리한 젖산균 중에서 probiotic 능력이 뛰어난 것이 주로 이용된다. 조건적 혐기성 미생물이기는 하나 공기가 있건 없건 잘 자라며, 젖산을 생산하여 장의 산도를 pH 3.0～4.0으로 낮추어 잡균의 오염을 방지하며, 살아서 가축의 소장에 도달하여 장 상피세포에 서식하면서 과산화수소 및 천연항생물질을 생산하여 병원성 미생물의 증식을 억제한다.

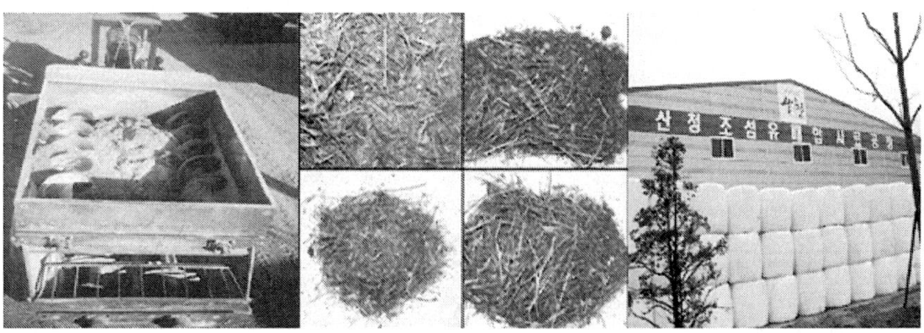

그림 3-15. 섬유질 배합사료(TMR)의 제조과정(좌측)과
완제품의 성상(중간) 및 포장단위

각종의 비타민, 아미노산, 핵산, 향균물질, 항암물질 등을 생산하여 가축 장내 미생물균총의 안정, 사료효율 증가, 내병성 증대 등의 효과와 가축 분변의 암모니아, 황화수소가스 등 악취제거 효과가 있다.

3.2 지속 가능한 친환경 동물자원산업을 위한 혐기성 미생물의 이용

1) 동물의 분뇨처리에서 Biomass의 미생물 이용

축산분뇨가 사회적 문제가 되고 있다. 악취는 말할 것도 없고 수질과 토양오염의 주범 가운데 하나로 낙인 찍혀져 있는 실정이다. 축산폐수 발생량은 전체 오폐수(생활하수, 산업폐수, 축산폐수의 합)의 0.8% 수준이지만 고농도이기 때문에 오염 부하량(BOD 기준)으로는 약 26%를 차지해 수질과 토양오염의 주요 원인이 되고 있다. 국내에서는 수년 동안 축산폐수와 관련한 많은 정책이 쏟아져 나왔고, 적지 않은 예산이 소요되었지만 특별한 진전은 없어 보인다.

지금까지 축산폐수의 처분방식은 공공처리시설을 통한 처리와 해양투기, 소각, 토양살포 및 매립방식으로 진행되어 왔지만 2011년까지 축산폐수의 해양투기가 금지됨에 따라 앞으로 더 큰 부담으로 작용할 전망이다. 또한, 국내에서 가축으로부터 배출되는 분뇨는 국내 양곡 생산량의 2배를 훨씬 넘는 수입양곡 사료에서 유래된 것이므로 배출 전량을 다시 농지로 환원하기에는 그 양이 너무 많고 탄소 순환 고리가 형성되지 않기 때문에 과다한 양의 유기성 폐기물이 수려한 우리나라의 토양, 하천, 지하수에 축적되고 있다.

그림 3-16. 동물 분뇨의 퇴비화 처리과정

고농도면서 우리나라 농경지로는 수용할 수 없는 막대한 양의 축산폐기물을 퇴비화하거나 간단한 폐수 정화시설만으로 처리하려는 것 자체가 문제라고 할 수 있다. 즉, 축산폐기물을 근본적으로 공급과잉이 될 수밖에 없는 퇴비화 외에 근본적으로 소멸·감량화하고 재자원화 하는 등의 기술개발과 이러한 기술의 보급노력이 적었다는 것이 문제이다. 축산폐수를 활용하는 사업의 개발도 적극 고려해야 한다. 축산폐기물과 폐수의 메탄가스화(바이오가스화)를 통한 유기물의 소멸처리와 에너지(전력, 열에너지) 회수처리는 축산 폐기물 소멸·감량화와 자원회수의 한 가지 좋은 대안이 될 수 있다.

좁은 국토와 과밀한 농토에서도 축산 선진국들은 대규모 중앙 집중식의 '메탄가스화 플랜트(Centrallized Biogas Plants) 프로젝트'를 수행하고 있다. 바이오가스 발전은 혐기성 소화(혐기성 분해. 무산소성 미생물이 유기물을 섭취하여 환원 분해하고, 무기화합물을 방출하는 과정)를 이용한 기술이다. 즉 혐기성 소화란 자연계에서 유기물이 자연적으로 분해되는 과정이다.

유기물이 가수분해 되고 소화되면서 유기산, 메탄가스와 암모니아 등으로 순차적으로 분해되는 자연과정을 인공적으로 공정화해 이용하는 발전기술인 것이다. 메탄가스는 수분, 부식성 가스(황화수소 H_2S)를 제거한 다음 보일러나 저열량 가스엔진 발전기로 온수, 증기 혹은 전기로 바뀌어져서 주변 시설에 공급되거나 한전으로 판매될 수 있다.

2) 남은 음식물의 안정적 감량화와 사료화

남은 음식물 처리의 심각성을 인식하고 자원화하기 위한 국가적 논의가 진행되던 2007년도의 자료이긴 하지만 우리나라에서 배출되는 남은 음식물량은 하루에만 12,3151톤으로 8톤 트럭 1.400대 분량에 달하며, 이를 처리하는 데 드는 비용은 연간 8조원에 이른다.

자원이 부족한 우리나라의 실정에서 볼 때 남은 음식물을 매립하거나 소각하기보다는 우리 실정에 맞는 사료화 방법을 개발하여 재활용률을 높여야 할 것이다. 우리나라는 현재 대부분의 사료원료를 수입에 의존하고 있으므로 남은 음식물들을 배합사료 원료로 재활용할 수 있다면 축산물 전면 수입개방 시대에 축산농가에 국제경쟁력을 키워주는 데도 도움이 될 것이다. 남은 음식물을 모두 사료 원료로 이용할 수 있다면 수입사료 원료의 15～20%가 대체 가능하다고 한다.

남은 음식물의 사료화를 위한 처리과정은 파쇄기, 회전선별기와 혼화 선별조를 거치고 선별된 남은 음식물은 발효조(산발효조와 메탄발효조)를 거쳐 최종적으로는 부

남은 음식물 수거 → 운반 → 투입 → 선별 → 파쇄선별 →
악취제거 → 발효 → 건조 → 제품→ 포장 → 급여
(위에서부터 좌에서 우로)

그림 3-17. 남은 음식물 사료화 공정도

숙과정을 거쳐 동물사료로서 재이용될 수 있다. 따라서 단미사료협회, 지자체, 국책연구소 등이 총 동원되어 남은 음식물 처리를 위하여 다양한 연구와 처리방법들이 개발되어 왔다. 여러 지자체에서 자체적으로 남은 음식물의 사료화를 위한 처리시설을 보유하고 있으며, 남은 음식물의 사료화를 위한 처리과정을 요약해 보면 그림 3-17과 같다.

4. 환경정화 산업에의 혐기성 미생물의 이용

반추동물이 생산하는 환경 오염물질로는 질소화합물, 무기물(P, K, Ca, Na 및 S), CO_2 및 methane 등이 있다. 특히 CO_2와 methane은 오존층을 파괴시키거나 대기권에 가스층을 만들어 온실효과를 가져와 지구 온난화의 주범이 되고 있다. 또한 암모니아는 대기오염원이 될 수 있으며 배설된 N, P 및 K는 토양으로 환원되어 조사료를 생산하는 데 유용하게 이용될 수도 있지만 사양방법에 따라서는 수질과 토양의 엄청난 오염원이 될 수 있다.

관리, 영양, 선발과 육종 그리고 생물공학적 방법 등을 통하여 동물의 생산성은 증가시키고 생산물 단위당 배출되는 오염원은 감소시키는 방향으로 연구가 수행되어 왔지만 아직은 많은 문제점들을 내포하고 있는 실정이다. 영양학적인 입장에서는 사료의 질을 향상시킴으로써 배출되는 CO_2와 methane 양을 감소시키고 사료 섭취량을 최소화시키므로 분과 뇨로 배출되는 N과 P를 감소시키는 방향으로 연구가 수행되어 왔다.

반추위 곰팡이가 조사료의 소화율을 증가시키는 역할을 하므로 이러한 목적에 일익을 담당할 수도 있지만 보다 적극적인 방법으로 Gijzen 등(1990년)은 반추위 곰팡이를 이용한 "인공 반추위"를 통하여 폐 종이류의 cellulose을 혐기발효시켜 methane을 생산함으로써 폐기물을 줄이고 에너지를 생산하는 연구를 시도하였다. 이러한 접근방법은 가정이나 목장 등과 같은 곳에서 배출되는 폐기성 유기물들을 이용하여 중요한 에너지 자원인 methane 등을 생산할 수 있을 것으로 판단되며, 이러한 노력이 결실을 맺는다면 환경문제 개선에도 큰 역할을 하리라 기대된다. 착유우는 두당 연평균 22.8톤의 배설물이 배출되므로 미국에서만 연간 수억 톤의 배설물이 배출되는 것으로 추정되고 있다.

방목 시에는 배설물이 토양을 통해 식물로 순환될 수 있지만, 특히 사육장에서 배출되는 feedlot waste(FLW)는 환경보전에 큰 영향을 미치고 있다. 배설물의 주성분은 celllulose와 hemicellulose로서 높은 BOD(biological oxygen demand, $353^{-1} \cdot yr^{-1}$)와 COD(chemical oxygen demand, 2429 $head^{-1} \cdot yr^{-1}$)를 가지며 미생물의 영양원으로서 알맞은 특징이 있다. FLW에 T. viride를 배양하면 곰팡이에 의해 생성된 cellulase와 xylanase에 의해 FLW가 분해되어 FLW를 구성하는 탄수화물의 75% 이상이 발효되고 발효과정 중에 질소는 거의 남아 있으나 악취는 거의 제거된다.

산업 활동과 인구의 증가, 특히 화학공업의 발달로 인하여 자연계에서 발견되지 않는 많은 종류의 화합물질이 인공적으로 합성되어 환경에 축적되고 있는데 이들은 미생물에 의해 잘 분해되지 않기 때문에 난분해성(xenobiotic) 물질이라고 한다. 여러

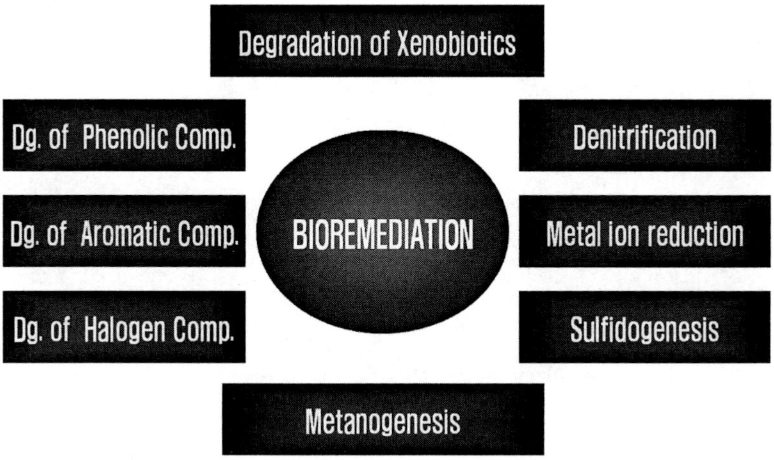

그림 3-18. 환경 정화산업에의 응용분야와 공정

종류의 난분해성 물질들이 난분해성 물질에 의해 분해되는 것으로 밝혀지고 있으며, 이러한 성질들을 이용하여 오염된 지하수나 토양 및 대기 등을 여과시키기 위한 노력이 있는데 이러한 공정들을 bioremediation이라 한다(그림 3-18).

난분해성 물질 뿐만 아니라 중금속으로 오염된 환경을 금속이온 환원 미생물을 이용하여 용출하거나 침전시켜 제거하는 방법도 연구 중이다. 난분해성 물질의 혐기적 분해는 대개 황산염 환원이나 methane 생산 등 혐기적 호흡반응에 의해 이루어지는데 혐기적 호흡은 이용하는 전자 수용체에 따라 denitrification(dissimilatory nitrate reduction, 탈질반응), metal ion reduction(금속이온 환원), sulfidogenesis(황화수소 생산) 그리고 methaogenesis(methane 생산) 등으로 나뉜다.

반추위 혐기성 미생물 역시 다양한 종류의 전자 수용체를 이용하여 혐기적 호흡작용을 통해 성장한다. 많은 종류의 미생물이 denitrification을 통해 혐기조건에서 호흡하는 것이 알려지고 있으며, 이들 중 자연계에서 denitrifocation에 가장 중요한 역할을 하는 미생물로 Veillonella alcalescens, Selcnomonas ruminantium 그리고 Anaerovibrio lipolytica 등이 알려져 있다. V. alcalescens는 H_2 만을 에너지원으로 성장이 가능한 특성이 있다.

*V. succinogenes*는 H_2를 이용할 수 있을 뿐만 아니라 electron donor로서 formate를 이용할 수 있고 electron acceptor로서 nitrate를 이용할 수도 있다. NO_3^-을 전자 수용체로 이용할 수 있는 혐기성균인 *Thaurea selenatis*와 *Wolinella succinogenes*는 유기물을 산화하면서 SeO_4^{2-}(Selenate)와 SeO_3^{2-}(Selenite)를 분자상태의 selenium으로

환원시킨다. 지금까지 denitrification은 혐기성의 박테리아에 국한된 반응으로 믿어져 왔으나 아주 최근에는 *Fusarium oxysporum*과 이와 관련된 곰팡이 *F. solani, Gibberella fujikuroi, Talaromyces flavus* 및 *Trichoderma hamatum* 등의 곰팡이도 NO_3^-나 NO_2^-을 최종 전자 수용체로 이용하여 N_2 또는 N_2O로 환원시키는 혐기성 호흡경로로 성장할 수 있는 것으로 밝혀졌다. 따라서 아직까지 이러한 분야에 관해서는 전혀 연구가 수행되지 않고 있지만 반추위 곰팡이 역시 denitrification을 통해 성장할 수 있는 개연성이 상당히 높을 것으로 생각되며, 이러한 분야의 연구도 혐기성 미생물을 연구하는 한 분야가 될 수 있을 것이라 생각된다.

한편, 혐기성 미생물은 산화와 환원 작용을 통해 Fe, Mn, Hg, U, Cr 및 Co 등 금속의 순환에 중요한 역할을 담당한다. 금속이온의 환원은 환경보전 측면에서도 중요한 의의를 갖는다. 불용성의 Fe^{3+}와 Mn^{4+}가 환원됨으로써 용해성이 높아지기 때문에 지표수의 $Fe^{2=}$와 $Mn^{2=}$의 농도를 높이고 Fe^{3+}와 Mn^{4+}와 복합체를 이루고 있는 인산염과 중금속을 용출시켜 수질을 저하시키는 원인이 된다. 반대로 지하수에 오염되는 각종 유기물, 특히 유해한 방향족 화합물을 제거하는 역할을 할 수도 있다.

용해도가 높은 U^{6+}가 금속이온 환원 미생물의 작용을 받으면 불용성의 U^{4+}로 환원되므로 독성이 강한 U^{6+}를 미생물로 처리하여 불용성의 $U^{4=}$의 형태로 제거하거나 유독상의 Hg를 휘발성이 매우 높은 Hg^O의 형태로 전환하는 공정도 가능하며, 수용성의 Cr^{6+}를 불용성의 Cr^{3+}로 환원하는 방법 등도 연구되고 있다. 이밖에도 다양한 종류의 금속이온들이 Ag^+, Au^+, Au^{3+}, Cu^{2+}, Mo^{6+}, Tc^{7+}, V^{5+} 이 A niger 등의 통성 혐기성 곰팡이와 *Bacillus subtilus* 등과 같은 혐기성 박테리아에 의해 환원됨으로써 환경보전에 큰 역할을 한다.

Denitrification과 같이 다양한 유기물을 이산화탄소로 완전히 산화하는 metal ion reducing microorganisms들이 분리되기 전에는 methanogenes 분리되기 sulfidogenes 분리가 혐기성 생태계의 주된 유기물 산화과정으로 알려져 왔으나 최근의 연구결과에 의해 금속이온 환원이 혐기성 생태계에서 유기물의 50% 이상을 이산화탄소로 산화시키는 것으로 추정되고 있다. Methane은 이산화탄소보다 24배의 온실효과가 크고 대기 중에서 쉽게 산화되지 않기 때문에 금속이온의 환원이 지구 환경에 큰 영향을 미친다는 것을 알 수 있다.

황화수소의 생산은 황산염 환원 세균(sulfatereducing bacteria, SRB)에 의해 이루어지는 것으로 알려져 왔으나 1970년대 유황을 전자 수용체로 이용하는 유황 환원 세균(sulfur-reducing bacteria)이 알려지면서 이들을 함께 황화수소 생산균(sulfidogen)이라 부르게 되었다. 이러한 sulfidogens와 methanogens 박테리아는 반추 미생물에서 그 기전이나 종류가 너무나 잘 알려진 미생물들이다. Sulfidogens는 주로 유기물과 황산염의 농도가 높은 혐기상태에서 서식하면서 황산염을 황화수소로 환원시켜 금속의 황화물을 형성하는데 산소의 접촉이 없는 수중 및 지하 구조물, 폐수처리장 등에서 sulfidogens가 생산하는 황화수소에 의해 여러 가지 시설물들이 부식되어 많은 경제적 손실을 초래하고 있다.

Sulphur를 시비한 목초지와 시비하지 않은 목초지에서 방목한 면양의 반추위내 미생물의 군집 변화에서 박테리아는 sulphur의 시비에 영향을 받지 않고 일정하지만 곰팡이는 sulphur의 시비에 의해 그 수가 현저하게 증가한다. 사료 중에 황이 부족할 경우에도 곰팡이 군집은 현저하게 감소된다. 반추위 곰팡이는 sulphide 형태의 sulphur를 요구하기 때문에 sulphur가 존재하면 곰팡이의 군집이 증가한다. 이러한 결과는 반추위 혐기성 곰팡이 역시 sulfidogenesis의 경로를 갖고 있을 수 있다는 직접적인 증거가 될 수 있지만 여기에 관해서 아직 연구가 수행되지 않고 있다.

반추위와 같은 혐기조건에서는 유기물이 분해되어 methane으로 전환된다는 사실이 아주 오래 전부터 알려져 왔다. 최근에는 이러한 미생물의 methanogenesis 작용을 이용하여 유기성 폐기물로부터 methane 형태의 에너지를 생산하고 산업 폐기물을 줄이려는 혐기성 소화시설이 많이 보급되고 있다. 이러한 시설에 반추위 곰팡이를 혼합배양한다면 이론적으로 소화효율이 크게 향상될 수 있을 것으로 생각된다.

이상에서 언급된 denitrification, 금속이온 환원, 황화수소 생산 및 methane 생산 등 모든 혐기성 호흡과정에서 방향족 화합물의 산화가 함께 이루어진다. Benzoate와 gentiste 등과 같은 carboxyl 산뿐만 아니라 toluen과 benzene 등과 같이 산소가 전혀 결합되지 않은 방향족 화합물도 혐기성 호흡을 통해 완전히 산화되는데, 이러한 혐기적 대사 경로는 부분적으로 밝혀졌다. 또한 유기 halogen 화합물은 식물의 대사 경로에서 소량이 생산되지만 대부분은 농약이나 용매로 이용하기 위하여 공업적으로 생산된다.

이들은 발암성 물질이며 오존층을 파괴하는 물질로 호기성 미생물들에 의해서는 대사되지 않기 때문에 환경적 측면에서 많은 문제점을 야기하고 있는 물질이다.

5. 혐기성 미생물을 이용한 유용물질의 생산

효소제, 화학제, 첨가제 및 의약품 등과 같은 유용한 물질들을 산업적으로 생산하는 데 이용되고 있는 미생물들은 filamentous 곰팡이들이 대부분을 차지하고 있으며, 반추위에서 발견되고 있는 20여 종의 혐기성 곰팡이들도 단 한 종의 Caecomyces communis을 제외하고는 모든 종들이 filamentous 곰팡이로 분류되고 있다. 반추위 곰팡이는 비교적 최근에 발견되었기 때문에 아직은 반추 영양학적인 관점을 탈피하여 다방면의 연구가 이루어지지 못하고 있는 실정이다.

일반적으로 곰팡이는 여러 대사 경로를 거치며 다양한 종류의 2차 대사산물(secondary metabolites)을 생산한다. 2차 대사산물이란 미생물의 생장에는 직접 필요치 않은 물질이지만 생장이 저해된 상태나 포자형성 등 세포분화 과정에서 생산되는 대사산물을 총칭한다. 그림 3-19는 일반적으로 혐기성의 곰팡이가 거치는 대사과정 중에 2차 대사산물들이 형성될 수 있는 과정을 요약해 본 것이다.

항생물질 streptomycin을 생산하는 Streptomyces griceus와 S. bikiniensis 등은 2차 대사를 유도하는 물질 A-factor를 생산한다. A-factor 생산능력이 없는 변이주는 포자형성 능력뿐만 아니라 항생물질의 생산능력도 없다.

그러나 A-factor를 첨가하면 이 변이주도 정상적으로 포자를 형성하면서 2차 대사산물도 생산한다. 미생물에서 저분자 물질로 대사조절을 담당하는 물질에는 A-factor 외에도 상당수가 알려지기 시작하고 있는데 이들을 미생물 hormone이라고 한다. 많은 종류의 미생물들은 더 이상 생장이 불가능할 때 A-factor와 같은 미생물 hormone을 생산하여 2차 대사로 전환한다. 미생물 hormone이나 2차 대사산물의 생산이 어떠한 기작으로 유도되는지는 아직 알려지지 않고 있다. 2차 대사산물 중에는 많은 종류

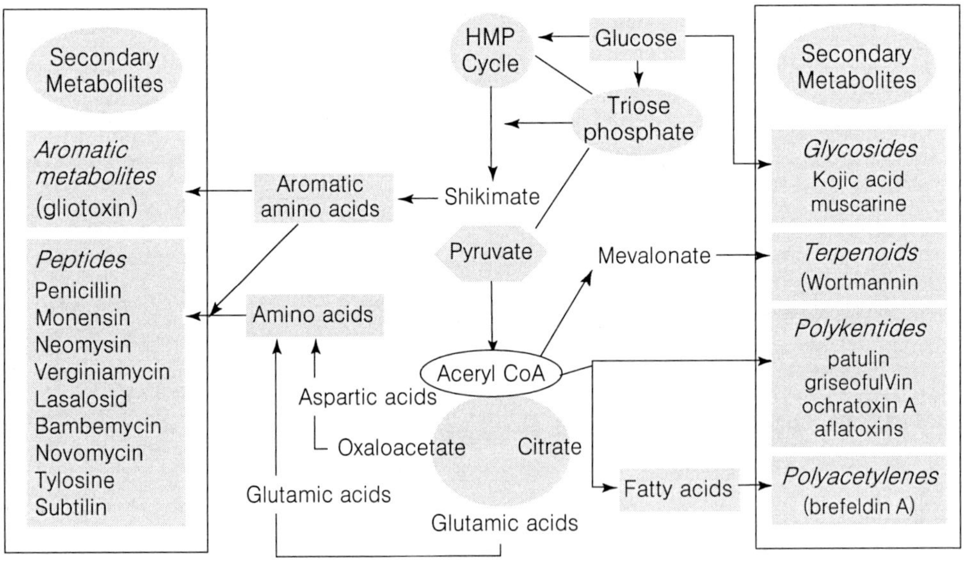

그림 3-19. 혐기성 미생물에 의한 2차 대사산물의 생성과정

[1] MP : Hexose monophosphate [2] A.A. : Amino acids

의 peptide 계통의 항생물질이 있다. 이들 peptide는 단백질 합성과는 달리 ribosome, mRNA 및 tRNA 등이 관여하지 않는 다른 기작으로 합성된다. 이들은 murein의 합성 경로에서 생산되는 pentapeptide의 합성과 같이 다수의 효소로 이루어지는 복합체에 의해 합성된다.

곰팡이가 분비하는 2차 대사산물로는 항생제가 가장 잘 알려져 있지만 이외에도 toxin, alkaroides 그리고 식물이나 동물의 growth factor 등이 있다. 특히 항생제는 지금까지 5,000여 종 이상의 곰팡이로부터 발견되었고, 연간 300여 종 이상의 비율로 계속적으로 발견되고 있는데 이 중 75% 이상은 filamentous 종의 곰팡이로부터 발견되고 있다. 동물의 소화 장기 속의 혐기성 곰팡이는 분이나 타액에서도 분리되고 있고, Ethiopia에서 연료로 사용되는 태양열에 구운 소와 면양의 분에서도 분리되었으며, 분을 건조한 다음 10개월 후까지도 곰팡이가 생존할 수 있다. 이러한 연구들은 혐기성 곰팡이가 휴면구조를 형성한다는 직접적인 증거가 된다.

이러한 구조를 형성하기 위해서는 다양한 종류의 2차 대사산물이 생성되어야 하며, 산업적으로 이용될 수 있는 많은 종류의 2차 대사산물을 분비할 수 있을 것으로 추측된다. 미생물로부터 효소제, 화학제, 첨가제 및 의약품 등과 같은 수백 종에 이르는 상품들이 생산되고 있으며, 전 세계적으로 수천억 달러의 시장이 형성되어 있다. 미생물들로부터 생산되는 물질은 상당히 많지만 이용되고 있는 미생물들은 상당히 제한되어 있다.

표 3-7에서 보는 바와 같이 단지 몇 속의 곰팡이와 박테리아가 산업적으로 이용되고 있을 뿐이다. 이러한 결과는 미생물로부터 유용한 물질을 생산하는 미생물들을 screening하는 기술이 도입된 역사가 20여년 정도 밖에 되지 않을 정도로 짧기 때문이며, 고전적으로 이용되어 왔던 미생물이나 그 기술에 의존해 왔기 때문이다.

표 3-7에서 보는 바와 같이 가수분해 효소제들은 주로 *Aspergillus*와 *Trichoderma* 속의 곰팡이에서 생산되며, 항생제는 Rhizopus oligosporus와 Penicillium 속으로부터 주로 생산된다. 식물의 성장 호르몬 gibberellins나 소의 성장 촉진제로 사용되고 있는 zeralenone 등의 농업 관련 상품들은 Fusarium 속 곰팡이에서 주로 생산되고 있고 ferulic acid esterase와 coumaric acid esterasc 및 Arabinofuranosidase의 산업적 생산을 위한 균주로는 *Aspergillus awamori*와 *Penicillium pinophilum* 등의 곰팡이가 이용된다.

한국에서는 한우 및 재래산양의 반추위로부터 섬유소 분해력이 우수한 곰팡이를 순수 분리하여 특성을 구명한 다음 분리된 곰팡이들에 의한 기질의 이용성을 측정하여 섬유소 분해력을 상호 비교하고(그림 3-20) 몇 가지의 기질과 배양시간을 달리한 배양액 중의 cellulase와 xylanase의 활력을 측정함으로써 가장 강력한 섬유소 분해력

표 3-7. 각종 미생물의 산업적 이용

대사물질	미생물
Enzymes	
Amylase	*Aspergillus sp. Bacillus sp.*
Cellulase	*Aspergillus sp. Trichoderma sp.*
Xylanase	*Aspergillus sp. Trichoderma. sp.*
Protease	*Aspergillus sp. Bacillus sp.*
Lactase	*Aspergillus sp. Kluyveromyces sp.*
Rennet	*Mucor sp.*
Chemicals	
Citric acid	*Aspergillus sp.*
Ethanol	*Saccharomyces sp.*
Dextran	*Leuconostoc sp.*
Pharmaceuticals	
Antibiotics	*Bacillus sp. Penicillium sp. Rhizopuus sp. Streptomyces sp*
Syclosporin	*Trichoderma sp.*
Insulin	*E. coli(Recombinant)*
Steroid transformation	*Arthrobacter sp.*

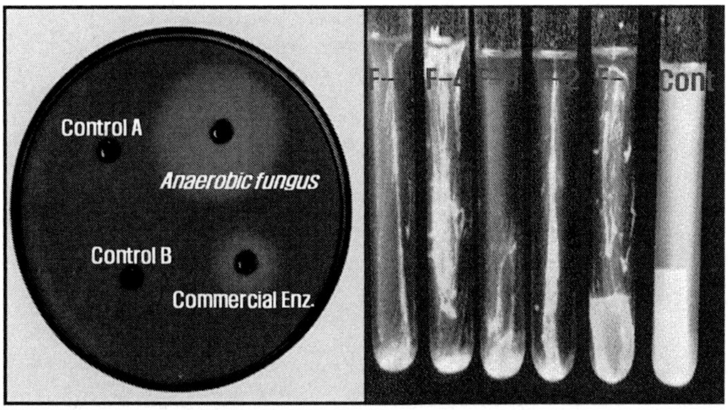

그림 3-20. 반추위에서 분리한 혐기성 미생물의 섬유소 분해능력의 예

과 fibrolytic activity를 갖는 곰팡이를 선발하여 산업적으로 이용할 수 있는 최적 균주를 확보한 다음 최적 균주가 분비하는 효소의 종류와 특성을 구명하고 cellulase와 xylanase를 정제함으로써 반추위 곰팡이가 분비하는 효소의 산업적 이용 가능성을 타

진하였다.

네덜란드의 Teunissen 그룹도 반추동물의 반추위와 비반추 초식동물의 분으로 부터 섬유소 분해력이 강한 곰팡이를 screening하여 cellulase와 xylanase의 역가를 측정하고(Teunissen 등 1991년 a, b) 여러 가지 기질과 분리된 곰팡이들을 이용하여 기질과 곰팡이의 종류가 cellulase와 xylanase의 역가 변화에 미치는 영향을 구명한 다음 섬유소 분해력이 가장 높았던 Piromyces sp. strain E2를 선발하여 extracellular β-glucosidase와 β-1, 4-endoxylanase를 정제하고 특성을 구명한 다음 연속 배양장치를 이용하여 Piromyces sp. strain E2가 분비하는 cellulolytic과 xylanolytic enzymes의 대량 생산 가능성을 검토함으로써 반추위 곰팡이가 분비하는 cellulase와 xylanase의 효소의 산업적 생산 가능성을 검토하였다.

예를 들어 반추위 혐기성 곰팡이가 분비하는 효소를 산업적으로 이용하는 데는 몇 가지 장점을 갖고 있는데

① 분비효소의 역가가 높고

② 효소의 분비형태가 외분비 형태이며

③ 정제된 효소의 안정성이 높고

④ 기질의 이용성이 매우 광범위하며

⑤ 여러 가지 조절기구를 통하여 효소 합성을 조절할 수 있다는 것이다.

생산된 효소들은 사일리지 첨가제 등의 동물자원산업 분야뿐만 아니라 여러 분야에서 광범위하게 이용될 수 있다.

참고문헌

1. Akin, D. E. 1988. Biological structure of lignocellulose and its degradation in the rumen. Anim. Sci. Feed. Technol. 21 : 295～310.

2. Akin, D. E., W. S. Borneman and W. R. Windham. 1988a. Rumen fungi : morphological and metabolic characterization of a new species of strictly anaerobic rumen fungus : *Neocallimastix joyonii*. FEMS Microbiol. Lett. 58 : 309～314.

3. Arambel. M. J. and B. A. Kent. 1988. Effect of yeast culture on milk production response and apparent nutrient digestibility in early lactating cows. J. Dairy Sci. 71(Suppl. 1) : 220(Abstr.).

4. Bailey, R. W. 1973. Structural Carbohydrates, Blackie, Glasgow. England.
5. Barnard, E. A. 1973. Biochemical adaptations to diet. In "Comparative Animal Physiology" Ed. by C. Ladd. p. 147～152. W.B. Saunders Company, Philadelphia, USA.
6. Boing, J. T. P. 1983. Enzyme production. In "Industrial Microbiology. 4th Ed." Ed by G. Reed, p. 685～689. AVI Pub. Co., Inc., Westport, CT. USA.
7. Bondi, A. B. 1987. Animal Nutrition. John Wiley & Sons, New York. USA.
8. Campbell, L. D. and M. R. Bedford. 1992. Enzyme application for monogastric feeds : A review. Can. J. Anim. Sci. 72 : 449～466.
9. Chiquette, J. 1995. *Saccharomyces cerevisiae* and *Aspergillus oryzae*, used alone or in combination, as a feed supplement for beef and dairy cattle. Can. J. Anim. Sci. 75 : 405～415.
10. Church, D. C. 1988. The Ruminant Animal : Digestive Physiology and Nutrition. A. Reston Book, Prentice-Hall, NJ. USA.
11. Davenport, H. W., 1982. Physiology of the Digestive Tract, 5th ed. Yearbook Medical Publishers. Inc., Chicago, IL. USA
12. Ensminger. M. E, J. E. Oldfield, and W. W. Heinemann. 1990 Feeds and Nutrition. The Ensminger Pub. Co. Clovis Cal. USA.
13. Erdman, R. A. and B. K. Sharma. 1989. Effect of yeast culture and sodium bicarbonate on milk yield and composition in dairy cows. J. Dairy Sci. 72 : 1929～1932.
14. Fondevila, M., C. J. Newbold, P. M. Hutton and E. R. Ørskov. 1990. A note on the effect of *Aspergillus oryzae* fermentation extract on the ruminal fermentation of sheep given straw. Anim. Prod. 51 : 422～425.
15. Forsberg, C. W., K. J. Cheng, P. S. Krell and P. Phillips. 1993. Establishment of rumen microbial gene pools and their manipulation to benefit fibre digestion by domestic animals. Proc. World Conf. Anim. Prod. Vol. 1. pp. 281～316. Univ. of Alberta Press. Edmonton, Alta, Canada.
16. Frumholtz, P. P., C. J. Newbold and R. J. Wallace. 1989. Influence of *Aspergillus oryzae* fermentation extract on *in vitro* rumen fermentation. Anim. Prod. 48 : 665(Abst.).
17. Fuchs, G., M. E. S. Mohamed, U. Altenschmidt, J. Koch, A. Lack, R. Brackmann, C. Lochmeyer and B. Oswald. 1994. Biochemistry of anaerobic biodegradation of aromatic compounds. In "Biochemistry of Microbial Degradation" Ed. by C. Ray odge. pp. 513～553. Kluwer Academic Publ. Dordrecht. The Netherlands.
18. Gall, J. L. and A. V. Xavier. 1996. Review article: Anaerobes response to oxygen : The sulfate-reducing bacteria. Anaerobe. 2 : 1～9.

19. Gijzen, H. J., P. J. Derikx and G. D. Vogels. 1990. Application of rumen microorganisms for a high rate anaerobic digestion of papermill sludge. Biol. Wastes. 32 : 169～179.

20. Gomez-Alarcon, R. A., C. Dudas and J. T. Huber 1990. Influence of cultures of *Aspergillus oryzae* on rumen and total track digestibility of dietary components. J. Dairy Sci. 73 : 703～710.

21. Grenet, E., G. Fonty and P. Barry. 1989. SEM study of the degradation of maize and lucern stems in the rumen of gnotobiotic lambs harbouring only fungi as cellulolytic microorganisms. In "The Roles of Protozoa and Fungi in Ruminant Digestion(OECD/UNE International Seminar)" Eds by J. V. Nolan, R. A. Leng and D. I. Demeyer, pp. 265～279. Penambul Books, Armidale, Australia.

22. Griffin, H., F. R. Dintzis, L. Krull and F. L. Baker. 1984. A microfibril generating factor from the enzyme complex of *Trichoderma reesei.* Biotechnol. Bioeng. 26 : 296～300.

23. Harrison, J. H., F. R. Valdez and S. C. Fransen. 1989. Effect of forage stabilizers on fermentation and digestibility of silage nutrients. J. Dairy Sci. 69(Suppl. 1) : 186(Abstr.).

24. Henderson, N. 1993. Silage additives. Anim. Feed Sci. Technol. 45 : 35～56.

25. Holdman, L. V., E. P. Cato and W. E. C. Moore. 1977. Anaerobic Laboratory Manual 4th ed. Virginia Polytech. Inst. and State Univ., Blackburg, Virginia, USA

26. Hungate, R. E. 1966. The Rumen and its Mcrobes. Academic Press, Inc., New York, USA.

27. Joblin, K. N. and G. E. Naylor. 1989. Fermentation of woods by rumen anaerobic fungi. FEMS Microbiol. Lett. 65 : 111～122.

28. Lassiter, J. W. and H. M. Edwards, Jr. 1982. Animal Nutrition. A Reston Pubushing Co., Inc. Virginia.

29. Lawrence, M. I. 1993. A Study of Anaerobic Fungi Isolated from Ruminants and Monogastric Herbivores. Ph. D. Thesis, University of Manchester, UK.

30. Lehaninger. A. L. 1986. Principles of Bochemistry. Worth Pub. Inc. New York, NY. USA.

31. Lee, S. S., J. K. Ha and K. J. Cheng. 2000. Relative contributions of bacteria, protozoa and fungi to in vitro degradation of Orchardgrass cell walls and their interactions. App. Environ. Microbiol. 66(9) : 3807～3813.

32. Lee, S. S., J. K. Ha and K. J. Cheng. 2000. Influence of an anaerobic fungal culture administration on *in vivo* ruminal fermentation and nutrient

digestion. Anim. Feed. Sci. & Tech. 88 : 201～217.

33. Lee, S. S., C. K. Choi, B. H. Ahn. Y. H. Moon, C. H. Kim and J. K. Ha. 2004. *In vitro* stimulation of gas production, cellulose digestion, microbial populations and enzyme activities by mixed rumen microorganisms with rumen anaerobic fungal culture. Anim. Feed Sci. & Tech. 115(3～4) : 215～226.

34. Lee, S. S., H. S. Kim, Y. H. Moon, N. J. Choi, J. K. Ha. 2004. The effects of non-ionic surfactant on the fermentation characteristics, microbial growth, enzyme activity and digestibility in the rumen of cows. Anim. Feed Sci. & Tech. 115(1～2) : 37～50.

35. Lovley, D. R. 1991. Dissimilatory Fe(Ⅲ) and Mn(Ⅳ) reduction. Microbiol. Rev. 55 : 259～287.

36. Lovley, D. R. and D. J. Lonergan. 1990. Anaerobic oxidation of toluene, phenol, and ρ-cresol by the dissimilatory ion-reducing organism GS-15. Appl. Environ. Microbiol. 56 : 1858～1864.

37. Martin, S. A. and D. J. Nisbet. 1989. Effects of *Aspergillus oryzae* fermentation extract on fermentation of amino acids, Bermudagrass and starch by mixed ruminal microorganisms *in vitro*. J. Anim. Sci. 67(Suppl. 1) : 578(Abstr.).

38. Maynard, L. A., J. K. Loosli, H. F. Hintz and R. G. Warner. 1979. Animal Ntrition. Ted. McGraw. Hill. Book Co. New York. NY. USA.

39. McDonald, P., A. R. Henderson and S. J. E. Heron. 1991. The Biochemistry of Silage. Chal-combe Publications, Marlow. UK.

40. McDonald, P., R. A. Edwards. and J. F. D. Greenhalgh, 1988. Animal Ntrition(4th ed.). Longman. New York. NY. USA.

41. Meyer, J. L. 1990. Dairy waste on large western farms. J. Dairy Sci. 73(Suppl. 1) : 123(Abstr.).

42. Morvan, B., J. Dore, F. Rieu-Lesme, L. Foucat, G. Fonty and P. Gouet. 1994. Establishment of hydrogen-utilizing bacteria in the rumen of the newborn lamb. FEMS Microbiol. Lett. 117 : 249～256.

43. Ruckebusch Y. and P. Thivend-1980. Digestive Pysiology and Mtabolism in Rminants. MTP Press LTD. Lancaster. England.

44. Steele, D. B. and M. D. Stowers. 1991. Techniques for selection of industrially important microorganisms. Annu. Rev. Microbiol. 45 : 89～106.

45. Stewart, C. S. 1977. Factors affecting the cellulolytic activity of rumen contents. Appl. Environ. Microbiol. 33 : 497～502.

46. Strobel, H. J. and J. B. R. Russell. 1986. The effect of *Aspergillus oryzae* fermentation extract on the growth of fungi and ciliate protozoa in the

rumen. J. Dairy Sci. 69 : 2941～2947.

47. Van Horn, H. H., B. Harris, Jr., M. J. Taylor, K. C. Bachman and C. J. Wilcox. 1984. By-product feeds for lactating cows : Effects of cottonseed hulls, sunflower hulls, corrugated paper, peanut hull, sugarcane baggasse and whole cottonseed with additives of fat, sodium bicarbonate and *Aspergillus oryzae* product on milk production. J. Dairy Sci. 67 : 2922～2929.

48. Van Vuuren, A. M., K. Bergsma, F. Frol-Kramer and J. A. V. Beers. 1989. Effets of additional of cell wall degrading enzymes on the chemical composition and the in sacco degradation of grass. Grass Forage Sci. 44 : 223～230.

49. Wainwright, M. 1992. Wiley Biotechnology Series : An Introduction to Fungal Biotechnology. John Wiley & Sons Ltd., West Sussex, England.

50. Wallace, R. J. and K. N. Joblin. 1985. Proteolytic activity of a rumen anaerobic fungus. FEMS Microbiol. Lett. 29 : 19～25.

51. Wiedmeier, R. D., M. J. Arambel and J. L. Walters. 1987. Effects of yeast culture and *Aspergillus oryzae* fermentation extract on ruminal characteristics and nutrients digestibility. J. Dairy Sci., 70 : 2063～2070.

52. Williams, P. E. V. and C. J. Newbold. 1990. Rumen probiosis: The effects of novel microorganisms on rumen fermentation and ruminant productivity. In "Recent Advances in Animal Nutrition" Eds by W. Haresign and D. J. A. Cole. pp. 211～227. Butterworths, London, UK.

53. Yurkova, N. A. and N. N. Lyalikova. 1991. New vandate-reducing facultative chemolithotrophic bacteria. Microbiol. 59 : 672～677.

54. 하종규. 이성실. 고종렬. 2003. 반추동물영양학실험법. 서울대학교출판부.

55. 하종규. 이성실. 문양수. 김창현. 2005. 반추동물영양생리학. 서울대학교출판부.

제 4 장

유용 미생물균주의 생산 및 이용

1. 발효 미생물의 생산과 응용

1.1 서 론

미생물은 종류 및 형태가 다양하고 유용한 발효산물들을 생산하기 때문에 많은 연구자들이 자연계에 존재하는 다양한 미지의 미생물을 분리해 왔다. 발효에 의한 항생물질의 생산은 제2차 세계대전 이후 의학의 혁명적인 발전을 가져온 원동력이 되었다. 현재 미생물을 이용한 발효는 상업적으로 중요한 다양한 화합물들을 우리에게 제공해 주고 있다. 예를 들면, 치즈 제조에 이용되는 많은 진균류 중에서 *Penicillium roquefortii* 는 blue cheese에 특징적인 맛을 부여해 준다.

아미노산은 산업적으로 중요한 물질의 생합성 원료나 조미료(예, 알라닌, 글루탐산) 뿐만 아니라 사료에 부족한 아미노산을 공급해주는 사료첨가제(라이신, 메티오닌)로도 많이 사용되고 있다. 이외에도 수많은 의학용 물질(항염증제, 항우울제, 항암제, 항바이러스제 등)이 미생물 발효에 의해 생산되고 있다. 특히, DNA 재조합기술에 의해 미생물을 유전적으로 변형시킴으로써 더욱 다양한 물질을 대량으로 얻을 수 있게 되었다. 동물 성장촉진용 및 치료용으로 사용되는 항생물질뿐만 아니라 오늘날 동물자원산업에 널리 사용되고 있는 많은 물질, 즉 효소제, 아미노산, 비타민, 색소 등이 미생물 발효에 의해 생산되고 있다.

동물자원산업에서의 유용 미생물의 생산은 목적에 따라 미생물 그 자체를 이용하는 분야와 미생물이 생산하는 대사산물을 이용하는 분야로 구분할 수 있다. 미생물 그 자체 이용의 예로서는 생균제(probiotics)를 대표적으로 들 수 있으며, 미생물이 생산하는 대사산물의 예로서는 항생물질, 효소, 색소, 비타민, 면역조절물질 등을 들 수 있다.

1.2 발효란 ?

발효(fermentation)는 생물학적으로 혐기성(anaerobic) 또는 조건적 혐기성(facultative anaerobic) 박테리아가 에너지를 ATP(adenosine triphosphate) 형태로 생산하

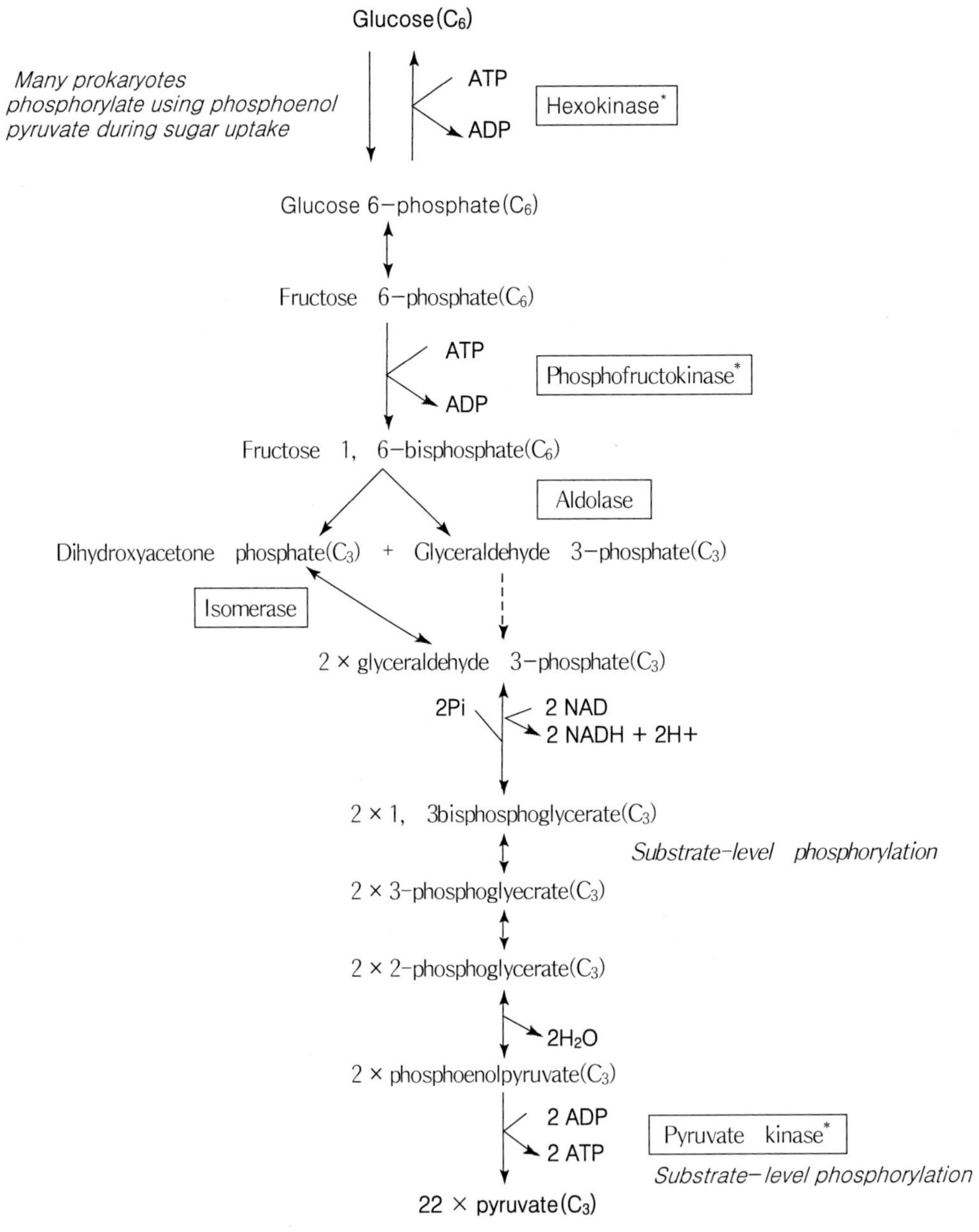

그림 4-1. 포도당의 Embden-Meyerhof-Parnas 대사경로(*irreversible steps)

는 대사과정으로서 오래 전부터 인류에 의해서 빵, 치즈, 과실주, 맥주 등의 제조에 있어서 이용되어 왔다. 발효에서는 electron donor나 electron acceptor도 유기물질이며, 발효의 결과로 여러 가지 유기물질이 생성된다. 발효의 기능에 대해 최초로 연구한 프랑스 과학자 파스퇴르(Pasteur)는 우유의 젖산발효와 당의 알코올 발효에 대해 연구하면서 "발효는 공기없이 이루어지는 생명현상"이라고 정의한 바 있다. 넓은 의미에서 보면 발효는 미생물을 이용하여 그 효소작용으로 유기물을 전환시키는 것을 의미하기도 한다.

1.3 발효의 종류

그림 4-1에서 보는 바와 같이 Embden-Meyerhof pathway(EMP 대사경로)는 포도당을 피루브산(pyrivic acid)로 전환시키는 가장 보편적인 발효기작으로서 거의 모든 미생물에서 일어난다. EMP 대사경로를 거쳐 피루브산까지의 대사경로는 동일하나, 피루브산 이후의 경로는 발효의 종류에 따라 서로 다르다.

1) 젖산균에 의한 젖산발효

알코올발효와 함께 2대 발효 중의 하나로서 젖산발효(lactic acid fermentation)의 대표적인 미생물은 젖산균(lactic acid bacteria)이다. 젖산발효 대사는 당으로부터 젖산을 주로 생산하는 대사이다. 그림 4-2에서 보는 바와 같이 젖산발효는 젖산만을 생성하는 호모발효(homo-fermentation)과 다른 물질(알코올, 아세트산, 이산화탄소 등)도 함께 생성하는 헤테로발효(hetero-fermentation)로 구분된다.

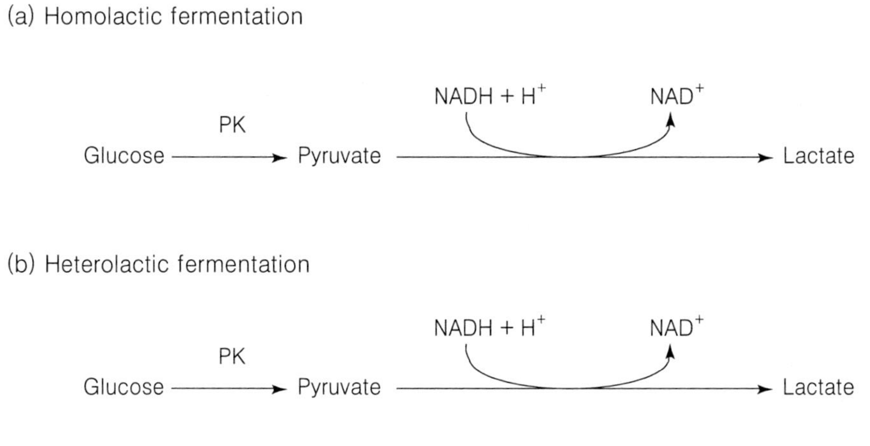

그림 4-2. 젖산발효의 종류

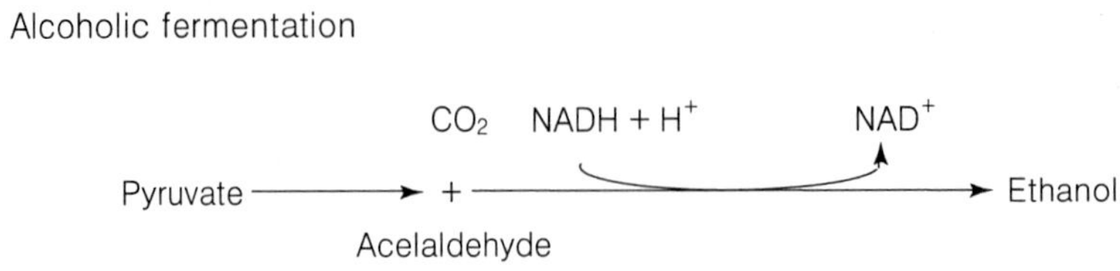

그림 4-3. 알코올발효의 종류

2) 효모에 의한 알코올발효

알코올발효(alcohol fermentation)는 주정발효라고도 한다. 즉, 그림 4-3에서 보는 바와 같이 당류로부터 에탄올과 이산화탄소를 생성한다. 이러한 작용을 가지는 미생물로서 가장 잘 알려진 것은 효모(yeast)이다. 이외에도 *Acetobacter* 와 같은 초산균에 의한 초산발효, 프로피온산균에 의한 프로피온산 발효, 메탄 생성균에 의한 메탄 발효, 장내세균에 의한 개미산 발효, 클로스트리디움균에 의한 부틸산-부탄올-아세톤 발효 등이 있다.

1.4 대사과정의 이해 : 1차 대사와 2차 대사

미생물의 대사(metabolism)는 1차 대사(primary metabolism)와 2차 대사(secondary metabolism)로 나눌 수 있으며, 이에 따라 두 가지 종류의 대사산물이 합성된다(표 4-1).

1차 대사산물(primary metabolite)은 생물체의 생장 중에 생성되는데, 이 물질(아미노산, 핵산, 다당류, 유기산 등)은 생물체의 대사에 필수적이며, 중간 대사물질이거나 또는 최종산물이다. 2차 대사산물(secondary metabolite)은 세포 구성물질의 합성

표 4-1 미생물 발효에 의해 생산되는 1차 대사산물 및 2차 대사산물의 예

1차 대사산물	2차 대사산물
아미노산	항생물질
비타민	색 소
핵 산	알칼로이드
다당류	독 소
유기산	각종 의약품
알콜류	

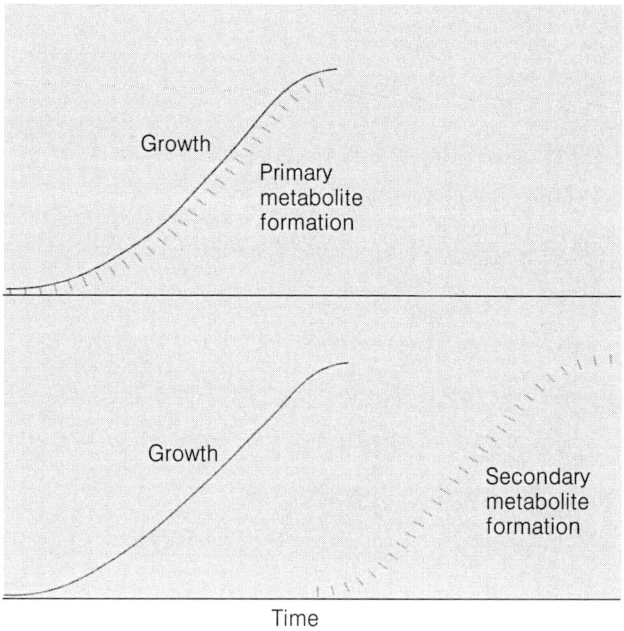

그림 4-4. 미생물의 생장에 따른 1, 2차 대사산물의 생산
(Microbiology 6/e, Prescott et al.)

이나 정상적인 생장과 직접적인 상관관계는 없다. 주로 대수생장기(exponential growth phase) 후반부 이후 즉, 영양이 고갈되는 시기에 생성되는 특징을 가지고 있다(그림 4-4).

항생물질, 색소 등이 그 예로서 이들은 대사의 최종산물이며, 대개 1차 대사산물 또는 그 중간 대사산물로부터 생합성 된다. 환경 속에서 미생물이 분비하는 2차 대사산물의 특별한 기능에 대해서는 아직 불분명하지만 이 물질들이 자연환경에서 주위의 경쟁자들보다는 유리한 선택적 우월성을 부여했을 것으로 추측된다.

유전공학 기술의 발전과 더불어 대사물질 생합성 유전자를 인위적으로 미생물에 도입하여 유전자재조합 균주를 제조하는 것이 가능하게 됨에 따라 원하는 대사물질을 필요에 따라 대량으로 발현시킬 수 있는 공정이 활발하게 개발되고 있으며, 이와 같은 방법으로 생산된 생물소재들이 동물자원산업에도 유용하게 이용되고 있다.

1.5 미생물 발효의 장·단점

미생물 발효에 의한 물질 생산은 화학 합성공정에 비해 다음과 같은 장단점을 가지고 있다.

1) 장 점

(1) 빠른 증식성을 갖고 있어 생산 면에서 유리하다. 예를 들면 대장균의 경우 거의 20분마다 이분법으로 분열한다(그림 4-5).

(2) 광범위한 물질의 이용성 즉, 원료(탄수화물, 지방, 광에너지, 무기물 등) 선택범위가 넓은 장점을 가지고 있다.

(3) 다양한 화학활성과 반응 특이성이 있다. 즉, 균주 개량으로 새로운 화학활성을 유발할 수 있고 화학합성이 불가능한 거의 모든 물질을 생산할 수 있으며, 고도의 특이성을 지녀 광학 활성체의 선택적인 생산(L-form 또는 D-form)이나 특정 부위의 산화, 환원반응이 가능하다.

(4) 돌연변이, 재조합 DNA기술, 대사공학 기술을 이용하여 유용한 변이주를 쉽게 얻을 수 있다.

(5) 온화한 반응조건을 들 수 있다. 대부분 반응이 상온 상압 하에서의 반응이므로 위험성이 적으며 에너지를 절약할 수 있다.

(6) 생산되는 균체 등의 부산물은 사료나 비료로 이용할 수 있어 환경 친화적인 공정이다.

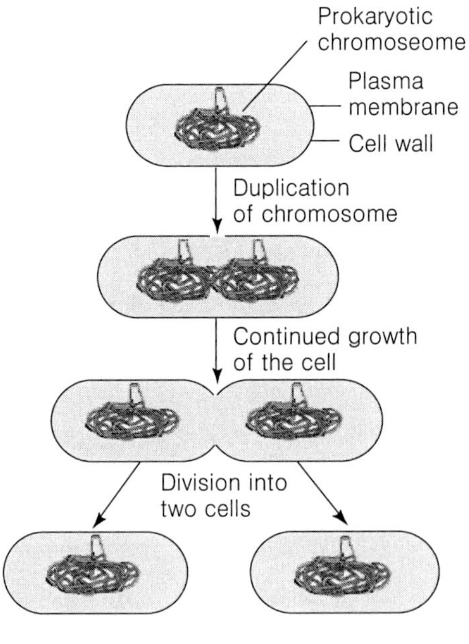

그림 4-5. 이분법의 과정(Addison Wesley Longman, Inc)

2) 단 점

(1) 오염의 우려가 많으므로 배양장치, 배지 및 공기 등 철저한 멸균과정이 요구된다.
(2) 미생물은 장기간 사용하거나 연속적으로 사용하면 유전적, 생리적 기능이 퇴화할 수 있다.
(3) 생물반응은 환경 변화에 따라 변하기 때문에 자동화가 어렵다.
(4) 대사산물이 수용성 환경에서 소량 생산되고 여러 부산물이 존재하므로 분리정제가 어렵다.

1.6 유용 미생물 및 미생물 대사산물의 응용

동물자원산업에서 유용 미생물 그 자체 또는 미생물이 생산하는 대사산물들이 매우 다양하게 사용되고 있는데 다음과 같이 분류할 수 있다.

1) 동물의 생산성 향상을 위한 유용 미생물제제(probiotics)

야생상태의 어린 동물은 어미와 주위환경으로부터 장내 정상 균총을 빠르게 형성한다. 산업발달과 더불어 동물생산업도 좁은 공간에서의 대량사육 형태로 바뀌면서 어린 동물들의 어미와의 접촉이 제한되고 인공사료 섭취, 밀사, 사료에의 항생제 투여 등의 인위적인 환경조건에 처해지면서 질병에 저항하는 정상적인 장내 균총을 형성하지 못하게 되고 면역결핍 현상을 나타내며, 심지어 폐사에 이르게 된다. 이와 같은 문제점을 개선하기 위해 생균제(probiotics, direct-fed microbials)를 급여하는 경우가 늘고 있다.

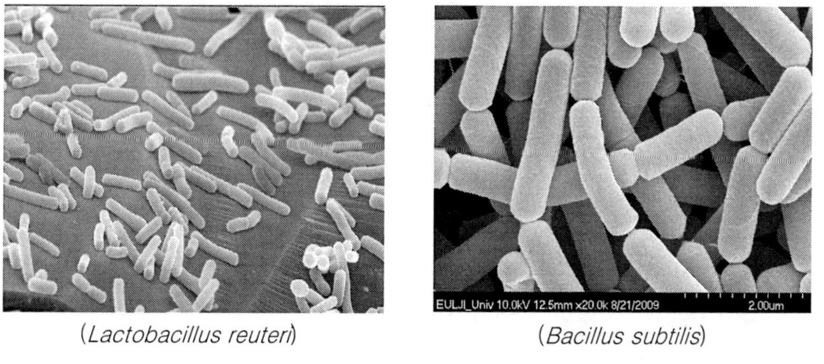

(*Lactobacillus reuteri*) (*Bacillus subtilis*)

그림 4-6. 생균제 전자현미경(SEM) 사진

여러 가지 생균제 중에서도 대표적인 것 중의 하나가 젖산균이다. 젖산균은 Gram 양성, 간상형 또는 구형의 포자를 형성하지 않는 박테리아로서 glucose를 대사하여 50% 이상의 젖산을 생성하는 균을 통칭한다. 젖산균은 동물이나 사람의 피부, 장 등에 존재하며, 예로부터 인간생활에 밀접한 관련을 맺어왔다. 각종 발효유, 치즈, 발효 소세지 뿐만 아니라 된장, 간장, 술 등의 전통발효식품의 제조에 사용되어 식품의 영양성 및 보존성 증진, 특유의 향과 맛을 내는데 이용되어 왔다.

이와 같이 동물자원산업의 주요 산물인 우유와 육류뿐만 아니라 각종 발효식품에 널리 이용되어 온 젖산균이 경제동물의 생산 분야에도 이용되어 왔는데, 이는 젖산균이 분비하는 항균물질(유기산, 과산화수소, 박테리오신 등) 및 경쟁적 흡착에 의한 병원성 미생물의 증식 억제, 숙주동물의 면역증강 및 면역조절 작용, 세균성 또는 바이러스성 설사의 예방 및 치료, 비타민과 효소 등과 같은 유용물질의 합성, 성장 촉진 등의 효과를 이용하기 위함이다.

최근 들어 동물의 질병예방 및 치료용으로 사용되고 있는 항생제의 축산물 잔류 문제, 과다한 사용으로 인해 항생제 내성균이 사람에게 전이되는 부작용을 막기 위해 EU를 비롯한 선진국은 성장촉진 목적으로의 항생제 급여를 이미 금지했거나 금지하는 추세이고, 국내에서도 사용을 규제하는 방향으로 정책을 추진하고 있다. 이에 따라 항생물질의 대안 중의 하나로서 생균제에 대한 관심은 더욱 높아지고 있다. 생균제로 사용할 수 있는 미생물은 무엇보다도 안전해야 하므로 *Lactobacillus* 속, *Streptococcus* 속과 같은 젖산균뿐만 아니라 다음과 같이 GRAS(Generally Recognized As Safe)로 인정된 미생물이 주로 사용된다.

- *Bacillus* 속 박테리아 : *Bacillus subtilis* 나 *B. licheniformis* 등이 대표적인 균주이며, 포자형성균으로서 열에 안정하고 위산, 약제내의 내성이 강하다. Amylase, xylanase, protease 등 체외 분비효소를 방출하여 사료의 가치를 향상시키고, 항균물질을 생성하여 유해미생물을 억제하며, 젖산균 증식을 촉진한다. Vitamin B군 등을 합성한다.
- *Aspergillus* 속 곰팡이 : *Aspergillus oryzae, A. niger* 등이 대표적으로 사용되는 곰팡이 균주로서 생육온도와 pH 범위가 매우 넓다. 알코올발효 및 된장발효의 주요 균주로서 녹말 당화력, 단백질 분해능력이 뛰어나다. 다양한 비타민을 합성하고 발효과정에서 생성된 미지성장인자 공급원으로서 동물의 성장을 촉진시킨다. 또한 축분 발효물, 유기질 비료 활용가치를 증가시킨다.
- 효모(yeast) : *Saccharomyces cerevisiae* 가 대표적인 균주로서 동물 소화관내 효소 분비작용으로 소화력을 증가시킨다. 셀룰로오스 등의 난분해성 영양원의

분해를 촉진함으로써 반추가축의 사료 이용성을 높인다. 알코올, 글루타민산 등의 작용으로 사료의 기호성을 증진시킨다.

2) 동물성 식품의 발효에 이용되는 유용 미생물

(1) 유제품 발효

경제발전과 소득수준의 향상에 따라 대표적인 동물성 식품인 유제품 및 육류의 소비량이 급격히 증가하였다. 소득수준이 일정 이상으로 도달하게 되면 건강 지향적인 식품에 더욱 관심을 가지게 되고 그에 따라 동물성 식품의 소비패턴도 달라져 왔다. 대표적인 우유 가공품의 하나인 발효유(fermented milk)란 포유동물의 젖을 젖산균에 의해 발효시켜 만들어진 제품을 통칭하는데, 우리나라에서 가장 일반적인 형태는 요구르트(yogurt)이다. 요구르트 발효에 전통적으로 사용되어 온 균주는 *Lactobacillus bulgaricus* 와 *Streptococcus thermophilus* 이었으며, 균주 개량 또는 bifidobacteria 첨가 등으로 제품 및 사용 균종을 다양화하고 있다.

젖산균 starter가 기본적으로 갖추어야 할 조건은 당의 발효, 단백질의 분해, flavor의 생성 및 항균물질의 생산 등이다. 최근에는 생리활성 젖산균에 대한 관심이 증가하게 되어 내산성, 내담즙성 뿐만 아니라 *Helicobacter pyroli* 와 같은 병원성 세균 억제능, 설사 바이러스 억제능, 장관 상피세포에의 정착성, 면역증강능, 항돌연변이원성, 콜레스테롤 저하능, 항암 및 항종양 활성 등을 보유한 기능성 젖산균주의 개발에 연구가 집중되고 있다.

(2) 육제품 발효

발효 육제품에는 발효소시지와 발효 햄 등이 있는데, 지역이나 민족에 따라 그 제조방법이 매우 다양하다. 건조 소시지(dry sausage)를 제조하기 위해서는 *Lactobacillus* 단독 또는 *Micrococcus* 와의 혼합균주나 곰팡이를 케이싱 표면에 접종하고 장시간 동안 서서히 발효시킨다. 미생물에 의한 당 발효 분해산물의 영향과 건조 및 숙성과정에서 일어나는 고기의 이화학적인 변화로 인해 맛이 부드럽고 향이 독특해진다.

반건조 소시지(semidry sausage)는 *Pediococcus* 나 *Lactobacillus* 젖산균을 접종하고 짧은 시간에 강하게 발효시켜 만들며, 건조 소시지에 비해 신맛과 향이 더 강하다. 발효 햄을 제조하기 위해서는 원료육 덩어리를 장시간 염지하고 숙성시키는데, 원료육의 특성상 대부분 자연발효에 의지한다. 발효 과정 중 원료육에 여러 종류의 미생물이 생장하거나 감소하는데, 대부분은 젖산균으로 구성되어 있다.

3) 항생물질

항생물질은 1929년 Alexander Fleming의 penicillin의 발견으로 시작되지만, 자연계로부터 체계적으로 물질을 분리하고 항생물질을 확인하는 연구들은 1940년대 이후의 일이다. 1943년 Waksman이 토양시료로부터 분리한 방선균 *Streptomyces griseus*가 streptomycin을 생산한다는 사실을 발견한 이래 미국, 일본 등을 중심으로 항생물질의 발견이 활발하게 이루어져 오늘날 임상적으로 사용되는 항생물질의 대부분이 1950~1960년대에 걸쳐 발견되었다.

항생물질은 주로 미생물에서 생산되는데, 가장 두드러진 것은 방선균류(Actinomycetes)로서 알려진 항생물질의 60% 이상, 임상치료에 사용되는 항생물질의 90% 이상을 생산한다. 1940년대 후반 광범위 항생제인 클로로테트라사이클린을 사료에 미량 첨가할 경우에 동물의 성장 촉진효과가 있다는 것이 발견된 이래 질병치료 뿐만 아니라 질병감염의 예방 목적이나 성장 촉진효과(APE ; antimicrobial growth promoters or performance enhancers)를 위해 1950년대부터 동물용 사료에 항생제가 첨가되기 시작하였다.

하지만 항생제의 남용으로 인한 축산물에의 잔류문제, 과도한 사용으로 인해 병원성 세균의 항생제 내성 증가, 인체에의 항생제 내성 세균전이 등을 막기 위해 유럽연합(EU)는 성장촉진 목적으로 사료에 항생제를 첨가하는 것을 이미 금지하였으며, 우리나라에서도 2012년부터 첨가를 금지하는 방향으로 정책을 추진하고 있다. 따라서 항생제의 단점을 보완할 수 있는 새로운 타입의 항균물질이 개발되고 있는데, 예를 들어 모유나 초유에 다량 존재하는 항균성 당단백질인 lactoferrin을 효모나 대장균에서 대량 발현시키는 연구가 이루어지고 있고, lactoferrin에서 유래한 peptide성 항균물질인 lactoferricin이나 두꺼비에서 분리한 buforin과 같은 펩타이드성 항균물질 유전자를 미생물에 도입하여 대량 생산하는 연구들이 이루어지고 있다.

이와 더불어 축산물에의 잔류기간이 짧은 약제, 교차내성을 유발하지 않는 약제, 동물의 대사조절을 통해 영양소를 절약할 수 있는 약제, 동물의 장내 정상 세균총에 해로운 영향을 주지 않는 약제, 환경오염을 일으키지 않고 쉽게 생분해되는 약제, 동물과 인간에 비독성인 약제 등이 미생물 자원으로부터 지속적으로 개발되고 있으며, 이러한 약제를 신속하게 개발하기 위한 효율적인 assay system이 개발되고 있다.

4) 효소제

(1) 동물의 생산성 향상에 적용되는 효소

동물용 사료는 매우 다양한 곡류 및 식물성 단백질원으로 구성되어 있다. 동물 체내에는 각종 소화효소가 분비되어 단백질, 지방, 탄수화물 등의 영양소를 분해하게 되는데, 난분해성 다당류(xylan, glucan, mannan, cellulose 등)나 항영양인자(α-galactosides나 galactomannan 등)는 동물의 체내에서 분해, 이용되기 어렵다.

특히, β-glucan과 xylan 성분은 단위동물에 의해 소화 이용이 되지 않는 점 이외에도 점성이 매우 높아 소화물 내의 점성을 증가시킴으로써 소장상피에서의 포도당 흡수를 감소시키며 인슐린 분비, 아미노산 흡수, 대사에너지 이용효율 등을 감소시키는 것으로 알려지고 있다. 따라서 사료용 곡물에 이들을 분해할 수 있는 효소제를 첨가하게 되면 영양소의 소화작용 이외에도 원료 내 항영양인자를 효율적으로 분해하여 사료 내 영양소의 이용률을 증대시킬 수 있는데, *Aspergillus* 와 같은 곰팡이나 *Bacillus* 와 같은 박테리아로부터 xylanase, cellulase 등의 효소제제가 개발되어 단일제제 또는 복합제제로서 산업적으로 이용되고 있다.

효소제가 동물자원 산업에 이용되기 위해서는 pelleting과 같은 가공 중의 역가를 유지할 수 있는 열안정성, 단위동물 위의 낮은 pH에서 견딜 수 있는 pH 내성, 대량생산에 의한 경제성 등의 여러 가지 조건을 갖추어야 한다. 한편, 미생물 유래의 효소제에 의한 사료효율의 개선은 동물의 생산성 향상뿐만 아니라 오염물질의 배설량, 특히 인(phosphorous)의 배설량을 감소시킴으로써 환경오염의 저감에도 크게 기여할 수 있게 된다. Phytate는 인(P)의 함량이 높은 분자로서 당류, 미네랄, 단백질과 complex를 형성하고 있기 때문에 특히 단위동물에 있어서 분해 이용률이 매우 낮은 문제점을 갖고 있다(그림 4-7). 이는 단위동물들이 phytate를 가수분해하는 데 필요

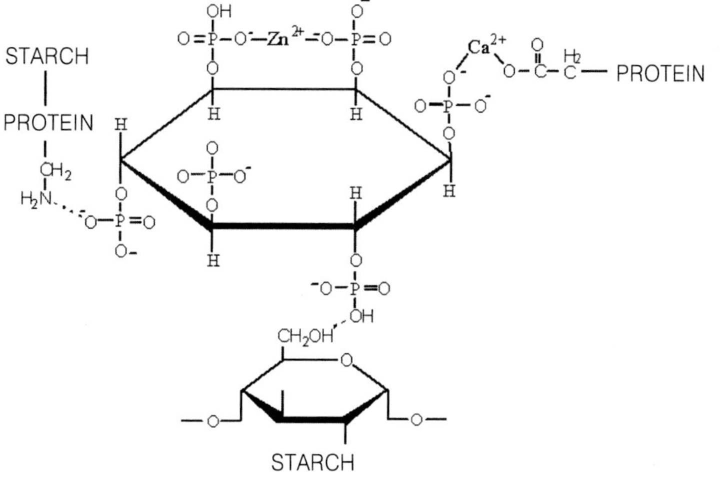

그림 4-7. 피틴태 인의 구조

한 효소체계가 없기 때문이다.

Phytate는 미량광물질, 전분, 단백질 및 소화효소와도 결합할 수 있으며, 소화관내에서 제1의 항영양인자로서 작용하게 된다. 결과적으로 phytate가 들어있는 사료를 섭취한 동물의 배설물 내에는 인성분이 높은 수준으로 포함되게 되고, 환경에 배출되어 환경오염을 유발시키게 된다. 이러한 문제점을 해결하기 위하여 phytate를 효소적으로 가수분해함으로써 사료 내 인성분의 소화율(이용률)을 높이고, 인성분의 배설량을 줄이고자 하는 연구와 노력이 촉발되었다.

Phytate를 분해하는 효소인 phytase를 생산할 수 있는 최적의 미생물을 찾는 거대한 프로젝트가 1980년대부터 시작되었다. 수많은 미생물 스크리닝 및 이들이 생산하는 phytase에 대해서 여러 범위의 pH 반응성, 펩신에 대한 저항성 및 열 안정성에 대한 테스트가 행해진 끝에 *Aspergillus niger*(또는 *A. ficuum*) 곰팡이에서 생산되는 phytase가 선발되었으며, 유전자 재조합 기술로 인해 대량 생산이 가능하게 되었다. 이후에도 다양한 곰팡이와 박테리아로부터 phytase 유전자가 선발되었고, 균주 개량 및 유전자 재조합 기술로 대량 생산함으로써 환경오염의 저감 및 동물의 생산성 향상에 크게 기여하고 있다.

(2) 동물성 식품의 제조, 가공에 적용되는 효소군

동물성 식품의 부가가치를 높이기 위해 많은 종류의 미생물유래 효소들이 사용되고 있으며, 몇 가지 예를 들면 다음과 같다.

- ▸ Rennet : 우유를 응고시켜 치즈를 만드는 데 사용되는 응유효소로서, 예로부터 송아지의 제4위에서 분리하였으나 *Mucor*와 같은 미생물로부터 대량 생산이 가능해짐으로써 치즈의 산업적 생산에 크게 기여하였다.
- ▸ β-galactosidase : 우유 중의 lactose를 glucose와 galactose로 분해하는 효소로서 유당불내증(lactose intolerance)을 개선하는 데 이용되고 있다. 현재 산업적으로 사용되고 있는 효소들은 대부분 중온성 미생물로부터 생산된 것으로서 유기용매 및 열에 불안정하고 실활하기 쉬운 단점이 있다. 따라서 고온에서 반응하고 반응속도가 빠르며, 다른 잡균의 번식을 방지할 수 있는 내열성 β-galactosidase를 *Thermus*와 같은 호열성 미생물로부터 분리하여 산업화하는 연구가 다각적으로 지속되고 있다.
- ▸ Transglutaminase : 우유단백질, 육가공품 등의 동물성 식품 및 전통식품의 물성개량 목적으로 단백질 가교 효소제인 transglutaminase를 방선균 등에서 분리하여 일본의 Ajinomoto사 등에서 상업적으로 생산하고 있으며, 응용범위가 점

차 넓어짐에 따라 세계 각국에서 미생물 유전공학 및 발효공학을 접목하여 고효율 균주를 개발하고 있는 상황이다.

5) 미생물 유래의 색소

카로티노이드(carotenoid)는 미생물이나 식물에서 생산되는 천연색소로서 항산화능을 비롯한 다양한 생리활성을 가지고 있기 때문에 식품용 색소, 건강보조식품, 의약용, 화장품뿐만 아니라 동물산업에까지 사용되고 있다. 동물산업에서는 주로 계란의 난황 착색, 치즈의 착색 목적으로 canthaxanthin, anatto 등이 사용되어 왔으며, 향후에는 유·육가공 제품의 착색뿐만 아니라 carotenoid계 색소의 항산화 기능을 이용한 기능성 축산물 생산 등 응용분야가 점차 늘어날 전망이다.

그 동안 사용되어 온 화학합성 색소들의 부작용들이 보고됨에 따라 이를 보완하기 위해 미생물로부터 색소를 대량으로 생산하는 연구가 많이 이루어지고 있다. 예를 들어 red yeast인 *Xanthophyllomyces dendrorhous* 나 algae로부터 asthaxanthin의 대량생산, carotenoid계 색소 중에서 가장 강력한 항산화력을 가진 lycopene의 대량 생산 연구가 진행되고 있다.

6) 유기태 미네랄

동물사양의 미네랄 급원으로서 지금까지는 무기태 미네랄 또는 chelated mineral이 주로 사용되어 왔으나, 최근에는 일부 미량원소의 급여를 유기태로 전환 또는 무기태와 유기태를 적절히 조합하는 경향을 나타내고 있다. 한 예로서 trace element mineral의 하나인 selenium은 필수원소이나 무기태로 다량 급여 시에는 독성을 유발하는 문제점이 있으므로 유기태 selenium을 고농도로 함유한 yeast를 급여하는 방법이 산업적으로 적용되고 있으며, 다른 미량원소 미네랄도 미생물 유래의 유기태 형태로 일부 급여되고 있다.

7) 유기산제

유기산(organic acid)은 주로 미생물 발효로부터 얻어지는데, 동물자원산업에 매우 중요하다. 동물자원산업에 사용되고 있는 유기산들로는 fumaric acid, formic acid, acetic acid, propionic acid, sorbic acid, citric acid, lactic acid, *n*-butyric acid 등이 있는데, 이들 유기산들은 각각의 물리화학적 특성 및 항균작용 능력 등에 따라 사용효과가 달라질 수 있다.

유기산제의 작용기작은 ① 사료에 대한 작용, ② 동물 체내에서의 작용, ③ 대사과

표 4-2. 유기산의 작용기작

사 료	사료의 pH를 낮추고, 원료사료가 갖는 산 완충효과(acid binding capacity)를 줄이며, 곰팡이 및 미생물로부터 사료의 보존성을 높일 수 있다.
소화기관	1) H^+ - 위내 pH를 감소시킨다. - Pepsin의 활성을 증가시킨다. - 장내 pH를 저하시켜 유익미생물의 증식을 돕고 병원성 미생물이 상주할 수 없는 환경을 조성한다. 2) Anion⁻ - 양이온성 광물질과 복합체를 형성하여 이들의 흡수를 돕는다.
대사과정	에너지의 공급원으로 이용될 수 있다.

정에서의 에너지 공급원 등 세 가지로 나누어 볼 수 있으며(표 4-2 참조), 소화기관에서의 유기산 작용은 유기산 자체가 갖는 산 절약 작용과 유기산 자체가 갖는 항미생물 작용으로 나누어 볼 수 있다.

8) 면역조절제

(1) 베타-글루칸

다당류의 일종인 베타-글루칸(β-glucan)은 사이토카인의 생산을 촉진시켜 우리 몸의 면역기능을 향상시킴으로써 동물의 질병 저항력을 높인다. 베타-글루칸은 버섯이나 귀리에서 추출하기도 하지만 효모를 배양하여 세포벽으로부터 얻기도 한다. 효모는 단단한 세포벽을 가지고 있는데, 세포벽의 85～90%가 glucan으로 구성되어 있다. 효모의 세포벽을 추출하기 위해서는 효모를 배양한 후에 세포벽 분해효소로 처리하기도 하나 효소의 비용이 고가인 문제점이 있으므로 경제적으로 생산하기 위해서는 세포의 배양조건의 조절을 통해 자기분해(autolysis)를 유도함으로써 생산하기도 한다.

(2) 올리고당

올리고당(oligosaccharides)이란 단당류가 여러 개 결합된 다당류를 말한다. 최근에 관심을 끌고 있는 이유는 이들이 가축의 소화효소에 의해 분해되지 않고, 장내 미생물 특히 젖산균이나 비피더스균에 의해 이용되므로 정장작용을 가지고 있기 때문이다. 일반적으로 동물사료에 첨가되는 올리고당은 주로 글루코오스(glucose), 프락토오스(fructose), 만노오스(mannnose) 등으로 구성되어 있다.

프럭토올리고당은 동물 장내에서 유익균의 증식을 돕는 역할을 하며, 글루코오스로 이루어진 올리고당은 동물의 면역기능을 증진시킨다. 또한 만노오스로 이루어진 올리고당은 동물의 면역증진 효과와 함께 특정 유해균을 흡착, 배설시키는 효과가 있는 것으로 알려져 있으며, 항생제와 동시에 투여했을 때 항생제의 효과가 더욱 상승하는 것으로 알려지고 있다.

올리고당은 주로 효소적 방법으로 생산되는데, 올리고당을 생성하는 효소는 미생물 발효에 의해 만들어진다.

(3) 아미노레불린산(δ-aminolevulinic acid, ALA)

ALA는 모든 생물에 있어서 헴(heme), 클로로필(chlorophyll) 등 테트라피롤(tetrapyrrole) 화합물의 전구물질이다. ALA는 그동안 암 치료제, 친환경적 제초제, 식물 생장조절제, P450 생산용 전구체 등 다양한 분야에의 적용 연구가 이루어지고 있었다. ALA가 자돈의 성장 및 소화율을 향상시키고 혈액 내 철분과 헤모글로빈, lymphosyte의 수준을 증가시킨다는 연구결과가 최근에 보고된 바 있으며, 앞으로도 활용범위가 점차 넓어질 것으로 예상된다.

ALA는 주로 광합성 세균과 같은 미생물의 발효과정에 의해 생산되는데, 최근에는 유전자재조합 기술을 이용하여 ALA를 미생물로부터 대량으로 생산하는 연구가 활발하게 진행되고 있다.

9) 아미노산

단백질을 구성하고 있는 20종의 아미노산 중에서 라이신(lysine), 트레오닌(threonine)과 같은 필수아미노산은 곡류에 부족하기 때문에 동물 체내에서의 단백질 합성의 효율을 높이기 위해서는 이들 아미노산을 사료에 첨가하여 급여한다. 현재 라이신은 전 세계적으로 MSG(Monosodium glutamate) 다음으로 많이 생산되고 있다. 라이신은 라이신 생산균주(*Corynebacterium glutamicum* 등)를 돌연변이 방법으로 생신수율을 높이고 있으나, 최근에는 유전자 조작 및 단백질 발현기작 연구를 통해 라이신 생합성 대사과정을 조절함으로써 경제적으로 생산할 수 있는 연구가 활발히 이루어지고 있다.

한편, 트레오닌도 동물의 성장을 촉진하는 필수아미노산으로 알려져 있는데, 동물사료를 절감하고 배설물을 줄일 수 있어 향후 사용범위가 점차 넓어질 것으로 예상된다. 트레오닌 역시 미생물 발효에 의해 생산되고 있다.

1.7 균주의 개량

기능성 미생물 그 자체를 고농도로 배양하기 위해서는 배지 및 배양조건을 최적화하는 방법을 이용한다. 한편, 미생물 유래의 대사산물을 이용할 경우에 우선 자연계로부터 생산성이 높은 균주를 분리하는 것이 중요하다. 또한, 자연환경 하에서의 진화과정을 거친 미생물의 대사체계는 산업적 이용에 부적합한 경우가 많다. 따라서 분리한 균주가 지니고 있는 여러 가지 결점을 보완하고 생산성을 향상시켜야 하는데, 이러한 일련의 작업을 균주 개량 또는 균주 육종이라고 한다.

1) 전통적 방법에 의한 개량

전통적 방법에 의한 균주 개량에는 돌연변이 방법이 주로 사용되어 왔다. 돌연변이란 한 세포의 유전자가 변화하여 새로운 형질을 띠게 되며, 이러한 새로운 형질이 자손에게 유전되는 현상이다. 돌연변이에는 자연돌연변이(spontaneous mutation)와 인공돌연변이(artificial mutation)가 있다.

인위적으로 돌연변이를 유도하기 위해서는 화학적 또는 물리적 방법으로 DNA의 구조의 변화를 유도하는 것인데, 물리적인 인자에 의한 방법으로 가장 많이 사용되는 것은 UV 조사법이다. UV를 사용할 경우에는 1 mL의 세포 현탁액을 넣은 페트리 접시를 UV 광원(lamp)에서 10～70 cm 거리에 두고 처리하며, 이때의 생존율은 0.1～1.0% 정도가 되도록 노출시간을 조절하는 것이 바람직하다. 한편, 돌연변이를 유도하는 화학물질로 많이 사용되는 것은 NTG(nitrosoguanidine)이다. NTG를 사용할 경우에는 100 μg 전후의 농도에서 수분 내지 수십 분 정도 처리하는 것이 일반적이다.

돌연변이 유발에 의한 균주 육종은 무작위적으로서 선택적인 조작이 불가능할 뿐만 아니라 원하지 않는 부위의 돌연변이가 수반되어 세포성장이 늦어지는 등의 문제가 발생하는 경우가 종종 있다. 또한 유전학적으로 불안정하여 역돌연변이의 확률이 높아지는 단점이 있다.

2) 분자생물학적 방법에 의한 개량

1970년대 이후에 분자생물학 및 유전자 재조합 기술이 급속히 발전하고, 미생물 유전체(microbial genome) 정보에 힘입어 어떤 세포가 가지고 있지 않는 유용한 형질을 다른 세포로부터 받을 수 있게 되었다. 즉, 다른 세포로부터 추출한 DNA를 유전자 전달체(vector)에 결합시켜서 recombinant DNA를 만들고, 이 recombinant DNA를 형질전환(transformation) 기술을 사용하여 숙주세포(host cell)에 도입함으로써(그림 4-8) 우리가 원하는 물질을 대량으로 생산할 수 있는 길이 열렸다.

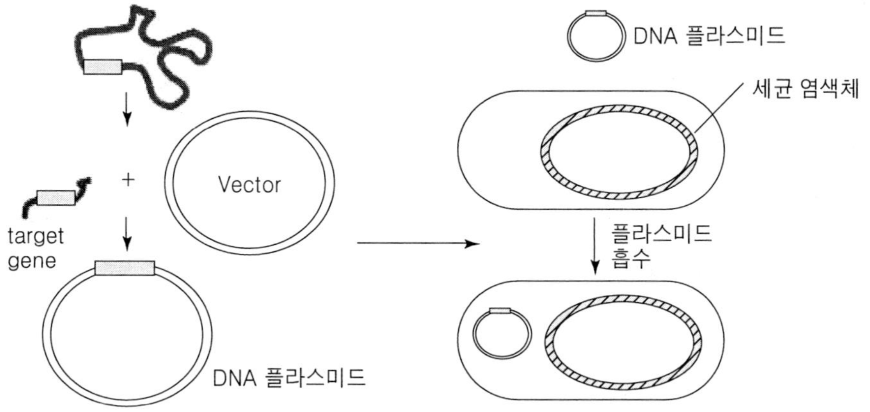

그림 4-8. 유전자 재조합에 의한 균주개량 모식도(일반미생물학, Prescott 등)

분자육종 기술의 발전에 따라 미생물의 대사체계를 재구성함으로써 대사산물과 단백질의 생산성을 향상시킬 수 있고, 기존의 대사경로를 연장시킴으로써 새로운 대사물질을 생산할 수 있도록 조작할 수 있으며, 대사산물의 역가도 획기적으로 향상시킬 수 있게 되었다.

1.8 미래의 동물자원산업을 위한 기능성 미생물의 역할

미래의 동물자원산업은 안전하고(safe), 기능성을 갖추며(functional), 환경친화적(environmentally friendly)이어야만 국내외적인 경쟁력을 갖추고 발전할 수 있을 것이다. 즉, 환경오염을 유발하지 않아야 하고, 국민 건강을 위해 안전성이 확보되며 기능성이 부가된 산물을 생산해야 할 것이다. 이러한 동물산업의 탄탄한 기반 위에서 동물생명공학은 더욱 발전할 것이며, 미생물자원은 동물의 생산성 향상, 동물성 식품의 기능성 부가, 동물산업에서 파생하는 환경오염 방지, 동물생명공학연구를 위한 tool로서의 역할 등 여러 분야에서 중요한 역할을 담당하게 될 것이다.

1) 신규 유용미생물, 유전자 및 효소의 개발

이미 발효유, 동물용 생균제 등으로 사용되고 있는 균주들보다 내산성, 내담즙성, 내열성이 우수한 균주들이 향후에도 지속적으로 개발될 뿐만 아니라 동물에의 장내 정착능이 우수한 target-specific한 미생물 균주의 개발도 가속화될 것이다. 또한 특정 기능(필수아미노산 및 growth factor, polysaccharides 분해효소 분비기능 등)이 부가

된 균주의 개발을 통해 동물의 생산성 향상, 기능성 축산물의 개발이 시도될 것으로 예상되며, 이를 위해서는 신속하고 효율적인 균주 스크리닝 기술이 개발되어야 할 것이다. 이 외에도 기질의 구조, 효소의 특성 및 반응조건 등을 고려하여 미생물자원으로부터 다양한 효소들이 분리되고 site-directed mutagenesis나 gene shuffling 기술을 이용한 효소개량 연구가 이루어질 전망이다.

한편, 배양이 어려운 미생물의 유전체로부터 직접 유용유전자를 선발하는 metagenome 기술이나 bacterial cell surface display technology을 이용한 기능성 효소의 신속 스크리닝 및 발현 기술도 접목될 것으로 예상된다.

2) 새로운 항균물질 및 생리활성물질의 개발

현재의 항생제가 가지고 있는 부작용을 해결할 수 있는 새로운 항생물질, 즉 축산물에의 잔류기간이 짧은 약제, 교차내성을 유발하지 않는 약제, 동물의 장내 정상 세균총에 악영향을 주지 않는 약제, 환경오염을 일으키지 않고 쉽게 생분해되는 약제, 동물과 인간에 비독성인 약제 등이 미생물 자원으로부터 지속적으로 탐색될 것이며, 이러한 약제를 신속하게 개발하기 위한 효율적인 assay system이 개발될 것으로 예상된다. 또한 항생제를 대체할 수 있는 항균성 펩타이드나 기능성 물질이 지속적으로 개발될 것이며, 이와 같은 물질들의 분리 및 구조해석, 작용기작 규명, 생합성 및 조절유전자의 해석 등의 기초연구도 더욱 활발해질 것이다.

3) 환경오염 저감용 미생물의 개발

경제발전과 더불어 지금까지 동물산업은 양적인 팽창을 지속해 왔으나, 동물생명공학의 기반이 되는 동물생산업이 생존하기 위해서는 환경 친화적인 산업구조로 변신하지 않으면 안 되는 시점에 다가와 있다. 동물생산과정으로부터 발생하는 악취, 분뇨 및 폐수는 환경에 심각한 악영향을 주고 있는 실정이다. 또한 축사에서 발생하는 악취 및 유해가스(그림 4-9)은 가축의 생산성 저하, 작업자에의 해로운 영향, 민원발생 등의 문제점을 야기 시킨다.

환경부는 현재의 대기환경보전법과는 별도로 내년 상반기 실시를 목표로 '악취방지법' 제정을 추진하고 있으며, 아울러 분뇨의 발생 및 처리에 관한 규제가 강화되면 미래의 동물산업의 발전에 큰 위협이 될 것으로 예상된다.

동물산업에서 발생하는 악취 및 분뇨는 물리, 화학적 및 생물학적 방법이 잘 조화되어야 적절한 효과를 발휘할 수 있으며, 생물학적 처리에는 미생물의 역할이 절대적이다. 한편, 지금까지 외국에서 수입한 균주는 국내의 현실에 맞지 않는 경우가 많았

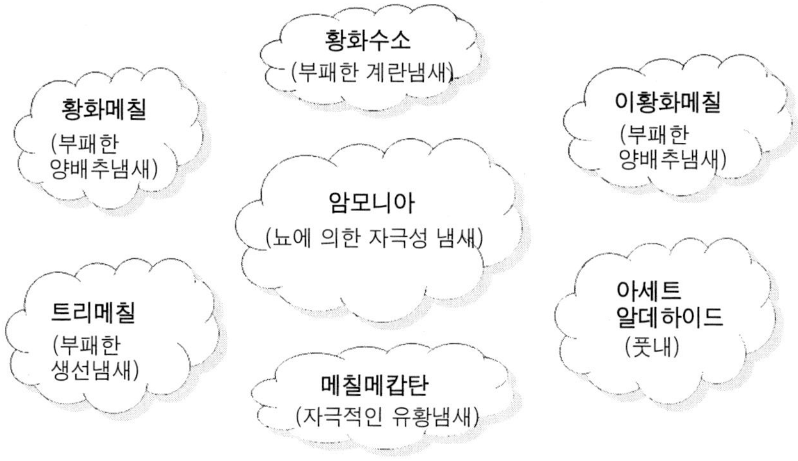

그림 4-9. 축산환경에서 발생하는 대표적인 악취성분

기 때문에 일관성 있는 효과를 기대하기 어려운 상황이었다.

향후에는 악취의 종류에 따라 target-specific하게 분해하거나 악취의 원인을 근본적으로 억제할 수 있는 미생물들이 지속적으로 개발되고, 물리화학적 처리방법과의 적절한 조합을 통해 효과의 극대화를 유도하는 방향으로 나아갈 것이다. 또한 동물생산과정에서 필연적으로 발생하게 되는 분뇨내의 미생물 생태계를 잘 이해함으로써 분뇨의 자원화, recycling화 연구가 체계적으로 이루어질 것이며, 나아가 이러한 연구를 통해 산업환경, 생활환경에도 응용할 수 있을 것으로 예상된다.

4) 젖산균의 분자유전학적 육종 및 발현시스템의 개발

젖산균은 오래 전부터 우리 생활과 밀접한 관계를 유지하여 왔지만, 최근 들어 산업적 이용의 증대와 유전학적 연구의 진전을 배경으로 'super LAB'의 개발에 대한 욕구가 더욱 강해지고 있다.

젖산균의 육종, 개량을 통해 산업적으로 이용하려고 하는 형질로서 주목받고 있는 것은 우유의 발효에 관계하는 당 대사, 우유단백질을 분해할 수 있는 protease 활성, phage 저항성, flavor 생산성, 항균물질 분비능 등이다. 형질 전환된 균주의 안전성을 확보하기 위해서는 안전성이 입증된 host를 확보하는 것과 더불어 안전성이 확보된 food-grade vector system 개발이 중요하다.

EU 차원에서 진행되고 있는 STARLAB(Strategic and Applied Research in Lactic Acid Bacteria) project에서는 vaccine delivery 수단으로서의 젖산균의 이용 방안,

내열성 젖산균의 분자생물학적 연구, bacteriophage 내성균주의 개발, catabolite repression이 해제된 균주의 개발 등이 진행되고 있다. 이 중에서 젖산균용 발현시스템의 개발은 동물생명공학 뿐만 아니라 식품산업, 의약산업 등에 폭넓게 사용될 수 있는 기반기술이다.

젖산균 발현시스템의 개발을 위해서는 젖산균 plasmid에 관한 연구뿐만 아니라 외래 유전자를 효율적으로 발현시킬 수 있는 강력한 promotor의 개발, 적절한 signal sequence의 선택, 도입된 외래 유전자를 안정화시키기 위한 수단 중의 하나인 chromosome에 high copy로 integration 시킬 수 있는 기술 등이 필요하며, 이 모든 구성요소들이 모두 GRAS(Generally Recognized As Safe)에서 유래한 유전인자들로 구성되어야 한다.

5) 미생물로부터 유용물질 대량발현기술의 개발

동물에서 생리학적 또는 육종학적으로 중요한 유전자의 기능을 연구하고 산업적으로 응용하기 위해서는 대량으로 발현, 정제하여 *in vitro*에서 연구하거나, 유용효소나 생리활성 물질을 대량으로 발현시키는 시스템을 구축하는 것은 매우 중요하다. 현재까지는 동물세포 자체에서 발현시키는 시스템은 상대적으로 제한되어 있고, 발현효율도 매우 낮은 편이다.

미생물 중에서 가장 많이 개발되어 온 *E. coli* 발현시스템은 inclusion body를 형성한다든지 eucarytic gene이 발현되더라도 posttranslational modification이 되지 않아 활성이 없는 단백질을 만드는 경우가 많으며, 곰팡이나 효모 발현시스템도 그 나름대로의 장단점을 가지고 있다.

한편, 생리활성 물질의 보고인 방선균 *Streptomyces*는 procaryote이면서도 eucaryote의 특성을 많이 가지고 있고 bovine growth hormone, human luterleukin-2, human T-cell CD4, honeybee 유래의 항균펩타이드 apidaecin 1b 등이 성공적으로 발현되거나 active form으로 분비되었다는 보고들이 있으므로 미생물 발현시스템의 대안으로 고려할 수 있다.

결국, 필요한 유전자의 특성과 발현시킬 host의 특성을 잘 고려함으로써 활성형으로 대량 발현할 수 있는 host-vector system을 구축하는 것이 매우 중요하다. 이를 위해서는 효율적인 promotor 및 signal peptide의 개발, codon bias와 protein production 관계의 연구, protease-negative host의 개발 등이 필수적이며, 이와 같은 기반기술 확보는 동물자원산업, 나아가 생물산업 전체의 발전에도 기여하게 될 것이다.

2. 기능성 미생물의 특허 취득

2.1 서 론

생명공학(Biotechnology) 분야에서의 특허란 직접 또는 간접적으로 자기복제 할 수 있는 생물학적 물질(Biological material) 즉, 자기 복제력을 갖는 생물(미생물, 동물, 식물, 증식 가능한 동·식물의 세포), 유전정보 및 그 복제에 관련된 발명을 포함하는 특허를 의미한다. 생명공학기술 분야는 살아있는 생명체를 직접 또는 간접적으로 이용하는 것이며, 미생물 관련 발명의 심사 기준은 미생물 자체의 발명, 미생물의 이용에 관한 발명에 적용되는 것이다.

생명공학 분야는 살아있는 생물체를 발명의 대상으로 하고 있다는 특성 때문에 다른 기술 분야와 동일하게 특허를 적용하기에는 적지 않은 논란이 따랐음에도 불구하고 첨단기술의 발명을 보호하기 위한 논리의 개발 또한 활발하게 진행되어 왔다. 살아있는 생물체를 특허 대상에 포함시킬 수 있을 것인지, 청구하고 있는 생물체 또는 그로부터 분리된 물질을 발명으로 볼 것인지 아니면 발견으로 볼 것인지에 대한 논쟁

표 4-3. 생명공학분야 심사기준에 따른 특허보호 대상

구 분	대 상	특허 여부	비 고
물 질	유전자(DNA서열)	특허 가능	유용성이 밝혀진 경우만 가능 - 단순 게놈 서열만으로는 불가
	단백질(아미노산서열)	특허 가능	
	미생물 (virus, bacteria 등)	특허 가능	관련 미생물 기탁 의무
	동 물	특허 가능 단, 공서양속에 반하지 않는 것	동물 발명에 대한 심사기준 신설
	식 물	무성적으로 반복 생식할 수 있는 변종식물만 가능	특허법 제31조 (식물 특허 발명)
	인간의 신체의 부분	특허 불가	인간의 존엄성을 해치는 발명은 특허 대상에서 배제
방 법	수술, 치료방법	사람 불가, 동물 가능	사람의 치료진단 방법은 의료행위에 해당하므로 산업상 이용가능성이 없는 것으로 봄 (특허법 제29조 제1항)
	유전자 치료법	사람 불가, 동물 가능	
	진단방법	사람 불가, 동물 가능	

이 오랫동안 제기되어 왔다. 특허제도가 도입되기 시작한 19세기에는 현재와 같은 생명공학 발명을 예측하는 것이 불가능했을 것이므로 당시의 특허제도는 살아있는 물체의 특징을 특허모델로 전혀 고려하지 않았을 것이다.

1970년대 들어서 생명공학기술이 급속히 발달하게 됨에 따라 미국특허청은 1987년에 이르러서야 인간을 제외하고 자연에 존재하지 않았던 모든 다세포생물체는 특허를 받을 수 있다는 요지의 가이드라인을 발표하였다. 오늘날 대부분의 국가에서는 인간을 제외한 동・식물에 이르기까지 특허요건을 충족하는 한 다양한 형태의 생물체 모두를 특허대상으로 보고 있으며, 인간으로부터 분리된 단백질, 유전자, 미생물 등 자연에 존재하고 있던 생물체를 발명으로 인정하고 있다(표 4-3).

2.2 특허의 중요성

1) 특허를 취득하려는 이유

(1) 공격적 이유

경쟁기업의 시장진출을 제지하거나 억제하려는 의도이다. 예를 들어 기술자나 종업원의 전직에 의한 기술유출, 산업스파이, 기술자 스카우트 또는 모방, 도용 등의 방지 등을 들 수 있다.

(2) 방어적 이유

기술의 선권리화를 통해 경쟁기업의 공격을 회피하고 안심하고 기술을 사용하기 위해서이다.

(3) 경제적 이유

특허는 경제적 가치를 지닌 재산권이다. 즉, 특허권은 양도가 가능하며 로얄티, 은행 등에 질권이나 담보로 제공할 수 있다. 또한 기업의 대차대조표에 등재되면 금융기관의 융자가 쉬우며, 정부로부터 금융, 세제 지원 시에 유리하다.

(4) 특허를 다수 보유할 경우에는 국민이나 정부, 금융기관으로부터 우수기업으로 인식되는 홍보효과가 있다.

2) 기능성 미생물 특허 취득의 의미

(1) 학문적 의미

최초로 연구한 사람은 자신의 연구 성과에 대한 권리를 안정적으로 보장받을 수 있으며, 지속적인 연구개발이 필요할 경우에는 경쟁자보다 우위 입장에서 연구가 가능하다.

(2) 산업적 의미

특허 미생물 그 자체가 경제적 가치를 가진 지적재산권이며, 기능성 미생물의 산업화에 있어서도 타사 제품에 대한 경쟁력을 확보할 수 있다. 또한 기업 홍보 및 광고 기능이 있다.

2.3 미생물 발명 심사기준

심사기준은 새로운 미생물 자체의 발명, 새로운 미생물의 이용에 관한 발명, 공지 미생물의 이용에 관한 발명에 적용된다. 미생물의 이용이란 미생물에 의한 물질의 제조방법, 미생물에 의한 물질의 처리방법 등을 의미한다. 또한 미생물에 관한 발명이더라도 유전공학에 관련된 사항은 '유전공학 관련 발명의 심사기준'을 참조한다.

2.4 특허취득 절차

특허를 취득하기 위해서는 그림 4-10과 같은 절차를 거쳐야 한다. 우선 확보한 기

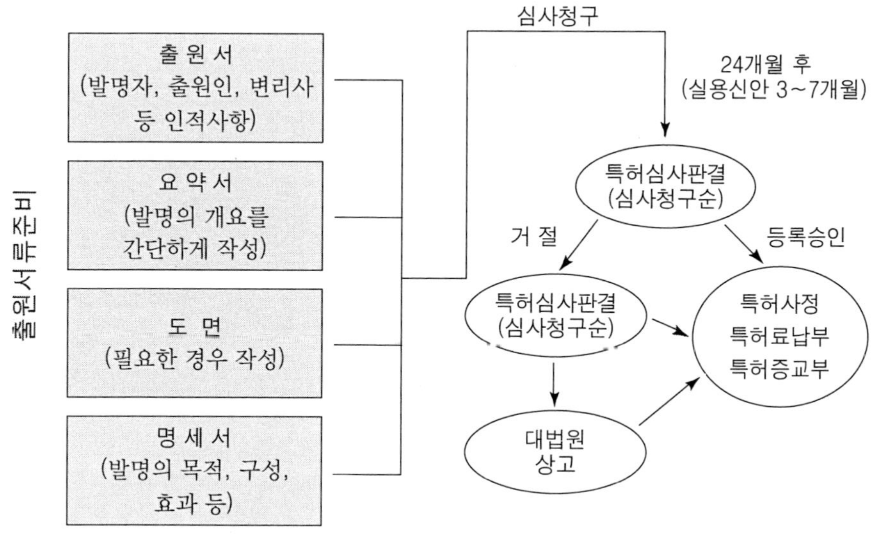

그림 4-10. 특허 출원 및 등록절차

능성 미생물 그 자체 또는 미생물이 생산하는 대사산물에 대한 특허 가능 여부를 판단해야 한다. 또한 특허가 가능함에도 불구하고 회사의 기밀 유지를 위해 특허 취득을 하지 않는 경우도 있다.

기능성 미생물 특허를 출원하기로 결정한 경우에는 출원하기 전에 공인기탁기관에 균주를 기탁하는 절차를 밟아야 한다. 공인기탁기관으로부터 균주기탁증명서를 받은 후에 출원명세서에 첨부하여 특허를 출원한다. 특허청에서는 출원된 서류를 심사규정에 따라 심사한 후에 특허등록을 거절하거나 승인한다. 특허등록이 거절된 경우에는 거절사유를 보완하여 이의신청을 할 수도 있다.

2.5 미생물 기탁 제도

1) 취 지

미생물은 구조가 복잡하고 살아있는 것이어서 특허 명세서에 타인이 반복 재현할 수 있도록 기재하는 것이 곤란하기 때문에 출원하고자 하는 미생물을 공인기탁기관에 기탁하고, 공개 후에는 제 3자가 분양받을 수 있도록 함으로써 명세서 기재사항을 보완하기 위한 제도이다. 특허미생물의 구체적인 기탁절차는 그림 4-11에서 보는 바와 같다.

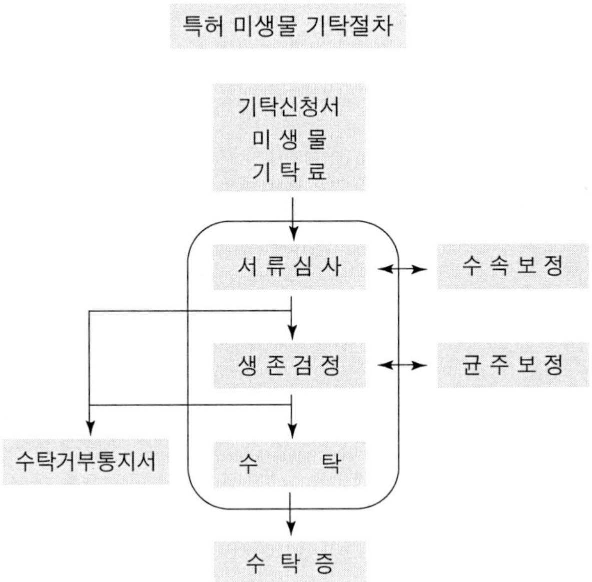

그림 4-11. 특허 미생물 기탁절차

2) 기탁기간

기탁일로부터 특허권 존속기간 만료일까지이다.

3) 특허 미생물의 분양

출원 공개된 내용만으로는 그 발명을 재현하기가 어려우므로 시험이나 연구목적으로 미생물을 분양해주는 제도를 두었다.

4) 특허법상 미생물의 정의

유전자, 벡터, 재조합벡터, 형질전환체, 융합세포, 재조합단백질, 모노클로날 항체, 바이러스, 세균, 효모, 곰팡이, 버섯, 방선균, 단세포조류, 원생동물, 동식물의 세포, 조직배양물 등 특허 절차상 기탁 가능한 생물학적 물질(biological material)을 의미한다.

5) 미생물 기탁기관

출원하고자 하는 미생물의 공인기탁기관에는 생명공학연구원 생물자원센터(KCTC), 한국 미생물 보존센터(KCCM), 한국 세포주은행(KCLB), 한국 농용미생물 보존센터(KACC) 등이 있다.

2.6 명세서의 기재방법

1) 미생물의 표시

미생물의 표시는 미생물의 명명법에 의한 학명(속명과 종명, 또는 속명)을 따른다. 미생물의 균주는 미생물의 명명법에 따른 명칭에 균주명을 덧붙여 기재한다. 균주가 기탁되어 있는 경우에는 균주명에 기탁번호를 덧붙여 기재한다. 기재방법은 우리말 표기를 먼저 한 다음 괄호 속에 원어를 이탤릭체로 기재한다.

예 *Lactobacillus* *acidophilus* KCTC OOOO.
(속명) (종명) (기탁번호)

2) 특허 청구범위

특허 청구범위는 발명의 구성에 필수적인 사항만으로 명확하고 간결하게 기재하되 발명의 상세한 설명에 의하여 뒷받침되는 사항을 각각의 청구항으로부터 명확하게 파악할 수 있도록 하여야 한다.

3) 발명의 상세한 설명

발명의 상세한 설명에는 해당 기술분야에서 통상의 지식을 가진 자가 그 발명을 용이하게 실시할 수 있도록 목적, 구성, 효과가 명확하게 기재되어 있어야 하므로 하기의 요건을 충족시켜야 한다.

(1) 당 업자가 용이하게 실시할 수 있을 정도로 기재되어야 한다.
(2) 신규한 미생물을 기재할 경우에는 미생물의 명명법에 따른 종명, 또는 그 종명을 붙인 균주명으로 표시하고 균학적 성질을 함께 기재한다.
(3) 미생물 자체의 발명 또는 신규 미생물의 이용에 관한 발명에 있어서는 그 분야의 통상의 지식을 가진 자가 그 미생물을 용이하게 제조할 수 있도록 분리, 정제방법, 스크리닝 방법, 돌연변이 방법, 유전자 재조합 방법 등 그 제조방법을 상세히 기재한다.

2.7 특허요건

1) 발명의 성립성

다음의 경우에는 「발명」으로 인정하지 아니한다.

(1) 단순한 발견에 해당하는 것

예 자연에 있는 미생물을 단순히 발견한 것.

다만, 그 미생물의 분리 또는 선별방법에 각별한 곤란성이 인정되고, 그 미생물이 특이한 균학적 성질을 가지는 경우에는 발명으로 인정할 수 있다.

(2) 이용한 미생물이 신규한 것이지만 명세서에 그 균학적 성질이 충분히 기재되어 있지 않기 때문에 이용한 미생물이 불명확한 경우
(3) 미생물을 이용하여 생성된 물질이 신규한 것이지만 그 물질을 확인할 수 있는 자료가 충분히 기재되어 있지 않은 경우

2) 산업상 이용 가능성

미생물관련 발명에 대하여 유용성이 구체적으로 기재되어 있지 않거나, 그 유용성을 유추할 수 없는 경우에는 특허법 제29조 제1항 본문 규정의 「산업상 이용할 수 있는」 발명으로 인정하지 아니한다.

3) 신규성

(1) 공지의 균주와 특정 발명의 균주가 같은 균학적 성질을 갖는 경우는 신규성이 없는 것으로 본다.
(2) 공지의 종과 특정 발명의 종이 같은 균학적 성질을 갖는 경우는 신규성이 없는 것으로 본다.
(3) 공지의 종과 그 종에 속하는 특정 발명의 균주의 발명은 신규성이 없는 것으로 본다. 단, 특정 발명의 균주가 공지의 종에 비해 현저한 효과를 갖는 경우는 신규성이 있는 것으로 본다.
(4) 목적하는 물질이 동일한 경우는 이용한 미생물의 신규성 여부에 의해 발명의 신규성을 판단한다.

4) 진보성

미생물관련 발명의 진보성은 다음과 같이 판단한다.

(1) 공지의 종과 균학적 성질에 있어서 현저한 차이가 있는 것은 진보성을 갖는 것으로 본다.
(2) 공지의 종과 균학적 성질에 있어서 현저한 차이가 없는 경우라도 그 이용상에 현저한 효과가 있는 것은 진보성이 있는 것으로 본다.

  예 공지의 종에 변이처리를 하여 얻어진 미생물로서 그 미생물의 대사 생산성이 현저하게 높은 것.

(3) 이용한 미생물이 공지의 종과 균학적 성질에 있어서 현저한 차이가 있는 경우는 목적으로 하는 물질이 동일하더라도 그 발명은 진보성을 갖는 것으로 본다.

2.8 특허로 인정받을 수 없는 발명

(1) 산업적으로 이용 가능성이 없는 경우
- 퇴보적인 기술이나 기술적 가치가 없는 발명, 미완성 기술 또는 현실성이 없이 학술적이나 실험적으로만 이용되는 기술

(2) 신규성이 없는 경우
- 개발기술을 언론(신문, 잡지, 논문 등)이나 박람회 등에 광고 및 전시된 경우에는 자신이 개발했음에도 불구하고 이미 알려진 기술이므로 자신 뿐 아니라 누구도 특허를 받지 못한다.

(3) 진보성이 없는 경우

- 특허 등록이 거절되는 대부분의 이유는 진보성이 약하다는 점이다.

(4) 공공질서에 위반되거나 풍기문란의 염려가 있는 경우

예 강도용구, 아편 흡입용구, 위조지폐 제조기구 등

(5) 국방상 필요한 발명의 경우에는 특허 대신에 보상금을 지급한다.

(6) 생태계 파괴 또는 환경오염의 우려가 있는 경우

(7) 생명윤리법에 의해 금지되는 행위 또는 연구 성과물에 관한 발명

(8) 미생물에 관련된 발명이 다음과 같이 공공의 질서 또는 선량한 풍속을 문란하게 하거나 공중의 위생을 해할 염려가 있는 경우에는 특허를 받을 수 없다.

- 생태계를 파괴할 우려가 있는 미생물에 관한 발명
- 환경오염을 초래할 우려가 있는 미생물에 관한 발명
- 인간에게 위해를 끼칠 우려가 있는 미생물에 관한 발명

3. 미생물 종균 관리

3.1 종균관리의 중요성 및 목적

사람들이 요구르트, 치즈 등의 발효유제품을 알게 된 옛날부터 이들 발효유제품의 산 생성과 풍미 생성을 조절하려는 노력을 많이 하였다. 처음에는 이와 같은 목적을 위하여 잘 제조된 발효유제품을 따로 보관하였다가 다음번 제조 시에 씨로 사용하였다. 오늘날에 널리 사용되는 상업용 종균들도 결국은 이와 같은 좋은 제품에서 분리하였고, 그 우수성이 인정됨으로써 상업적으로 사용되고 있는 것이다.

종균은 제품의 품질과 특성에 큰 영향을 미치기 때문에 종균을 안정적으로 관리하는 것이 대단히 중요하다. 제품의 종류에 따라 젖산균을 비롯한 박테리아, 효모, 곰팡이 등 다양한 종균이 사용되는데, 종균은 회사의 중요한 자산으로서 매우 소중히 다루어야 한다.

오늘날 발효유제품 뿐만 아니라 생균제산업, 효소산업, 항생물질산업, 주정산업 등의 다양한 발효산업에서 종균을 사용하고 있는데, 산업적으로 이용되는 많은 종균들은 대개 균주의 기본적인 성질과 이용에 따른 배양조건에 대해 많은 시간과 노력을 기울여 연구되어진 균들이다. 최종적으로 선정된 종균은 그 형질을 변화시키지 않은 상태에서 장기간 보존하여 항상 일정한 수준의 균을 공급할 수 있어야 한다.

종균을 사용하는 주된 목적은 다음과 같다.

(1) 절대적 다수의 우리가 원하는 미생물을 발효시키고자 하는 기질 또는 식품에

접종시켜 성장하도록 함으로써 기질 또는 식품에 기대되는 변화가 반드시 일어나도록 한다. 원하지 않는 미생물이 오염되거나 생장할 기회를 최소화한다.

(2) 종균을 잘 사용함으로써 미생물의 생장, 즉 발효의 속도를 조절할 수 있으므로 공장의 제조일정에 맞출 수 있다.

(3) 균일한 성능의 종균을 사용함으로써 자연발효법에 의해 생산되는 제품보다 품질이 더 균일하고 우수하다.

3.2 종균 확보 및 관리 단계

종균을 확보하는 방법에는 그림 4-12에서 보는 바와 같이 여러 가지가 있다. 타 기관에서 구입하는 방법도 있으나 활성이 높은 균주를 직접 순수분리하고 동정하는 경우도 많다. 동정한 균주의 안전성을 확인한 후에 배양조건 등의 특성을 조사한다. 장기 보존하면서 종균으로 사용한다. 미생물 균주는 아무리 우수한 능력을 가지도록 개발한 균일지라도 적당하지 않은 환경에서 장시간 보관하게 되면 균의 능력이 현저히 저하하거나 균주 자체가 사멸할 우려가 있다. 따라서 종균을 확보하는 것 이상으로 잘 관리하는 것이 매우 중요하다.

3.3 종균이 갖추어야 할 일반적인 조건

종균이 갖추어야 할 일반적인 조건은 다음과 같다.

① 형질이 안정해야 한다.

② 생산성 우수해야 한다.

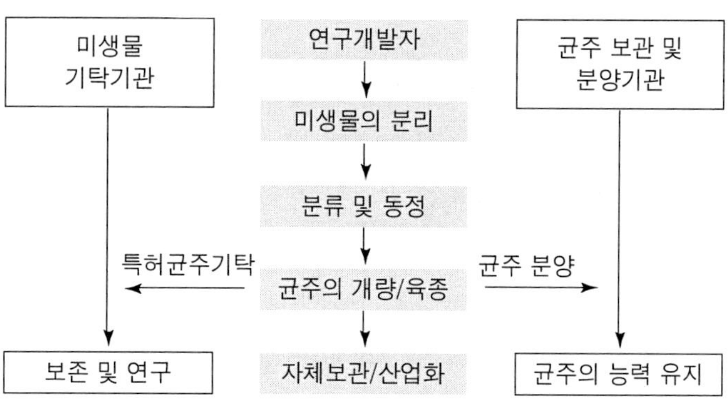

그림 4-12. 종균의 확보 및 관리시스템

③ 배양조건이 까다롭지 않아야 한다.

④ 배양시간이 짧을수록 좋다.

⑤ 인체에 해롭지 않아야 한다.

⑥ 환경오염을 일으키지 않아야 한다.

3.4 종균의 종류

1) 액상 종균(liquid type)

단시간 동안 사용하거나 종균보존법이 발전하지 않았던 시절에 보편적으로 사용하던 방법으로서, 멸균된 배지에 주기적으로 이식 배양함으로써 균주의 활력을 유지하던 방법이다. 장기간 동안 이 방법을 사용하면 종균의 능력이 떨어지는 경우가 종종 있다. 종균의 능력 유지에 주의해야 하며, 항상 활력이 좋은 종균을 여분으로 보유하고 있어야 한다.

2) 건조 종균(dried type)

(1) 분무건조(dried type)

(2) 동결건조 종균(freeze-dried or lyophilized type) : 적당한 배지에 분산시킨 종균을 급속 냉동시킨 후에 진공 하에서 건조시킴으로써 종균을 보존하는 방법이다. 최근에는 냉동건조기술이 발달함에 따라 보관된 종균의 생존율이 상당히 높은 편이다. 경우에 따라 실제로 사용하기 전에 예비배양을 함으로써 종균의 활력을 충분히 발휘시키기도 한다.

(3) 농축 동결건조 종균(concentrated freeze-dried)

3) 냉동 종균(frozen type)

(1) -20℃의 동결고에서의 냉동: 액체를 농축시키지 않고 -20℃로 냉동시키는 것은 실용적이지는 않지만 많이 사용되는 편이다. 냉동 전에 배양액에 냉동보호제를 첨가하면 활력을 잘 보존할 수 있다. 최근에는 균체를 배양한 다음에 원심분리하여 농축시킨 후에 급속 냉동함으로써 보존시킨 상업용 종균이 판매되고 있다.

(2) -40℃, -80℃의 deep freezer에서의 냉동(농축)

(3) 액체질소에서의 초저온 냉동: 종균을 -196℃의 액체질소에서 냉동 보존하는 방법으로서 종균의 생존율이 높고 활력 유지가 잘 되는 편이다.

3.5 균주의 일반적인 보존기간

균주는 형태나 포자 형성여부 등에 따라 보존기간이 다르다. 균주의 보존방법을 결정할 때에는 적당한 보존용 배지, 적당한 저장온도, 계대배양 빈도 등을 고려하여 결정하며, 균주별 일반적인 보존기간은 표 4-4에서 보는 바와 같다.

3.6 종균의 일반적인 제조법

일반적으로 생산용 탱크에 종균을 접종하기 위해서는 그림 4-13에서 보는 바와 같이 3∼4단계의 제조단계를 거쳐야 하는데, 첫째는 시험관에 보관되어 있는 종균(seed culture)으로부터 모배양체(mother culture) 및 중간배양체(intermediate cul-ture)를 제조하는 것이며, 마지막으로 본배양체(bulk culture)를 만들어 제품 생산용 탱크에 접종하게 된다. 생산용 탱크의 크기에 따라 중간배양체 조제과정을 생략하기도 한다.

1) 보관균주(seed strain)의 활력 회복

종균 보관고로부터 종균을 꺼내어 시험관 배지에 접종하고 배양함으로써 균주의 활력을 회복시킨다. 가능하면 이 과정을 2∼3회 반복하여 종균의 활력을 완전히 회복시켜야 한다. 배지는 균주의 특성에 맞는 배양배지를 선택한다. 균의 활력을 유지하기 위하여 정기적으로 계대배양하고, 배양이 끝난 배양액은 0∼5℃의 냉장고에 보관하여 종균으로 사용한다.

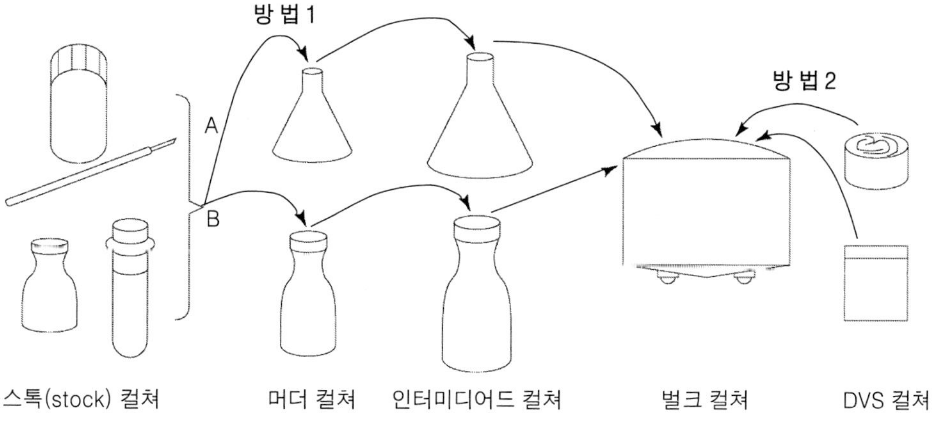

그림 4-13. 대량 생산용 종균의 제조

표 4-4. 보관방법에 따른 균주의 일반적인 보존기간(출처 : Gerhardt, P. et al, 1994년)

Genus	Shelf life bacteria preserved by:				
	Subculturing1 (월)	Immersing in oil(년)	Deep freezing(년)	Freeze-drying	Ultra-freezing /liquid nitrogen(년)
Acetbacter	1～2	1	1～3	>40	>40
Achromobacter	1	1～2	1～3	>40	>40
Acinetobacter	1주			>40	>40
Actinobacillus	1주	2～3		>40	>40
Actinomyces	1	2～3		>40	>40
Agrobacterium	1～2	1～2		>40	>40
Arthrobacter	1～2	1～2		>40	>40
Becillus	2～12	12～3		>40	>40
Bacteroides	1주	1		>40	>40
Bifidobacterium	1주			>40	>4
Chromatium	q			>5	>40
Clostridium	6～12	1～2	2～3	>40	>40
Corunevacterium	1～2	1	1～2	>40	>40
Enterobacter	1～4	1～2		>40	>40
Erwinia	1～4	1～2		>40	>40
Escherichia	1～4	1～2		>40	>40
Flavobacterium	1	2		>40	>40
Gluconobacter	1			>40	>40
Haemophilus	1주	1월(37℃)		>40	>40
Klebsiella	1～4	1	1～2	>40	>40
Lactobacillus	1주			>40	>40
Methanobacterium[2]	1			>5	>40
Methanmonas[2]	1			>5	>40
Micromonospora	1			>40	>40
Neissria	1	1		>40	>40
Nocardia	1～4	1	1～2	>30	>40
Proteus	1～2	1	1～2	>40	>40
Pseudomonas	1～3			>40	>40
Spirillum[3]	1주	1		>40	X
Staphylococcus	1～2			>40	>40
staphylococcus	1～2	1	1～3	>40	>40
Streptomyces	1～8	1～2		>40	>40
Xanthomonas				>40	>40

2) 모배양체(mother culture)의 조제

활력을 회복한 종균을 수십~수백 mL 규모의 플라스크 배지에 접종하여 배양한다. 균주의 활성 및 균수를 일정하게 유지하는 것이 중요하다.

3) 중간배양체(intermediate culture)

중간배양은 본배양에 필요한 충분한 종균을 마련하기 위한 중간 단계로서, 일반적으로 수~수십 liter를 배양한다. 생장배지 및 배양온도, 시간은 모배양 배지와 같다.

4) 본배양체(bulk culture)

본배양체는 최종 제품생산용 배양탱크에 접종하기 위해 만들어지는 마지막 단계의 배양액을 말한다(그림 4-14). 배양이 완료된 본배양체는 생균수, 잡균의 오염 여부, 필요에 따라서는 phage 검사 등을 실시하여 본배양 탱크에 접종할 벌크스타터로서의 이상유무가 사전에 확인되어야 한다.

최근에는 농축동결건조 스타터와 냉동 스타터와같은 상업용 스타터가 개발됨으로써 여러 단계의 스타터 컬쳐의 계대배양 과정을 생략하고 최종제품 배양탱크에 직접 접종하는 경우도 있다. 하지만 이러한 방법은 종균의 구입비용이 소요되기 때문에 원가상승의 요인이 되기도 한다.

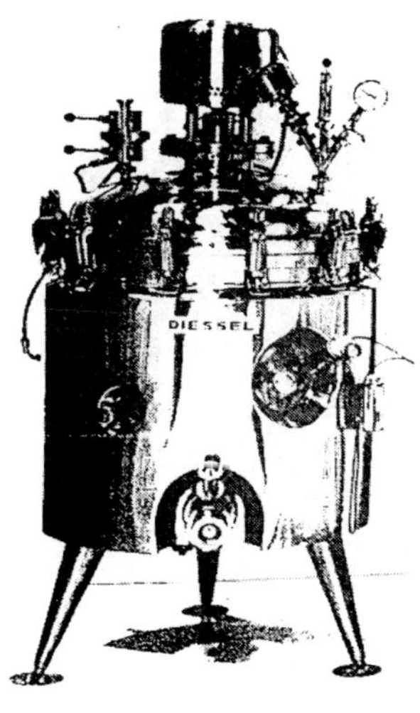

그림 4-14 Equipment for preparation of bulk starter
(Capacity of tank 300~500 L or more, Diessel GmbHu. Co., Hildesheim, W. ermany)

3.7 종균관리시의 주의할 점

1) 대사산물 생산능의 약화 또는 소실

젖산발효에 있어서 젖산균의 주요 대사기능은 유당발효에 의한 젖산 생성, 단백질 분해작용, 길항물질의 생성 등을 들 수 있다. 지금까지의 연구결과로는 이러한 대사기능이 주로 플라스미드(plasmid)에 코드되어 있음이 밝혀졌다. 젖산균을 계대배양해 나가는 과정에서 이 플라스미드가 소실되면 플라스미드에 코드 되어 있는 대사기능도 같이 잃어버리므로 더 이상 제품생산용 종균으로 사용할 수 없게 된다. 따라서 종균을 플라스미드가 소실되지 않은 정상 균주로 교체하여 사용해야 한다. 젖산균의 플라스미드 소실 원인과 방지대책에 대한 연구가 더욱 활발히 진행되어야 할 것이다. 한편, 동물의 성장촉진 및 치료 목적으로 널리 사용되고 있는 항생물질의 상당 부분은 미생물 발효에 의해 생산된다.

항생물질을 생산하는 균주는 보존방법 또는 배양방법에 따라 생산량 및 역가에 직접적으로 영향을 미치기 때문에 많은 경험과 기술이 필요하다. 하지만 무엇보다도 중요한 것은 생산성이 높은 균주를 확보하는 것이라 할 수 있다. 항생물질과 같은 2차 대사산물 생산균주의 경우에 종종 일어난다.

2) 오 염

(1) 박테리아나 곰팡이에 의한 오염

생장속도가 느린 미생물이나 배양이 까다로운 미생물의 경우에 대장균이나 효모 또는 곰팡이에 의한 오염을 종종 볼 수 있다. 또한 클린벤치(clean bench)의 관리 부실로 인해 고온이 지속되는 여름철에 곰팡이에 의한 오염을 종종 볼 수 있다. 클린벤

그림 4-15. Bacteria

치의 정기적인 소독, HEFA filter의 주기적인 교체, 사용 전후의 청소 철저 등으로 이와 같은 오염을 어느 정도는 막을 수 있다.

(2) 박테리오파아지(bacteriophage)에 의한 오염

젖산발효에 의해 생산되는 발효유제품(요구르트, 치즈 등) 생산의 경우에 파아지 감염을 종종 볼 수 있다. 박테리오파아지는 바이러스로서 starter culture를 공격하고 파괴한다. 젖산균 종균이 박테리오파아지에 의해 오염되었을 경우 젖산 생성이 잘 되지 않으며, 발효공정의 실패를 유발한다. 박테리오파아지가 공장 전체를 오염시켰을 경우에는 제품 생산이 중단되는 등의 매우 심각한 상황을 유발하기도 한다.

박테리오파아지의 감염은 주로 배양 초기에 일어나는데, 산도가 높아지면 박테리오파아지가 숙주세포에 흡착, 증식하지 못하기 때문이다. 따라서 산 생성이 왕성한 균은 배양초기 단계가 짧기 때문에 박테리오파아지가 감염될 수 있는 시간이 짧아서 감염의 기회가 적다. 따라서 산 생성이 완만한 균주를 종균으로 사용할 경우에는 다음과 같이 박테리오파아지 오염방지 대책을 세워야 한다.

① 종균의 철저한 사전검사
② 모든 기구 및 시설의 철저한 살균 및 소독
③ 박테리오파아지 저항성 균주의 사용
④ 종균의 주기적인 교체 또는 혼합균주의 사용
⑤ 종균 조제실의 출입 통제 및 외부감염 차단

3) 종균의 사멸

젖산균(lactic acid bacteria)과 같은 비포자 미생물의 경우에 종종 볼 수 있다. 장기 보관방법으로 보관할지라도 안심하지 말고 1~2년 주기로 종균의 활력을 검정하고 활력을 확인할 필요가 있다.

4) 사 고

종균 보관고가 사고에 의해 소실될 경우에는 실험실 또는 회사의 중요한 자산을 잃어버릴 수 있다. 이러한 경우에 대비하여 종균을 분산하여 보관하거나, 전문 위탁기관에 위탁하여 보관하는 경우도 있다. 또한 종균 보관고의 고장이나 정전사고 등으로 인해 장시간 동안 종균을 적정 온도에서 보관하지 못함으로써 균주의 사멸속도가 빨라지는 경우가 있다. 평소에 종균 보관고의 온도를 주기적으로 체크하고, 정전사고

나 보관고 고장이 발생했을 때는 드라이아이스 공급 등의 비상조치를 즉시 취해야 한다.

3.8 균주 보관 및 분양기관

대부분의 국가에 미생물 균주 보존기관(Culture collection)이 설립, 운영되고 있으며 그 대표적인 기관들은 표 4-5에 나타난 바와 같다. 이들 기관에 균주분양을 요청하면 필요한 균주를 유료 또는 무상으로 분양받을 수 있다.

표 4-5 균주 보관 및 분양기관

약 어	명 칭	소재국
KCTC	Korean Collection for Type Cultures	대한민국(생명공학연구소)
KFCC	Korean Federation of Culture Collections	대한민국(연세대학교)
ATCC	American Type Culture Collection	미 국
CBS	Centraalbureau voor Schimmelcultur	네델란드
CCM	Czechoslovak Collection of Mocroorganismen	체코슬로바키아
CDDA	Canadian Department of Agriculture	캐나다
CIP	Collection of the Institut of Pasteur	프랑스
CMI	Commonwealth Mycological Institute	영 국
DSM	Deutsche Sammlung von Mikroorganismen	독 일
FAT	Faculty of Agriculture, Tokyo University	일 본
IAM	Institute of Applied Microbiology	일 본
NCIB	National Collection of Industrial Bacteria	영 국
NCTC	National Collection of Type Cultures	영 국
NRRL	Northern Regional Research Laboratory	미 국

참고문헌

1. 공업미생물학. 서정원. 형설출판사. 2005.
2. 미생물의 산업적 이용. 이계호. 한림원. 1999.
3. 산업미생물학. 김환규 등. 다성출판사. 2001.
4. 유가공학(기초공정, 유제품제조). 김현욱 등. 선진문화사. 1999.
5. Industrial Microbiology (An Introduction). Michael J. Waites et al. Blackwell Science. 2001.

제 5 장

유산균의 생산 및 응용

1. 프로바이오틱스와 장내미생물

프로바이오틱스(Probiotics) 용어의 정의는 1965년 Science 논문집에 "Probiotics : growth promoting factors produced by microorganisms"라는 제목으로 Lilly와 Stillwell의 논문이 게재되었는데, 이 논문에서 antibiotics 반대 개념으로 "다른 개체의 성장을 촉진시키는 물질"이라고 한 것이 사용한 것이 처음이다(Lilly와 Still, 1965). 문헌상으로는 1954년에 Vergio가 Anti-und Probiotika의 제목으로 발표한 논문이 있지만 미생물이 다른 생물의 성장을 촉진시킨다는 의미로 사용한 논문은 Lilly와 Stillwell이 최초일 것이다. 이들은 미생물 배양액에 Protozoa의 생육을 촉진시키는 물질이 존재한다고 주장하였는데 엄밀하게 말하자면 당시의 프로바이오틱스 의미는 현재의 프로바이오틱스 개념과는 다소 차이가 있다.

1974년 Parker는 "가축에 있어서 장내 미생물의 균형에 도움을 주는 미생물과 물질"을 통틀어서 프로바이오틱스로 정의하여 장내 미생물과 숙주의 건강이라는 개념을 Probiotics의 주된 효과로 생각하였다. 1989년 Fuller는 프로바이오틱스의 정의를 재정립 하였는데 "장내미생물 균총을 증진시킴으로써 숙주 동물에 유익한 효과를 주는 살아있는 미생물 사료 첨가제"로 프로바이오틱스의 개념을 보다 명확하게 정의하였다. Fuller의 정의는 살아있는 미생물을 투여한다는 개념이 포함된 것으로 많은 프로바이오틱스의 논문에서 인용되고 있다.

이후에도 프로바이오틱스의 정의는 여러 학자들에게 의해서 많은 정의가 내려져 왔으며, Fuller의 개념을 바탕으로 2002년 세계보건기구에서 결정한 프로바이오틱스 정의를 보면, "유효한 수준을 투여하였을 때 숙주의 건강증진을 가져오는 살아있는

이 장의 내용은 같은 저자가 저술한 최신 유가공학(김거유 등, 2011. 유한문화사)의 내용과 중복됩니다.

미생물"로 하여 건강증진 효과를 나타내는 유효한 수준을 강조하기도 하였다. 현재 FAO/WHO의 정의가 많은 학자들에게 받아들여지고 있다.

프로바이오틱스로 이용되는 종류로는 *Lactobacillus* 속 및 *Enterococcus* 속과 같은 유산균들과 *Bifidobacterium* 속, *Clostridium* 속, *Bacillus* 속, 그리고 *Saccharomyses* 속과 같은 미생물들을 포함한다.

과거부터 살아있는 미생물을 식품으로 이용한 것 중에서 가장 많이 사용되는 미생물이 유산균이며, 제약과 가축사료 분야에는 유산균 이외에 다른 미생물도 많이 사용되고 있지만 식품분야에는 유산균이 현재 프로바이오틱스 미생물의 대부분을 차지한다. 따라서 프로바이오틱스라고 하면 유산균을 일컫는 말로 통하기도 한다.

1.1 유산균과 장내미생물의 초기연구

유산균 연구와 장내미생물 연구는 미생물 발효과정의 연구시작과 함께 이루어졌으며 초기 미생물학의 정립에 지대한 공헌을 하였다. 유산균은 식품, 장내, 식물, 곤충 등 다양하게 분포하는데 유산균은 식품의 발효과정을 연구하면서 Pasteur가 포도주에서 처음 발견하였다.

장내미생물의 체계적인 연구는 1886년 Escherich에 의해 처음 시도되었는데, 당시 건강한 유아 분변으로부터 Gram 양성 간균이 우점하고 있음을 관찰하였다. 그러나 당시 과학수준으로 이 미생물들을 순수 분리하지 못하였다. 그 이후에 많은 유산균 연구가 진행되었는데 1895년 Boas와 Oppler는 위암환자에서부터 유산균과 유사한 특성을 지닌 미생물을 분리하였으며, 1892년 Doderlein은 정상인의 여성생식기 분비물에서 현재의 유산균에 해당하는 "acid bacillus"를 발견하였다.

19세기까지만 해도 주로 유산균의 존재 및 발견에 대한 연구가 진행되었고, 현재의 Probiotics의 개념으로 건강과 관련된 유산균의 연구는 20세기에 들어와서 활발하게 진행되었다. 유산균 연구는 1900년 Tissier의 *Bacillus bifidus* (*Bifidobacterium*) 에 대한 연구와 Moro의 *Bacillus acidophilus* (*Lactobacillus acidophilus*) 연구, 1905년 Grigoroff의 *Bacillus bulgaricus* (*Lactobacillus bulgaricus*) 에 대한 연구 등이 유산균 Probiotics 연구의 시작이라 할 수 있다.

1900년에 발표된 Tissier의 학위논문에는 설사를 하는 유아로부터 얻은 분변에 매우 적은 숫자로 존재하는 Y형태의 특이한 모양의 박테리아를 관찰하였다고 나타나 있으며, 이러한 "갈라진 형태(bifurcated forms)"의 미생물을 *Bacillus bifidus* 로 명명하였다. 계속되는 장내미생물의 연구에서 Tissier(1908년)는 태어난 지 3일이 지나면 이 미생물이 관찰되었으며, 모유를 먹은 유아에서 주로 존재하는 장내미생물이라고

하였다. 건강한 유아에는 많이 존재하였기 때문에 그는 설사를 하는 환자에게 투여해 건강한 장내균총을 만들 수 있다고 주장하였다. 장내 정상 미생물을 투여해서 설사를 치료한다는 개념은 오늘날의 프로바이오틱스의 개념에 해당되는 것으로 후에 *L. acidophilus* 를 이용한 연구에 실제로 적용이 되었다.

Moro는 모유를 먹는 유아의 분변에서 발견하여 *Bacillus acidophilus* 로 명명하였으며, 엄마의 젖에서부터 유래한 것으로 추정된다고 보고하였다. 이 미생물은 유아의 구강, 위, 대장에 분포하며 그람양성의 간균으로 크기가 1.502 micron 길이이며, 끝이 뾰족한 모양을 갖고 있으며 산성조건애서 잘 자란다고 하였다. 1901년 Cahn은 모유 수유 유아뿐 아니라 조제분유를 먹는 유아의 분변에서도 *B. acidophilus* 가 존재한다고 보고하였으며, Weiss(1904년)는 우유 섭취를 많이 한 경우 Moro가 발견한 *B. acidophilus* 와 유사한 유산균의 숫자가 증가한다고 보고하였다. *Bacillus acidophilus* 의 명칭은 1920년 미생물 명명법에 대한 국제적 협의 이후에 *Lactobacillus acidophilus* 로 바뀌게 된다. 발효유는 이미 전통적으로 설사 또는 변비에 효과가 있어 민간요법으로 많이 이용되고 있었기 때문에 유럽 여러 지역의 전통 발효유에서 유산균 연구가 진행되었다.

1905년 Grigoroff는 불가리아 지역에서 사용되는 발효유 스타터에서 2종류의 미생물을 분리하였는데 그 중 하나를 *Bacillus bulgaricus* (*Lactobacillus bulagaricus*)로 명명하였다. 1907년 우크라이나 태생의 과학자인 Metchnikoff는 그의 저서인 생명의 연장(Prolongation of life)에서 젖산은 장관 내에서 진행되는 부패를 억제시키고 장내에서 생성되는 독소를 억제시키기 때문에 궁극적으로 수명을 연장시킬 수 있다고 주장하였으며, 이러한 Metchnikoff 주장은 젖산과 유산균, 유산균과 면역작용, 그리고 수명연장까지의 연결고리를 과학적으로 제시하였다는 점에서 높이 인정받고 있다.

Metchnikoff는 어느 한 유산균을 지칭하지 않았지만 장내에 존재하는 병원성 미생물이 생산하는 독소를 억제하기 위해서는 장내에 젖산이 많이 존재할 수 있도록 해야 한다고 주장하였다. 이러한 과학적인 설명은 유산균과 장내미생물에 대한 연구를 보다 가속화시키는 계기가 되었다고 부인할 수 없다. 실제로 위에서 열거한 많은 논문에서 Metchnikoff가 주장한 내용을 인용하고 있으며, Metchnikoff 또한 발효유에서 직접 유산균을 분리해서 그 특성을 연구하였기 때문에 그러한 주장이 가능했을 것으로 짐작된다. 그러나 장내부패에 대한 젖산에 대한 연구는 Mechnikoff가 처음은 아니다. 1887년 Poehl은 발효유를 섭취하면 장내 부패를 감소시킨다고 보고한 이래로 Rovighi(1892년), Embden(1894년), Brundsinki(1900년) 등이 재확인하였으며, Tissier와 Martelly(1902년)는 부패미생물의 억제효과는 유산균이 생산하는 젖산 때문이라고 주장하였다. 그 후 Orla-Jensen(1919년)은 수백 종의 유산균 분류작업을 완성하여 훗날 치즈와 같은 발효유제품의 starter 연구에 큰 공헌을 하게 된다.

유산균의 건강 기능적 측면에 대한 과학적 연구는 유럽에서만 진행되었던 것이 아니다. 신흥국가로서 산업과 과학이 날로 발전하고 있는 미국에서도 많은 유산균 연구가 진행되었다. 미국 Rockfeller 연구소의 Herter와 Kendall(1908년)은 Mechnokoff가 분리한 *B. bulgaricus*를 원숭이의 소장에 투여했더니 장내 부패물질이 줄어들었다고 보고하였고, 다음과 같은 유산균의 선발기준을 제시하였다.

"젖산을 생산하는 미생물의 선발은 첫째 장관 내에 정착이 가능해야 하며, 둘째로 독소나 부패물질 또는 질병을 일으키지 않아 숙주에 해가 없는 미생물이어야 하고, 셋째로 충분한 양의 젖산을 생산해야 한다."고 주장하였다. 이러한 Probiotics 선발기준은 100년이 지난 현재까지도 적용되고 있는 것으로 보아 당시 유산균 연구가 얼마나 폭넓게 진행되었는지를 짐작할 수 있다.

미국 예일대학교 Rettger 교수는 1921년 *L. acidophilus*는 *L. bulgaricus*와 매우 다른 특성을 갖고 있는데 *L. bulgaricus*는 분변에서 발견된 적이 없으며 사람이나 가축에 정착되지 않는 유산균이라고 주장하였으며, 쥐에게 *L. acidophilus*를 급여한 결과 장에서 *L. acidophilus*가 우점되어 있는 것을 실험적으로 증명하였다. 그는 동물과 인체를 통한 실험에서 인체 분변에서 발견되고 변비증상을 완화시키는 효능을 입증하였으며, 설사환자들에게 직장으로 *L. acidophilus*를 투여 시 개선되었다는 연구결과를 발표하였다. 그러나 *L. bulgaricus*에 대한 믿음은 부정되었지만 Metchnikoff가 주장했던 젖산을 생산하는 미생물의 효용성이 전부 부정된 것은 아니었다.

또한 당시 과학으로는 생각할 수 없었던 현재의 Prebiotics에 해당되는 연구결과도 있었는데 유당이나 다른 탄수화물을 즉, 결장까지 소화되지 않고 전달되는 탄수화물에 대한 연구도 이 시기에 수행되었다. *Lactobacillus bulgaricus*의 부정적인 연구결과는 훗날 유산균과 발효유에 대한 보다 포괄적인 효능을 재발견할 때까지 영향을 미치게 된다.

1.2 유산균의 특성

자연계에는 수많은 미생물들이 있으며, 인체 내에도 수백억 이상의 미생물이 존재한다. 이 중에서도 프로바이오틱스로 이용되는 미생물은 극소수에 불과하다. 프로바이오틱스에는 많은 유산균이 해당되는데 유산균(Lactic acid bacteria; LAB)은 분류학적으로 그람양성(Gram-positive), 카탈라제 음성, 포자를 형성하지 않고 전자전달체로 시토크롬을 사용하지 않는 특성을 지닌 미생물이다. 유산균의 모양은 구형 또는 간상형태로 산소에 대한 내성과 낮은 pH에 대한 내성이 있고 탄수화물을 발효시켜 최종 대사산물로 젖산을 생산하는데 유산균의 젖산 생성과정은 homo 또는 hetero fermentative pathway를 통해서 이루어지는 것을 특징으로 한다. 유산균은 G + C의 mol %가 50 이하로 정의된다. 비피더스균으로 알려진 *Bifidobacterium* 속의 경우 G + C mol %가 50 이상이기 때문에 유산균의 범주에 포함시키지 않는다.

따라서 일반적으로 유산균이라 함은 *Aerococus*, *Alloicoccus*, *Carnobacterium*, *Enterococcus*, *Lactobacillus*, *Lactococcus*, *Leuconostoc*, *Oenococcus*, *Pediococcus*, *Streptococcus*, *Tetragenococcus*, *Vagococus* 속 미생물이 해당되며 이 중 유제품에 사용되는 종류는 것으로는 *Enterococcus*, *Lactobacillus*, *Lactococcus*, *Leuconostoc*, *Streptococcus* 속의 5종류뿐이다. 그러나 *Entrococcus* 는 장내에 존재하는 유산균이지만 일부 종류는 병원성을 지니는 것들도 있어 논란의 여지가 있다.

이들 5종류는 풍미를 생성시켜 제품에 좋은 효과를 주는 것으로 알려져 있어 산업적으로 현재까지 유가공 산업에 중요한 유산균이다. 젖산은 유당(lactose)의 일부를 유산균이 대사하는 과정에서 생성되는데 L(+)형과 D(-)형, 2종의 광학이성체가 있다.

1) *Lactococcus* 속(genus)

주로 구형의 모습을 지니며 단독 혹은 쌍을 이루어 존재 하거나 체인의 형태로 연쇄상 모습을 나타낸다. 연쇄상으로 길게 늘어져 있으면 간균으로 오인되기도 하는데, *Lactococcus* 속으로 새로이 분류되기 이전에 *Lactobacillus xylosus* 와 *Lactobacillus hordniae* 가 좋은 예이다. 이들은 각각 *Lactococcus* ssp. *lactis* 와 *Lactococus lactis* ssp. *hordniae* 로 새로이 명명되었다.

Lactococcus 속 유산균들은 호모형 발효를 하고 L-형의 젖산을 생산하며 10℃에서 성장이 가능하지만 45℃에는 성장할 수 없다. 5개의 종이 여기에 속하는데 *Lc. lactis*, *Lc. garvia*, *Lc. plantarum*, *Lc. piscium*, *Lc. raffinolactis* 이 대표적인 *Lactoccocus* 유산균들이다. Arginine 이용성, 세포벽에 존재하는 peptidoglycan의 종류, lipo-teichoic acid의 종류, 최대 성장 온도, 당발효 패턴 등은 각 종마다 다르기 때문에 *Lacotoccus* 을 동정하는 데 유용하게 사용된다. 가장 산업적으로 유용한 종류는 *Lc. lactis* 인데 이는 다시 *Lc. lactis* ssp. *lactis* 와 *Lc. lactis* ssp. *cremoris* 의 아종으로 구분된다. *lactis* 는 라틴어로 우유(milk)를 뜻하며, *cremoris* 는 라틴어로 크림(cream)을 의미한다.

Lc. lactis ssp. *lactis* 는 1878년 Lister에 의해 발효유에서 처음 분리되어 *Bacteriumlactis*로 명명되었다가 이후 *Streptococcus lactis*, *Streptococcus lactis* ssp.

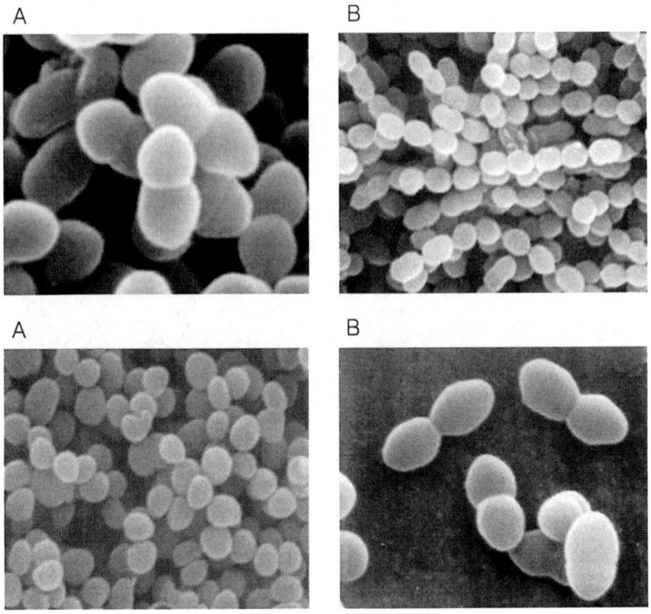

그림 5-1. 대표적인 유산구균의 모습

A : *Lactococcus*, B : *Streptococcus*
C : *Enterococcus*, D : *Leuconotoc*

*lactis*로 분류되었다가 최근에 다시 명명되었다. *Lc. lactis* ssp. *cremoris*는 1919년 유산균 연구의 선구자인 Orla Jensen에 의하여 발효크림에서 처음 분리되어 *Streptococcus cremoris, Str. lactis* ssp. *cremoris* 로 되었다가 최근에 이와 같이 명명되었다.

Lc. lactis ssp. *lactis* 는 40℃, pH 9.2, 4% NaCl에서 성장이 가능하고 maltose를 분해시킬 수 있으며, arginine deiminase 경로를 통하여 arginine으로부터 ammonia를 생산할 수 있다는 점이 *Lc. lactis* ssp. *cremoris* 와 다르다.

이들 균주들은 치즈 산업에 아주 중요한 유산균이다. 치즈 이외에도 Taetemilk, Langmjolk, Viili, Latte, Filmjolk와 같은 스칸디나비아 발효유에 이용된다. 또한 Exopolysaccharide로 불리는 점질성 다당류를 생산하기 때문에 특유한 조직적 특성을 지니도록 만들어 준다.

2) *Leuconostoc* 속

Leuconostoc 유산균은 구형으로 쌍구균의 형태나 연쇄상의 모양을 지니며 종종 타원형의 형태를 보여 *Lactococcus* 와 매우 유사하다. 정지기 이후의 *Leuconostoc* 배양

액은 구형과 막대형 모습이 나타나 오염된 것으로 오인되는 경우도 있다. 헤테로발효를 하고 L-형의 젖산보다 D형의 젖산을 생산한다. 단백질 분해력이 없어 우유배지에서 성장이 느리며 성장하기 위하여 수종의 아미노산을 필요로 한다.

현재까지 *Leuc. paramesenteroides, Leu. citrum, Leuc. amelibiosum, Leuc. gelidum, Leuc carnosum, Leuc. mesenteroides* 등이 *Leuconostoc* 에 속하는 것으로 알려져 왔으며, *Leuc. oenos* 는 최근에 *Oenococcus* 속으로 재분류되었다. 실제로 많은 유산균의 연구에서 보는 바와 같이 유산균의 분류학상 연구보다는 우유나 식품에서의 발효에 많은 관심을 기울였기 때문에 *Leuconostoc* 에 대한 연구가 1919년 혼합스타터에 존재하는 것을 확인한 이래로 현재까지도 연구되어야 할 부분이 많이 있다. *Leuconostoc* 유산균은 헤테로 발효를 하는 *Lactobacillus* 속 유산균과 그 특성이 아주 유사한 것이 특징이다.

3) *Streptococcus* 속

Streptococcus 속으로 27종이 밝혀졌는데 유제품에 이용되는 것은 *Str. thermophilus* 뿐이다. *Lactococcus* 와 *Leuconostoc* 속 유산균처럼 구형이며 연쇄상으로 존재하고 매우 긴 연쇄상을 보이는 경우도 있다. DNA 상동성에서 구강에 존재하는 *Str. salivarius* 와 유사하기 때문에 *Str. salivarius* ssp. *thermophilus* 로 분류되었다가 최근에 *Str. thermophilus* 로 다시 분류되었다.

Lactococcus 유산균과 같이 L-형의 젖산을 생산하며, 다른 유산균 속들과는 다르게 이용할 수 있는 당이 제한적이다. 이 유산균은 45℃에서 성장할 수 있기 때문에 *Lactococcus* 나 *Leuconostoc* 유산균들과 쉽게 구별된다. *Lactococcus* 와 *Leuconostoc* 들은 40℃ 이상에서 성장을 하지 못한다. 그러나 *Enterococcus* 속 유산균들은 45℃에서 성장이 가능해서 배양온도로는 구별할 수 없으나, *Str. thermophilus* 는 6.5% NaCl, pH 9.6에서 성장하지 못하기 때문에 *Enterococcus* 와 구별이 가능하다.

Streptococcus 속은 용혈성을 일으키는 것이 있기 때문에 blood agar상에서 α-반응(불완전 용혈, green hemolysis), β-반응(완전용혈), γ-반응(비용혈)로 구분하는데, *Str. thermophilus* 는 α-반응 또는 γ-반응을 보인다.

4) *Enterococus* 속

Enterococcus 속은 사람, 동물의 장내에 존재하며, 유제품과 사료 첨가제에 사용되는 종류로는 *Ent. faecalis* 와 *Ent. faecium* 뿐이다. 이들 균주들은 과거에 *Streptococcus faecalis* 와 *Str. faecium* 으로 불려졌었다. 표 5-1에서 보는 바와 같이

표 5-1. 유산구균의 생육 특성

종 류	젖산 형태	성장 특징		
		10℃	45℃	6.5% NaCl
Lactococcus sp.	L-형	+	-	-
Leuconotoc sp.	D-형	+	-	-
Str. thermophilus	L-형	-	+	-
Enterococcus sp.	L-형	+	+	+

6.5% NaCl 농도에서 생육이 가능하며, pH 9.6, 0.04% tellurite에서 생육이 가능한 것이 특징이다. 몇몇 종은 유방염과 같은 질병을 일으키는 것으로 알려져 있다. *Enterococcus*는 Lancefield 그룹 D에 속한다. 여성 미생물학자인 Robecca Lacefield에 의해 개발된 분류법인 Lancefield 분류는 탄수화물 항원에 따라 A～O 항원으로 구별한다.

Group A : 인체병원성
Group B : 기회주의적 병원성
Group C : 동물 병원성
Group D : Enteric 또는 non enteric

일부 *Enterococcus faecium*은 강력한 항생제로 알려진 반코마이신에 내성을 가지고 있는데 이를 반코마이신 내성장구균(Vancomycin resistant *Enterocccus faecium*)이라 부르며 사용에 주의를 기울여야 한다.

5) *Lactobacillus* 속

*Lactobacillus*는 막대형의 유산균으로 현재 64 species가 있는 것으로 알려져 있다. 탄수화물 발효의 차이에 따라 3가지 그룹으로 구분된다(표 5-2).

Lactibacillus 속은 산생성력이 가장 우수하며 유산균의 대표 속으로 많은 발효제품에 사용된다. *L. acidophilus*는 분자생물학 기술의 적용으로 현재 6종으로 재분류되었고, 과거의 논문에서 *L. acidophilus*로 나타나 있으나, 현재에는 *L. acidophilsus*가 아니고 *L. johnsonii*로 새롭게 표신된 것이 있으므로 주의해야 한다. *L. acidophilus*는 *L. acidophilus, L. amylovorus, L. crispatus, L gallinarum, L. gasseri, L. johnsonii*로 새로이 명명되었다.

표 5-2. *Lactobacillus* 속 유산균의 종류 및 특성

구 분	특 성	종 류
Group I Obligate homofermenter	• 6탄당을 발효시켜 젖산 생산 • 5탄당은 발효시키지 못함 • 15℃에서 생육 못함, 포도당으로부터 CO_2 생산 못함	*Lb. delbrueckii* ssp. *bulgaricus* *Lb. delbrueckii* ssp. *lactis* *Lb. helveticus* *Lb. acidophilus*
Group II Facultative heterofermenter	• 6탄당을 해당작용을 통하여 젖산, 초산, 에탄올, formate 생산 • 5탄당은 phosphoketolase 경로를 통하여 젖산과 초산을 생산 • 15℃에서 생육가능	*Lb. casei*(4종류의 아종 포함) *Lb. plantarum* *Lb. curvatus* *Lb. sakei*
Group III Obligate herofermenter	• 5탄당을 발효시키지 못함 • 15℃ 생육가능, gluconate와 포도당으로부터 CO_2 생산	*Lb. fermentum* *Lb. brevis* *Lb reuteri*

(A)
(B)

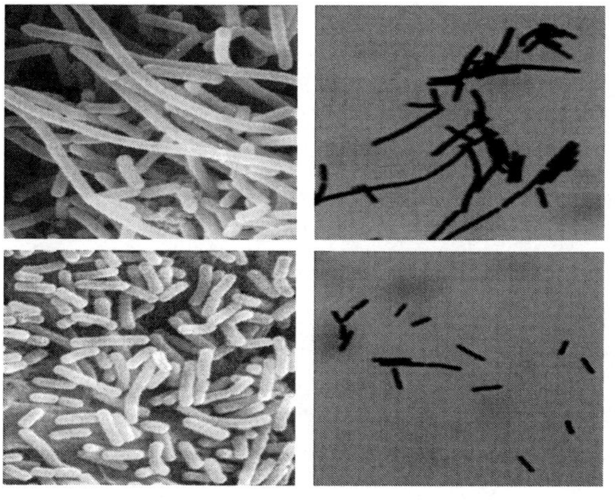

그림 5-2. 발효유 및 생균제로 사용되는 유산간균의 모습.

A : *Lactobacillus casei,* B : *Lactobacillus acidophilus*
좌측은 전자현미경에서 촬영한 모습이고,
우측은 광학현미경에서 촬영한 모습이다.

상업적으로 현재 이용되는 유산균의 특성에 대하여 표 5-3에 요약해 놓았으며, 그림 5-2는 대표적 유산간균의 모습을 나타낸 것이다.

표 5-3. 상업적으로 많이 사용되는 유산균의 종류 및 생육특성

균 주 명	과 거 명	형 태	리트머스 환원	젖산 생산량(%)	시트르산 대사		성장온도			발효형태	젖산형태		당 발효능						
							10℃	40℃	45℃				Glu	Gal	Lac	Rhm	Man	Raf	Mfl
Streptoccocus thermophilus	*Streptoccocus sali-varius* ssp. *thermophilus*	구 형	-	0.6	-	-	-	+	+	homo	L		+	-	+	-	+		-
Lactobacillus helveticus		막대형	-	2	-	-	-	+	+	homo	DL	-	+	+	+	-	d	-	-
Lactobacillus delbrueckii ssp. *Bulgaricus*	*Lactobacillus bulgaricus*	막대형	-	1.8	-	-	-	+	+	homo	D	-	+		+	-	+	-	-
Lactobacillus delbrueckii ssp. *lactis*	*Lactobacillus lactis*	막대형	-	1.8	-	±	-	+	+	homo	D	-	+	-	+	-	+	-	-
Lactobacillus acidophilus		막대형	-	1.8	-	-	-	+	+	homo	DL	-	+	d	+	-	+	d	-
Lactobacillus casei ssp. *casei*		막대형				±	-		-	homo	L	+	+	+	d	-	+	-	+
Lactobacillus casei ssp. *pseudoplan-tarum*		막대형				±	-		-	homo	DL	+	+	+	+	-	+	-	+
Lactobacillus casei ssp. *rhamnosus*		막대형				±	-	+	+	homo	L	+	+	+	+	+	+	-	+
Lactobacillus casei ssp. *tolerans*		막대형				±	-		-	homo	L	+	+	+	+	-	-	-	-
Lactobacillus plantarum		막대형				±	-		-	homo	DL	-	+	+	+	-	+	+	d
Lactobacillus curvatus		막대형				±			-	homo	DL	+	+	+	d	-	-	-	-
Lactobacillus fermentum		막대형				+	+	+	+	homo	DL	-	+	+	+	-	-	+	-

6) 유산균과 안전성

미생물을 식품이나 가축사료에 적용하기 위해서는 숙주에 대한 위험성이 없어야한다. 모든 미생물은 체내에서 성장할 수 있는 능력을 가지고 있어 극한 상황이 생기거나 특정 조건이 충족되면 감염을 일으킨다. 유산균에 속하는 미생물도 이에 대한 의문에 많이 제기되어 왔다. 주로 *Streptococcus* 속 유산균과 *Enterocccus* 속 유산균 그리고 극히 일부분의 *Lactobacilus* 속과 *Bifidobacterium* 속 유산균이 여기에 포함된다.

박테리아 중에서 속 *Lactobacillus* 과 *Bifidobacterium* 은 모든 인체 위험성이 가장 낮은 미생물로 lactobacilli와 관련된 균혈증(bacteraemias)의 발생확률은 0.1～0.24% 정도이다. 충치균으로 알려진 *Streptococcus mutans* 이외의 다른 유산균과 관련된 충치 문제는 *Bif. dentium*, *Bif. denticolens* 및 *Bif. inopinatum* 등이 충치와 관련되어 있는 것을 나타났다(Crociani, Biavati, Alessandrini, Chiarini, & Scardovi, 1996년).

Enterococci 는 장내에 정상적으로 존재하는 유산균으로 몇몇 종은 프로바이오틱스로 사용되는 반면 일부 종류는 유해한 것으로 확인되어 사용에 신중을 기할 필요가 있다.(Giraffa, 2002년; Giraffa, Carminati, & Neviani, 1997년). 몇몇의 종은 프로바이오틱스로 사용된다(Fris-Møller & Hey, 1983년).

특히 *Enterococcus faecalis* 는 심장내막염과 균혈증 그리고 비뇨기관 염증, 중앙신경계에 염증을 유발시킬 수 있다(Franz, Holzapfel, & Stiles, 1999년; Moellering, 1992년). 특히 *Enterococcus* 가 지니는 항생제 저항성을 다른 종과 다른 속(genus) 미생물에 가지 전파가 가능하며, 반코마이신에 저항성이 있는 *Enterococcus* 미생물들은 항생제 치료에 있어서 직접적인 문제를 야기 시키기 때문에 특별한 주의를 필요로 한다.

과거부터 우리가 섭취해 왔던 식품에서 유래된 유산균은 안전성에 대한 연구 자료가 없어도 큰 문제가 되지 않았으나 유산균의 이용범위가 점차로 확대되면서 안전성에 대한 연구 자료가 필요하다.

유산균의 관리 기준을 설정할 때에는 다음의 3가지로 구분해서 설정해야 한다.

그룹 1 : 발효식품 식품스타터
그룹 2 : 프로바이오틱스(생균 또는 사균)
그룹 3 : 유산균 생산물질(젖산 이외의 물질로 향미성분, 다당류, 박테리오신 등)

유럽연합은 특정 목적을 위한 미생물 균주는 승인 및 공고 절차를 필요로 하는 것을 권장하는데, 예를 들어 유아, 장년층, 중장년층 면역력이 약화되었거나 임산부 등과 같이 특정 소비자 계층에는 프로바이오틱 미생물이 식품에 함유되어 있다는 점을 표시해야 한다. 그러나 여기에 사용되는 문구에 있어서 모든 제품에서 획일적으로 동일하게 하는 것보다는 각 제품이 특성에 맞추어 적절하게 조정되어야 한다.

1.3 유산균과 대사산물

1) 유산균과 젖산

젖산은 유당(lactose)의 일부를 유산균이 대사하는 과정에서 생성되는데 L(+)형과 D(-)형, 2종의 광학이성체가 있다. L(+)형 유산의 경우 fructose-1, 6-diphosphate에 의해 활성화 되는 NAD 의존성 lactic dehydrogenase에 의해 생성되는 반면, D(-)형 유산은 NAD 비의존성 lactic dehydrogenase에 의해 생성되어 유산의 생성이 아닌 유산의 산화에 관여하고 있다. L(+), D(-)형 모두 장관에서 흡수되지만 L(+)형은 체내에서도 일부 합성되며, phosphoenol pyruvate나 glucose-6-phosphate를 거쳐 glucose나 glycogen으로 완전 전환되는 반면, D(-)형은 분해효소인 D(-)-2-hydroxy acid dehydrogenase를 갖고 있지 않아 대부분은 전환되지 못하고 소변으로 배설되거나 일부는 L(+) 형의 작용을 방해하여 혈액 내 유산의 축적에서 기인하는 acidosis(산성 혈증)를 유발한다.

이러한 문제점에 따라 WHO는 1965년 D(-) lactic acid에 대한 섭취 상한선을 체중 kg당 100 mg을 초과해서는 안 된다고 설정했으나 일부 영양학자들은 100 mg의 경우 D(-)형 유산을 대사할 수 있는 인체의 한계를 넘는 과도한 양으로 체중 kg당 60 mg 이하로 제시하고 있다. 1973년에 보통의 식이에 함유된 D(-)형 유산 함량에 대한 안전성이 확인되어 폐지하였다. 그러나 여전히 3개월 이하의 유아에 대해서는 섭취를 않도록 권고하고 있다.

유산균 중 *L. delburueckii, L. lactis, L. leichmanii, Leuconostoc* spp.는 D(-)형태의 유산만을 만들고 *L. casei, L. salivarius, B. bifidum, S. thermophilus*는 L(+)형태의 유산만을 만든다. *L. plantarum, L. brevis, L. fermentum, L. acidophilus, L. jugurti* 등은 D(-)형태와 L(+)형태를 함께 만든다. 발효유에 사용되는 대부분의 유산균은 일부 균종을 제외하고 L(+)형 젖산을 생산하지만, 치즈나 김치 등에 관여하는 유산균은 D(-)형 젖산만을 생산하거나 L(+)형과 D(-)형 젖산을 모두 생산한다. 최근 생분해성 플라스틱의 중요성이 인식되어 젖산을 이용한 고분자 화합물에 대한 연구가 많이 진행되었다.

젖산을 이용하여 caprolatone을 합성하는 기술은 20세기 중반에 정립이 되었으나, 생산단가가 워낙 비싸기 때문에 실용화되지 못하였는데 *L. casei*과 같은 L(+)형 젖산만을 생산하는 유산균을 대상으로 하는 것이 특징이다.

유산균은 성장과정 중에 젖산의 축적에 의하여 배지의 pH가 저하된다. 그러나 생장중인 유산균의 세포질 내 pH는 세포가 자라는 배지보다는 좀 더 높은 pH 생태로 유지된다. 세포 외부의 proton이 세포막을 통과하지 못하도록 막의 유동성을 변화시켜 세포내 pH를 안정화시킨다. H^+-ATPase는 ATP 가수분해를 통하여 세포 밖으로 proton을 방출시켜 ΔpH를 유지한다. pH가 떨어지면 H^+-ATPase 활성은 증가되는데 ATP를 소모하기 때문에 생장에는 불리하다.

ΔpH는 세포내 pH에서 세포외 pH를 빼준 값으로 대수증식기의 유산균의 ΔpH는 0.9～1.4 범위의 값을 갖는다. 정지기 후반에는 ΔpH가 0.5 이하로 감소한다. 내산성이 강한 유산균의 경우 외부의 pH가 4.0 이하로 떨어졌을 때에도 ΔpH를 1.0 이상 유지시킨다.

2) 유산균 박테리오신

유산균에 의한 길항작용은 이들의 대사산물에서 유래하며 잘 알려진 길항물질로는 젖산과 초산 등의 유기산, 과산화수소, diacetyl 등이 있으며 그 외에 박테리오신 또는 박테리오신 유사물질(bacteriocin-like-substance, BLIS)로 알려진 단백질성 물질이 있다. 젖산 및 초산과 같은 유기산은 병원성의 그람음성 미생물을 포함한 수많은 박테리아의 생장을 억제한다. 낮은 pH에서 유기산은 해리되지 않은 상태로 존재하게 되며, 이것은 대부분이 bacteriocidal activity를 가지게 된다(Kim, 1993년).

유산균은 산소 존재 하에서 flavoprotein oxidase나 NADH peroxidase의 활성이 있으므로 과산화수소를 생산할 수 있다. 더욱이 유산균은 일반적으로 catalase 활성을 가지고 있지 않으므로 과산화수소를 배지 내에 분비시켜 미생물 억제력을 가지는 농도까지 축적시키게 된다. 식품 유래의 병원성 균이 유산균에 의해 사멸되는 것은 바로 과산화수소의 영향이 큰 것으로 알려져 있다.

과산화수소는 박테리아 세포에 대해 강한 산화작용과 세포단백질의 기본 분자구조를 파괴함으로써 강한 bacteriocidal 효과를 가진다. 우유 내에서 lactoperoxidase system(LPS)은 과산화수소에 의하여 활성화되며, 이 역할은 통기 배양 중에 유산균이 담당하게 된다(Jack 등, 1995년). 박테리오신 생산 유산균의 선발은 지시균이 접종된 고체배지에서 쉽게 구분할 수 있어 현재까지 많은 박테리오신들이 보고되어 왔다(그림 5-3).

1925년 Gratia는 *Escherichia coli* 로부터 미생물의 생장을 억제하는 단백질을 발견하였다. 후에 이 단백질은 colicin으로 명명되었고 박테리오신에 대한 관심은 고조되

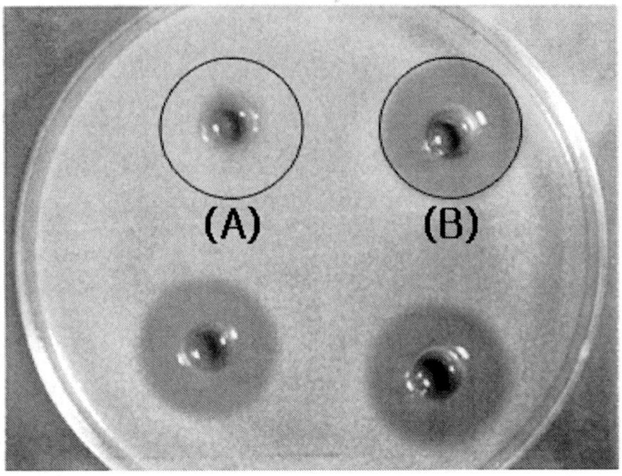

그림 5-3. 고체배지에서의 박테리오신 선발.

(A) 지시균의 억제가 나타나지 않은 경우
(B) 지시균의 억제가 일어난 경우

(A)

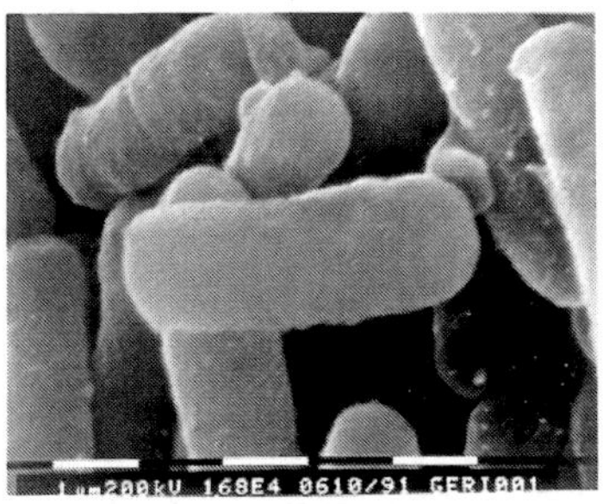

(B)

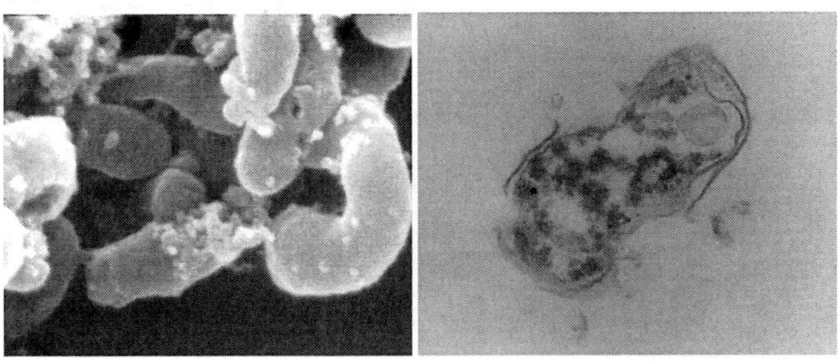

그림 5-4. 박테리오신 처리 전후의 지시균 변화

(A) 박테리오신 처리전의 지시균 모습
(B) 박테리오신 처리 후의 지시균 모습. SEM(좌), TEM(우)

어 수많은 단백질성의 화학물질들이 보고되어 왔으며, 이 박테리오신들은 한결같이 항균물질 생산균주 자신과 계통 분류학적으로 근접한 균종으로 제한된 좁은 항균 범위를 나타내며, 항생물질과 유사한 특성을 가지고 있다(Klaenhammer. 1993년).

미생물에 대한 유전학적 및 생화학적 연구는 박테리오신에 대한 특성을 좀 더 명확하게 밝혀 주었으며, Tagg 등(1976년)과 Klaenhammer(1993년)는 박테리오신을 '생산균주와 근접한 종(species)에 항균작용을 하는 단백질성 화합물'로 정의하였다. 그러나 일부 박테리오신은 생산균과 좀 더 거리가 먼 박테리아종에도 항균효과가 있어 이 정의에 적용되지 않는 예도 있는 것이 사실이다(Montville, 1993년). 현재까지 다양한 원천에서 많은 수의 유산균 박테리오신이 분리되어 그 특성들이 규명되었으며, 이 중 일부는 실제 식품에도 이용이 가능한 것으로 보고되고 있다(Ahn과 Stiles, 1990년 ; Kim, 1994년 a ; Kim, 1994년 b ; Callewaert와 de Vuyst, 2000년 ; 한 등 2002년).

박테리오신의 분류 역시 학자마다 다소 차이가 있으나 크게 3가지로 나누는 것이 무리가 없는 것 같다(표 5-4). Class I은 lantibiotics라고도 하는데 lanthionine 또는 methyllanthionine과 같은 변형된 아미노산 잔기를 함유하고 있으며 열에 안정한 것이 특징이다. Class II에 속하는 박테리오신은 열에 안정하고 분자량이 작은 점에서는 class I과 유사하지만 변형된 아미노산 잔기를 함유하고 있지 않다. Class III 박테리오신은 분자량이 비교적 크며(〉30 kDa) 열에 약한 것이 특징이다.

Class I에 속하는 박테리오신 중에서 가장 많이 연구되어온 nisin은 *Lactococcus lactis*가 생산하며 34개의 아미노산 잔기로 이루어져 있다. 기존의 항생 peptide와 구별되는 lanthionine ring을 가지고 있으며, 활성에 있어서 다른 peptide에 비하여 약 1000배 정도의 강한 활성을 보인다. 이러한 특성으로 이하여 nisin은 vancomycin 내성균주에 대한 대안으로 여겨지고 있는 유용한 박테리오신이다(Delves-Broughton, 1990년). 그러나 약산성 혹은 중성의 pH에서 용해성이 낮고 인지질(phospholipid)에

표 5-4. 유산균이 생산하는 박테리오신의 분류

분 류	특 성
Class I	Lantibiotics, small membrane-active peptide(〈 5 kDa) lanthionone, β-methyl lantionine을 함유
Class II	Small heat-stable, non lantionine-containing, membrane active peptides (〈 10 kDa)
Class III	Large heat-labile proteins 또는 complex bacteriocins(〉30 kDa)

대한 흡착력이 있어 쉽게 불활성화 된다는 단점과 nisin에 저항성이 있는 미생물의 출현으로 그 응용범위가 한계가 있음을 보여주었다. Nisin의 단점을 극복하기 위하여 *Pediococcus acidilactici*가 생산하는 pediocin PA-1, *Lactobacillus palnatrum*이 생산하는 plantaricin A등과 같은 class II 박테리오신들이 연구되어져 왔다.

Class II 박테리오신은 일반적 특성이 Nisin과 유사하지만 cleavage site가 Nisin의 경우 Pro-Arg sequence 다음에 해당되지만, Class II bacteriocin의 경우 Gly-Gly motif 다음이다. 또한 항균 범위 역시 Nisin보다 다소 제한적인 것이 단점이라 하겠다. Class IIA는 Tyr-Gly-Asn-Gly-Val-Xaa-Cys(YGNGVXC)의 아미노산 서열을 지니는 것이 특징으로 antilisteria 활성을 가지고 있다. Pediocin PA-1, pediocin AcH, sakacin A와 P, leucocin A, mesentericin Y105 등과 같이 대부분의 Class II 박테리오신들이 여기에 속하며, class II 박테리오신 중에서 가장 많이 연구되어진 subgroup이다.

Class IIB 박테리오신는 항균활성을 나타내기 위해서 두 개의 서로 다른 peptide를 필요로 하는 것이 특징으로 lactococcin G, M, lactacin F, plantaricin A 등이 여기에 속한다. Class IIC 박테리오신은 항균활성에 환원된 cysteine이 필요하기 때문에 thiol activated peptides라고도 한다. 이 subgroup에는 lactococcin B가 대표적인 박테리오신이라 할 수 있다. Class II A, B 및 C의 subgroup에 속하지 않은 박테리오신을 Class IID로 분류되며 carnobacteriocin A, lactococcin A, acidocin 30SC 등을 들 수 있다.

Class II bacteriocin들의 분류가 편이상 작용기전(mode of action), 항균 spectrum 및 기타 특성 등을 근거로 하여 분류된 것으로 향후 박테리오신의 regulation, immunity, maturation, secretion 등에 대한 새로운 연구결과가 밝혀지면 박테리오신의 분류는 더욱더 세분되어질 것으로 생각된다.

Carnobacteriocin B2, lactococcin A, B 및 M, plantaricin A, sakacin A 등을 포함한 많은 class II 박테리오신들은 nisin의 polycistronic operon과 유사한 유전자를 가지고 있으며 two-component regulation system, ATP binding cassette(ABC) translocator 그리고 accessory protein을 가지고 있다. 또한 69~154 아미노산 잔기를 지닌 immunity protein을 만드는 immunity gene을 지니고 있다.

Immunity protein 사이에는 아미노산 혹은 nucleotide sequence에서 어떠한 유성성이 없으며 단지 lipoprotein이라는 점만이 공통점이다. 그러나 이 범주에 속하는 박테리오신들의 regulatory gene의 경우 서로 간에 유사점이 많은 것이 특징이다(Allbright et al., 1989; Stock et al., 1989년).

일반적으로 two-component regulatory system은 response regulator와 histidine protein kinase를 가지고 있는데 nisin에 있어서 nisR과 nisK에 해당되는 것이다(Engelke et al., 1994년). 이 system은 박테리오신의 transcription을 조절하는 sensor에 의존하며 외부의 환경 즉 영양상태, 온도 등에 따라 response regulator의 phospho-rylation에 따라 박테리오신의 합성이 좌우된다. 그러나 two-component regulation system의 sensor 물질들에 대해서는 아직 명확하게 밝혀진 것은 없다(Saucier et al., 1995년).

2. 유산균의 생산

유산균은 다른 미생물처럼 그 주위로부터 무기 혹은 유기의 영양물질을 섭취해서 분해계 대사의 과정에서 그것들을 이용해서 에너지의 획득 혹은 세포 구성성분의 합성을 행하고 있다. 이들 용존물질을 영양원이라고 부르며, 에너지원, 탄소원, 질소원, 미량 영양소 혹은 생육인자(비타민 등)로 나누어진다.

유산균은 다른 미생물과는 다르게 여러 영양소가 고르게 함유되어 있는 배지에서만 선별적으로 성장한다. 질소원은 단백질 합성 재료로서의 아미노산의 합성에 필수적인 영양원이다. 질소 고정균은 질소 가스를 이용할 수가 있지만, 그 외의 미생물은 암모늄염, 질산염, 아질산염 등의 무기 질소원이라든지 요소, 아미노산류, 단백질 등의 유기질소원을 이용한다. 공업용 배양기의 질소원으로서는 황산암모늄, 요소, casein, 대두박, 면실박, yeast extract, peptone, CSL(corn steep liquor, 옥수수 침출액) 등이 미생물 배양에 사용되며 casein이 가장 좋은 것으로 여겨지고 있다.

미생물의 생육에 필요한 무기원소 중 P, S, Mg 및 K가 비교적 다량이 필요하며, Ca, Mn, Fe, Co, Cu, Zn 등이 미량금속 원소로서 생육 필수성분으로 요구된다. 그 외의 금속도 간혼 필요하게 될 때가 있지만 수돗물 중에 포함되어 있는 양으로서 충분하다. 천연의 유기물질로서 되어 있는 천연배지(natural medium) 중에는 통상 충분량의 무기원소가 포함되어 있지만, 성분이 알려진 탄소원 및 질소원으로서 되어 있는 합성배지(synthetic medium)에는 $K_2H\ PO_4KH_2P\ O_4$, $MgSO_4 \cdot 7H_2O$, $FeSO_4$ 등의 기염 및 미량금속의 염을 첨가할 필요가 있다.

탄소원, 질소원, 무기염류 외에 생육인자(growth factor)라고 불리는 비타민류, 핵산염기 등 미량인자를 필요로 하는 경우가 있다. 이들 생육인자는 단순히 증식 촉진 효과가 있을 뿐만 아니라 대사 조절인자로서 목적하는 생산물의 수량에 영향을 미치는 경우가 있어 최적인 농도를 조사해서 그 농도를 조절할 필요가 있다.

유산균은 사용목적에 따라 생산설비와 배양조건이 각기 다른데, 유산균 자체를 이용하여 식품이나 사료에 첨가하는 경우와 발효제품의 스타터로 사용하는 경우로 구분할 수 있다. 본 장에서는 일반적인 유산균의 생육조건을 살펴본 후 유산균 스타터로 사용할 목적으로 유산균을 제조하는 경우의 생산공정에 대하여 소개하고자 한다.

2.1 유산균의 생육과 환경조건

1) 수 분

미생물의 생육에는 수분이 중요한 요소이며, 어느 정도 이상의 수분이 존재하지 않으면 생육할 수가 없다. 미생물의 생존에 실제로 영향을 주는 수분량은 전체 수분함량이 아니고 실제로 미생물이 이용할 수 있는 수분 양이 중요하다. 수분은 물질 중에서 두 가지의 형태(자유수와 결합수)를 가지고 있다.

결합수는 단백질이라든지 탄수화물과 직접 결합해서 안정화되어 있는 물이며, 자유수는 결합수 이외의 속박되어 있지 않는 물의 경우이다. 이 중에서 미생물과 관계있는 수분은 자유수와 일부 결합수(매우 약한 결합을 하고 있는 수분)가 해당된다. 따라서 전체 수분함량보다는 물질(식품, 배지)의 수분활성도(water activity, α_w)라는 개념을 사용하는 것이 적절하다.

한 물질의 수분활성도는 어떤 임의의 온도에 있어서의 그 물질의 수증기압(Ps)에 대한 그 온도에 있어서의 순수한 물의 수증기압(Po)의 비율로 정의되며, 그 물질 속의 각 구성성분들과 수분과의 결합능력을 나타내는 한 척도로 볼 수 있다.

물질의 수증기압은 그 물질의 수분에 녹아있는 용매(solute)의 종류와 양에 의해서 직접 영향을 받으며 다음과 같은 식이 성립된다(Raoult's law).

$$\alpha_w = \frac{Ps}{Po} = \frac{Nw}{Nw + Ns}$$

α_w = 수분활성도
Ps = 물질의 수증기압
Po = 동일 온도에서의 순수한 물의 수증기압
Nw = 물의 몰수(moles of water)
Ns = 용질의 몰수(moles of solutes)

대부분의 박테리아들은 수분활성도 1.0~0.9 정도에서 생육이 가능하고, 이보다 낮으면 생육할 수 없다. 효모의 경우는 0.88~0.94, 곰팡의 수분활성도는 0.90 부근으로 박테리아는 효모와 곰팡이에 비해서 수분 요구성이 크다. 그러나 내삼투압성의 효모(AW=0.6)라든지 호염성균(AW=0.75) 등은 예외로서, 낮은 AW에서 생육이 가능하다. 유산균의 수분활성도는 0.96~0.99 범위이며, 유산균 중에서 *Enterococcus* 속 미생물들이 다른 속보다는 내삼투압 성질을 지니는 것으로 알려져 있다.

2) 온 도

유산균의 생육한계는 15~45℃로 정도이지만, 사람의 체온에서 가장 잘 성장한다. *Lactobacillus acidophilus*와 *Streptococcus thermophilus*는 45C에서 성장이 가능하고, *Lb. plantarum*은 15℃에서 성장이 가능하다. 배양온도는 균체의 증식 및 대사반응의 속도에 영향을 주며, 최적 증식온도 범위를 초과하면 증식속도는 급격하게 저하된다. 즉 미생물은 그 종류에 따라서 발육할 수 있는 일정한 최저온도(minimum temperature)와 최고온도(maximum temperature)가 있으며, 그것들 사이에 증식속도가 최고로 되는 최적온도가 존재한다. 증식속도가 고온에서 급격하게 저하하는 것은 단백질 그리고 세포구조가 열변성하기 때문일 것이다.

3) pH

미생물의 증식 및 대사반응에 대한 pH의 영향은 매우 크며, 생산되는 대사산물의 종류라든지 양에도 중요한 영향을 미친다. 미생물이 증식할 수 있는 pH 범위는 비교적 넓고, 일반적으로 박테리아와 pH 5~9(최적 6.5~7.5), 효모와 곰팡이는 pH 1.5~9(최적 4~6)에서 생육한다. 유산균 종류에 따라 다소 차이가 있으나 pH 5.5~6.5 부근에서 가장 잘 생육을 하지만 *Lb. acidophilus*와 같은 유산균은 pH 3에서도 사멸하지 않는다.

4) 산 소

유산균은 위에서 설명한 것과 같이 영양요구성이 복잡하고 대부분 통성 혐기성 미생물이어서 산소 존재 하에서 생육이 가능하지만 혐기적 상태에서 더 잘 자라는 경우가 많다. 유산균은 catalse와 같은 효소를 생산하지 못하기 때문에 H_2O_2와 같은 과산화물을 분해할 수 없어 산소의 농도가 유산균의 생육에 많은 영향을 미친다.

유산균의 배양에 많이 사용되는 정치배양의 경우 물에 용해된 상태의 산소, 용존산소(dissolved oxygen, DO)에 따라 증식에 영향을 받는다. 따라서 배지 중의 용존산소를 제거하기 위해 여러 가지의 방법이 사용되며, sodium thioglycolate, ascorbic acid 라든지 cysteine 등의 환원제를 첨가해서 산화환원전위를 낮게 하는 경우도 좋은 방법이다.

5) 삼투압

미생물의 삼투압에 대한 거동은 매우 다양하며, 고순도의 물에서 생육할 수 있는 것이 있는 반면에 어떤 종의 균은 높은 삼투압 하에서 제일 잘 생육한다. 식염이라든지 설탕을 첨가한 고삼투압에서 증식하는 미생물은 각각 호염성 미생물 및 호삼투압성 미생물이라고 한다.

유산균은 그람양성 세균으로 그람음성 세균보다는 비교적 내염성이 강하다. 유산균 중에서도 *Entercoccus faecium*은 6.5%의 소금이 함유된 배지에서 생육이 가능한 점으로 구균보다 간균의 형태를 지닌 것이 내염성이 있으며, 일부 보고에 의하면 김치 발효에 사용되는 유산균이 내염성이 있다고 하였다.

위에서 설명한 바와 같이 여러 가지 환경인자가 유산균의 증식과 대사에 영향을 미친다. 유산균은 최종 대사산물로 젖산을 생상하기 때문에 축적된 젖산으로 인하여 유산균 자체가 생육억제가 된다. 따라서 유산균의 증식에 적합한 조건과는 별도로 젖산과 같은 물질 생산에 관해서도 환경조건의 영향을 검토해야 한다. 일반적으로 젖산에 의하여 낮아진 pH를 중화시키고자 할 때 암모니아 가스나 NaOH를 이용한다. 최근에는 유산균의 최적 생산조건을 정립하기 위하여 여러 통계적 방법을 이용하는 경우도 많이 보고되어 왔다.

유산균은 종류에 따라 다양한 생육특성을 가지며, 유산균체 생산이 주목적인지 아니면 유산균이 생산하는 대사산물(젖산, 박테리오신)이 주목적인지를 명확하게 한 후에 배양조건을 설정해야 한다. 배양 초기에는 증식에 적합한 조건에서 배양을 수행하고, 그 후는 생산물 생성에 적합한 조건을 선택하는 것도 좋은 방법이다. 그러나 증식에 최적인 조건하에서 생육된 세포가 높은 생산 활성을 가진다고는 단정할 수 없기 때문에 증식을 억제한 조건을 채용할 필요가 있다는 것도 생각하지 않으면 안 된다.

2.2 유산균의 보관

발효제품에 사용되는 종균은 상업적으로 이용하기 위해 선택된 유산균으로 제품의 맛, 향, 색깔 등 발효유의 상품적 가치 증진에 중요한 역할을 수행한다. 따라서 많은 발효유 업체에서는 보다 우수한 종균을 확보하고 유산균의 활력을 유지시키기 위하여 심혈을 기울이고 있다.

유산균의 확보 못지않게 활력을 유지하기 위한 방법이 매우 중요한데, 이는 보관방법에 따라 유산균의 활력에 차이가 생기기 때문이다. 일반적으로 종균 보관법은 액체보관, 동결건조보관, 냉동보관, 액체질소 냉동보관법 등을 사용한다. 액체보관법은 과거부터 사용하던 방법으로, 멸균된 탈지유에 종균을 주기적으로 배양하여 유산균의 활력을 유지하는 방법이다. 이 방법은 편리하지만 보관시간이 지속될수록 유산균의 활력이 저하되기 때문에 지속적으로 관리를 해야 된다는 단점이 있다. 그러나 항상 사용할 준비가 되어 있는 신선한 상태의 종균이라는 점 때문에 유산균 스타터로 현재까지 사용되고 있다.

동결건조보관법은 배지에 분산시킨 유산균을 냉동 건조시켜 종균을 보존하는 방법으로, 유산균의 장기보관에 많이 사용하고 있다. 실제로 많은 종균회사와 미생물 분양 단체에서 이 방법을 사용하고 있다. 냉동보관법은 종균을 농축시키지 않고 -20℃로 급속 냉동시켜 보존하는 방법인데, 대학 연구실에서 많이 사용한다. 최근에는 회수된 균체에 보호제를 첨가한 후 -80℃에서 보관하는 것이 많이 사용된다.

액체질소 냉동보관법은 유산균을 액체질소 내에서 영하 196도로 급속 냉동시킨 뒤, 그대로 장기간 보존하면서 사용 시에 급속 해동시켜 사용하는 방법으로 유산균의 활력이나 생존율을 유지할 수 있다. 동결건조보관, 냉동보관, 액체질소 냉동보관은 유산균의 농도, 성장조건, 배지환경 등에 따라 균 생존에 영향을 받고 동결이라는 스트레스를 주기 때문에 동결로 인한 세포벽, 세포막 및 DNA 손상 등을 최소화 시켜야 한다.

일반적으로 *Lactobacillus* 보다 *Enterococcus* 와 같은 구형이 동결 및 건조에 잘 견딜 수 있다. 균의 표면적이 클수록 냉동 동안 세포의 바깥의 얼음결정에 의한 세포막 손상이 더 커지고, 동결 건조된 후 저장기간 동안 균 활력에 영향을 미친다.

동결 및 동결건조 시 배지에 첨가되는 보호제로는 글루탐산나트륨(monosodium glutamate)가 많이 사용되는데, 글루탐산나트륨의 아미노기와 미생물 단백질의 카르복실기와의 반응으로 단백질의 구조가 안정화되고 잔류 수분 보유력을 증가시키는 역할을 한다. 세포막 지질의 산화 보호작용을 하는 글리세롤, 트윈(Tween) 80 등도 사용된다. 동결을 하기 위한 성장용 배지에 만노오스(mannose)와 유당(lactose)이 포도당을 사용한 경우보다 동결건조 시 균의 활력이 더 좋다.

2.3 유산균 스타터의 생산

유산균 스타터는 각종 발효 유제품을 제조하기 위하여 종균으로 보관하고 있던 유산균을 배양하여 증식시킨 후 사용하게 되는데 이를 스타터(starter)라고 한다.

유산균 스타터의 제조는 유제품 생산 공정보다 더 까다롭고 특별한 주의를 요한다. 스타터 생산이 잘못되면 제품 생산에 투여된 많은 원재료의 손실을 포함해서 막대한 경제적 손실을 가져오기 때문이다. 따라서 보다 엄격한 위생설비 기준을 적용해야 하는데 공기로부터의 오염원인 효모, 곰팡이, 박테리오파아지의 오염으로부터 최소화시켜야 한다. 중간배양과 대량배양은 인접한 위치에서 하거나 동일지역 내에서 하는 것이 좋다. 각 배양단계별 이송은 무균환경 하에서 이루어진다.

유산균 종균을 이용할 때는 모배양(mother culture), 중간배양(intermediate culture), 대량 또는 벌크배양(bulk culture)을 거쳐 사용되는데(그림 5-5), 모배양은 동결되어 보관중인 유산균에서부터 500～100 mL 정도의 배지에서 배양하는 것으로 중간배양을 만드는 전단계로 활력이 좋은 종균을 계속 유지, 사용하기 위하여 거치는 단계이다. 모배양에서는 매일 새로운 모배양 배지에 종균을 이식시켜서 항상 활력이 넘치는 유산균을 유지하는 것이 중요하다. 사용배지로는 배지는 환원탈지유나 엠알에스 배지 등을 사용한다.

중간배양은 충분한 양의 종균을 마련하여 본 배양에서 사용하기 위한 것으로 배지는 모배양의 배지와 같게 사용하며 보통 10리터 정도 배양한다. 벌크배양은 제품생산용 배양탱크에 직접 접종시키기 위해서 만들어지는데 100～1000리터 정도 만든다. 벌크배양은 대개 환원탈지유를 배지로 가장 많이 사용하며, 박테리오파아지를 완전히 파괴시키기 위하여 최소한 80～85℃에서 30～45분 또는 이와 동등한 효력을 나타내는 온도에서 열처리를 한다.

벌크배양 시 배양배지를 열처리하고 냉각시키는 모든 과정이 파이프라인을 통하여 이송되기 때문에 운송 중 공기와의 접촉을 최소화 하여야 하고, 모든 공기는 헤파필터(HEPA, high efficiency particle air)로 여과된 공기를 사용해야 한다. 기본적으로

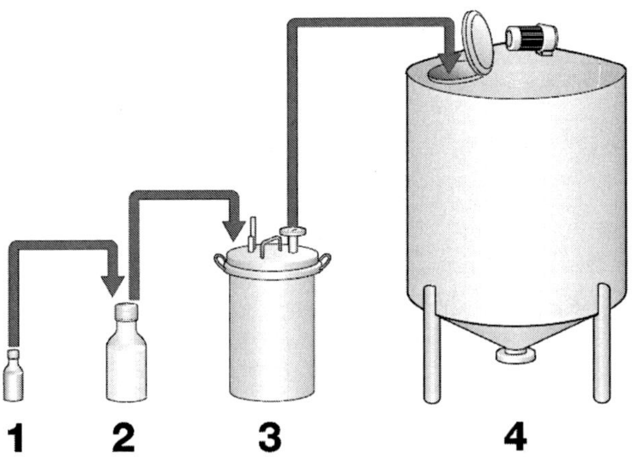

그림 5-5. 유산균 스타터 제조단계

1. 종균, 2. 모배양, 3. 중간배양, 4. 벌크배양
(Tetra Pak Dairy Processing Handbook, 1995)

모배양, 중간배양, 벌크배양 방법은 다음과 같은 공통된 공정을 거친다(그림 5-6).

배지살균은 스타터 생산의 첫 단계로 90~95℃의 온도에서 30~40분 정도 열처리 한다. 이러한 열처리 과정에서 박테리오파아지의 파괴, 생육 억제물질의 제거, 단백질의 일부 분해, 용존산소의 감소, 및 배지에 존재해 있던 미생물의 파괴 등이 일어나게 된다.

살균된 배지는 배양온도까지 냉각되어 배양탱크로 이송되어지는데, 이때 최종 배양온도는 유산균의 종류에 따라 조금씩 차이가 있다. 중온성의 유산균의 경우에는 20~30℃, 고온성 유산균은 42~45℃까지 냉각시키며, 중온성일지라도 즉, *L. acidophilus*와 같이 장내에 존재하는 유산균의 경우 체온과 유사한 온도인 35~37℃ 정도까지 냉각을 시키는 것이 일반적이다.

유산균 접종은 살균된 배지가 탱크로 이송된 후 배양온도까지 내려가면 유산균을 접종하게 되는데, 접종량은 산 생성 능력, 배양시간 등을 고려해서 결정한다. 일반적으로 0.5에서 2.5%(w/w) 정도를 접종한다. 스타터 제조 시 소요되는 배양시간은 유산균 접종량, 배양온도에 따라 다소 차이가 있는데 보통 3시간에서 20시간 내외이다.

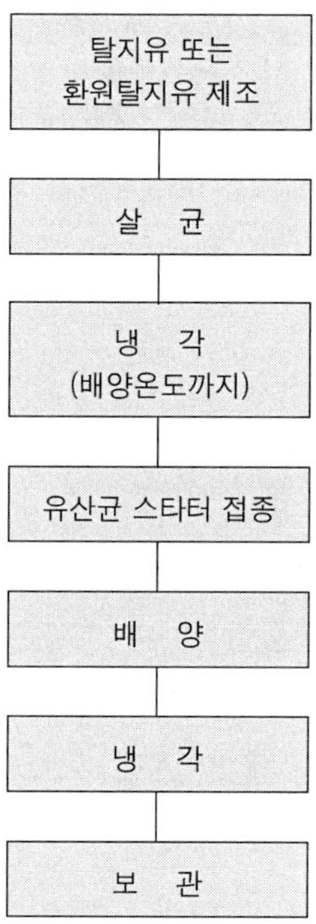

그림 5-6. 유산균 스타터의 제조공정

배양 중에는 유산균이 기하급수적으로 증가하며 유당을 분해하여 젖산을 생산한다.

요구르트 컬쳐의 경우 유산구균과 간균의 비율이 1 : 1 또는 2 : 1 정도가 적절하다. 유산균 스타터가 아닌 다른 미생물의 배양과는 다르게 유산균은 보통 $10^9 \sim 10^{10}$ cfu / mL 정도에 도달하면 배양을 종료한다. 배양종료와 동시에 유산균 배양액은 바로 10℃ 이하로 냉각을 한다. 유산균이 젖산에 과도하게 노출되면 유산균의 활력에 영향을 받기 때문이다.

2.4 유산균 스타터의 저장

유산균 스타터의 저장은 저장기간 중에 유산균의 활력을 유지시키기 위하여 최적의 방법을 선택하여야 한다. 일반적으로 많이 사용되는 방법은 냉장, 동결, 동결건조 방법이다. 이는 스타터의 보관온도와 보관기간에 따라 선택된다. 냉장은 4℃ 이하로 보관하는 것으로 제조 후 수일 내에 사용하는 경우 많이 사용한다.

동결방법은 액체질소에서 동결을 급속하게 시키면 유산균의 활력이 거의 유지되기 때문에 사용되며 -20C 이하에서 1년 정도까지 보관이 가능하다. 동결건조법은 동결법보다 유산균의 유도기가 길어지는 단점이 있으나, 무게가 가볍고 장거리 수송이 가능하다는 장점이 있어 많이 사용된다. 특히 동결건조 된 스타터를 진공 포장한 경우 냉장온도에서 1년 이상 보관이 가능하다.

최근에는 동결 또는 동결건조 스타터를 제조하기 전에 배양이 종료된 유산균 배양액을 농축시켜 수분을 제거하면 10～100배 정도 유산균 수가 증가되기 때문에 이를 동결 또는 동결건조시킨 스타터를 제조하기도 한다. 이를 농축종균(concentrated culture)라고 부른다.

최근에는 그림 5-8에서 보는 바와 같이 농축종균을 이용한 벌크배양을 많이 하고 있으나, 국내의 경우에는 농축종균을 바로 제품 생산용 탱크에 접종시켜 제품을 제조하거나 특정 종균만을 배양시켜 모배양이나 중간배양 상태로 사용하는 것이 일반적이다. 이는 벌크배양시설 비용과 관리비용을 절감할 수 있는 장점이 있으나 농축종균이 상대적으로 많이 소요되는 단점이 있다.

2.5 무균조건에서의 컬쳐 제조공정

유산균을 생산하는 시설은 무균적 환경에서 작업이 이루어져야 한다. 최근에는 농축종균의 형태 혹은 동결농축종균의 형태로 많이 공급이 되기 때문에 미생물오염에 더욱더 신경을 써야 한다. 현재까지도 모배양, 중간배양, 벌크배양의 전통적인 제조단계를 사용하지만 그림 5-7에서 보는 바와 같이 전체 공정이 무균화 되어 있다는 점

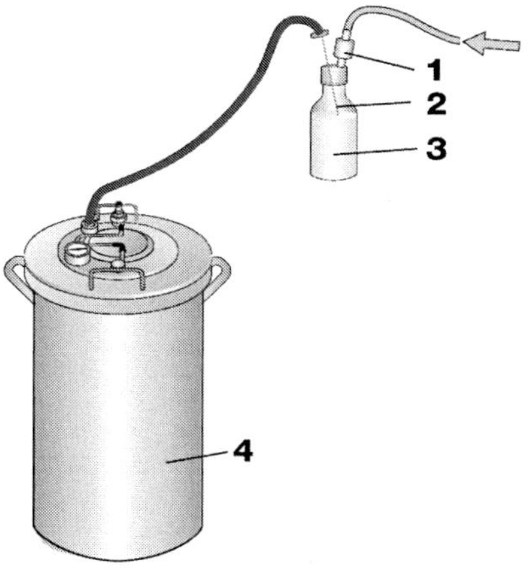

그림 5-7. 무균상태에서 모배양 컬쳐의 중간배양기로의 이송

1. 멸균필터, 2. 멸균니들, 3. 모배양 용기, 4. 중간배양용기
(Tetra Pak Dairy Processing Handbook, 1995)

이 과거와 다르다.

우선 모배양은 100 mL 정도의 실험실에서 사용되는 플라스크에서 배양을 하는데 적절한 배지를 넣고 멸균을 한다. 유산균의 경우에는 탈지유를 많이 사용한다. 멸균이 끝난 후 배양온도까지 냉각이 되면 멸균 니들(needle)을 통하여 배양액을 접종한다. 모배양이 완료되면 그림 5-8에서 보는 바와 같이 미리 준비된 중간배양용기(jar)에 멸균필터가 장착된 부분에 공기를 주입시키면 니들을 통해서 중간배양용기에 모배양액이 이송되게 된다. 모배양 컬쳐의 이송이 완료되면 중간배양용기를 배양기에 넣고 배양한다.

중간배양이 완료되면 벌크 배양탱크에 중간배양 컬쳐를 접종해야 하는데 그림 5-8에 잘 나타나 있다. 벌크배양용 탱크는 압력을 견딜 수 있도록 견고하게 만들어진 것을 사용해야 된다. 벌크배양용 배지는 미리 멸균을 해고 배양온도까지 냉각이 되면 중간배양용기를 연결하여 배양액을 이송할 준비를 해야 한다. 공기를 멸균필터를 통하여 중간배양용기에 넣어주면 음압이 걸려 벌크배양 탱크에 연결된 관을 따라 배양이 완료된 유산균 컬쳐가 탱크로 이송된다. 이때 탱크 내부에 골고루 퍼질 수 있도록 천천히 교반시켜 준다.

배양이 완료되면 탱크 하단부의 이송관을 이용해서 다음 공정으로 이송시켜 배양을 완료한다. 이송 시에도 공기를 넣어주거나 펌프를 사용한다. 공기를 사용하는 경

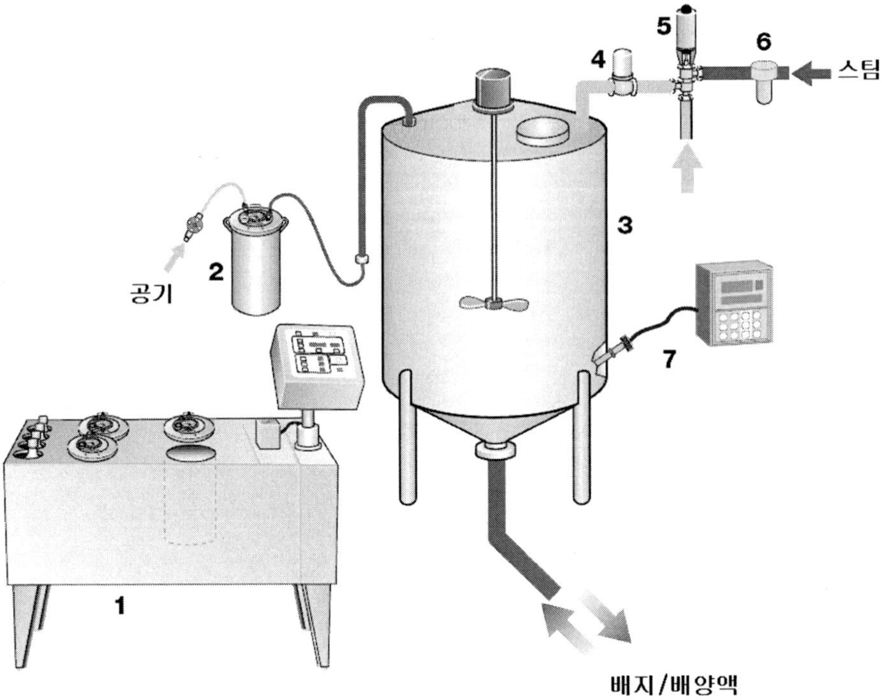

그림 5-8. 종균의 벌크배양 무균공정

1. 중간배양용 배양기, 2. 중간배양 jar, 3. 벌크탱크
4. 헤파필터, 5. 공기조절밸브, 6. 스팀필터
7. pH 측정장치
(Tetra Pak Dairy Processing Handbook, 1995)

우에는 필터를 통과해야 되는데, 이때 필터는 헤파필터를 사용하는 것이 좋다.

참고문헌

1. Ahn, C. and Stiles, M. E.(1990). Antibacterial activity of lactic acid bacteria isolated from vacuum-packaged meats. J. Appl. Bacteriol., 69 : 302~310.
2. Callewaert, R. and De vuyst, L.(2000). Bacteriocin production with Lactobacillus amylovorus DCE 471 is improved and stabilized by fedbatch

fermentation. Appl. Environ. Microb., 66 : 606～613.-

3. Cogan, T. and J-P. Accolas.(1996) Dairy starter culture. VCH Publishers, Inc. New York, USA
4. Dahlquist, N. R., J. Perrault, C. W. Callaway, and J. D. Jones.(1984) D-lactic acidosis and encephalopathy after jejunoileostomy:response to overfeeding and to fasting in humans. Mayo Cli. Proc., 59:141～145.
5. Fuller, R.(1992) Probiotics, The scientific basis. Published by Chapman & Hall, 2～6 boundary Row, London.
6. Fuller, R.(1989) Probiotics in man and animal. J. Appl. Bacteriol., 66, 365～378
7. Jack, R. W., J. R. Tagg, and B. Ray.(1995) Bacteriocins of Gram-positive bacteria. Microbiol. Rev. 59:171～200.
8. Kim, S. K., Lee, S. J., Baek, Y. J. and Park. Y. H.(1994a). Isolation of bacteriocin-producing Lactococcus sp. HY449 and its antimicrobial characteristics. Kor. J. Appl. Microbiol. Biotechnol., 22 : 259～265.
9. Kim, S. K., Lee, S. J., Baek, Y. J. and Park, Y. H.(1994b). Mode of Action of Bacteriocin Produced by Lactococcus sp. HY449 against Lactobacillus fermentum IFO 3023. Kor. J. Appl. Microbiol. Biotechnol., 22 : 266～270.
10. Kim, W. J.(1993) Bacteriocins of lactic acid bacteria: Their potentials as food biopreservative. Food Rev. Intl. 9 : 299～313.
11. Klaenhammer, T. R.(1993) Genetics of bacteriocins produced by lactic acid bacteria. FEMS Microbiol. Rev. 12, 39～86.
12. Lilly, D. M. and Stillwell, R. H.(1965) Probiotics : growth promoting factors produced by microorganisms, Science, 147 747～748.
13. Metchinikoff. E. 1904. Observations on curdled milk. Paster Institute. Paris.
14. Metchinikoff, E. 1907. Prolongation of Life: Optimistic Studies. William Heinemann, London.
15. Montville, T. J., and Kaiser, A.L.(1993) Antimicrobial proteins : classification, nomenclature, diversity, and relationship to bacteriocins, In Bacteriocins of lactic acid bacteria. Hoover, D. G. and Steenson, L. R.(ed.), Academic Press, New York.
16. Nes, I. F. and Holo, H.(2000) Class II antimicrobial peptides from lactic acid bacteria. Biopolymers, 55 : 50～61.
17. Oh, S., S. Rheem, S. H. Sim, S. K. Kim, and Y. J. Baek.(1995) Optimizing conditions for the growth of Lactobacillus casei YIT 9018 in Tryptone-Yeast Extract-Glucose medium by using response surface methodology. Applied and Environmental Microbiology 61 : 3809～3814.
18. Tagg, J. R., Dajani, A. S., nad Wannamaker, L. W.(1976). Bacteriocins of

gram-positive bacteria. Bacteriol. Rev. 40 : 722~756

19. Tissier, H. 1900. Rechèrches sur la flore du intestinale normale et pathologique du nourrison. Thése. Paris, 85~96.
20. Tissier, H. 1908. Rechèrches sur la flore du intestinale normale des enfants ages d'un an a cin. Ans. Ann. de l'Inst. Pasteur. 22 : 189~207.
21. 오세종. 2001. 유산균이 생산하는 Class II 박테리오신의 특성. 한국유가공기술과학회지. 19 : 133~146.
22. 오세종. 2008. 유산균 Probiotics와 생명의 연장에 대한 고찰. 2008. 한국유가공기술과학회지 26(2) : 31~37.
23. 한경식, 오세종, 문용일, 김세헌. 2002. 복합 박테리오신의 항균활성 및 축산식품 저장성 증진효과. 한국축산식품학회지, 22 : 164~171.

제 6 장

생균제의 기능과 이용

1. 생균제(probiotics)

1.1 생균제의 정의와 종류

1) 생균제의 정의

요구르트(yoghurt)와 유산균음료 제조 시 사람의 장내에 유익한 유산균들을 접종하여 발효유제품을 제조하고 있다. 가축에게도 유산균과 같은 유익한 생균을 인위적으로 급여하고 있는데 이를 생균제(probiotics) 혹은 DFM(Direct Fed Microorganism)이라고 한다.

가축에게 생균제를 급여함으로써 장내 소화촉진과 장내 유익 균총의 유지, 병원성 미생물의 억제, 악취제거 등의 다양한 목적을 가지고 박테리아, 효모 및 곰팡이 등을 사용하고 있으며, 가축의 면역증강과 생산성 향상을 위하여 생균제의 활용은 필수적이 되었다.

생균제의 어원은 그리스어로 "For life"란 뜻이며 항생제(antibiotics)의 반대 개념으로서 원래는 "다른 생명체의 성장을 돕는 미생물 혹은 물질"을 의미하였으나 그 후에 "동물 및 사람의 건강을 위해 장내에서 정상 균총을 이루면서 살아있는 유익한 미생물"의 개념으로 사용하고 있다.

또한 2001년 [FAO/WHO]에서 발간된 연합보고서에 의하면 생균제를 "적절히 충분한 양으로 급여하였을 때 숙주에게 유익한 건강을 제공하는 살아있는 미생물"로 정의 하였는데, 2005년 11월 미국의 Maryland의 Baltimore에서 개최된 The American Academy for Microbiology(AAM)의 전문가 회의(주제 : PROBIOTIC MICROBES)에서도 생균제(probiotics)에 대한 정의를 이것으로 채택하였다.

2) 생균제의 종류

생균제는 보조사료로서의 생균제와 동물용 의약품으로서의 생균제로 구분할 수 있다. 보조사료로서의 생균제 등록 절차는 공장이 위치한 시 혹은 도에 '사료품질검사 인정기관'에서 측정한 균수에 대한 실험결과 자료와 함께 소정양식의 서류를 제출하여 등록허가를 받는다.

생균제 제품에 포함된 주요 균주의 생균수는 제품의 g 당 10^6 이상이어야 하며, 주요 균주명과 생균수 최소량 표시(cfu/g)로 나타내고 있다. 동물용 의약품으로서의 생균제는 미생물의 성분, 함량 및 균수 측정방법, 임상시험, 독성 및 안전성 시험 등 보다 강화된 절차를 거쳐 허가를 취득하게 된다. 일반적으로 가장 많이 사용하는 생균제의 균주로써 *Lactobacillus* sp. *Stertococcus* sp., *Bacillus* sp., 및 Yeast 등이 있다.

표 6-1. 보조사료에 등록되어 있는 생균제

분 류	관련 미생물	비 고
생균제	락토바실러스 락티스, 락토바실러스 루테리, 락토바실러스 불가리쿠스, 락토바실러스 브레비스, 락토바실러스 살리바리우스, 락토바실러스 애시도필러스, 락토바실러스 카제이, 락토바실러스 커바투스, 락토바실러스 퍼멘텀, 락토바실러스 프란타럼, 락토바실러스 헬베티쿠스, 락토바실러스 누에릭, 락토바실러스 페롤렌스, 락토바실러스 파라카제, 락토바실러스 크리스파투스, 로돕슈도모나스 캡슐레이타, 모나스커스 퍼퓨리어스, 바실러스 렌투스, 바실러스 리체니포미스, 바실러스 서브틸리스, 바실러스 세레우스(도요이에 한함), 바실러스 코아글란스, 바실러스 폴리프멘티쿠스, 바실러스 푸밀루스, 바실러스 클라우지, 비피도박테리움 롱검, 비피도박테리움 비피덤, 비피도박테리움 서모필럼, 비피도박테리움 인판티스, 엔테로코커스 락티스, 엔테로코커스 써모필러스·엔테로코커스 훼시엄, 클로스트리듐 브티리컴, 페디오코커스 세레비지아, 페디오코커스 애시디락티시, 페디오코커스 펜토사세우스	유익세균
유익곰팡이균	아스퍼질러스 나이거, 아스퍼질러스 오리제	곰팡이
효모제	맥주효모, 토룰라효모, 제빵효모, 양조효모, 조사건조효모, 효모배양물	생균제와 효모제의 합제 사용 가능
박테리오파아지	살모넬라 갈리나룸, 살모넬라 플로룸, 살모넬라 티피무리움	

일부 생균제는 친환경 항균제(environmentally-friendly antimicrobial agents)로 사용될 수 있다. 인간 및 동물에게 무독성이며 내성을 유발하지 않고 잔류하지 않는 항균제라고 말할 수 있다. 친환경 항균제로서는 천연의 자원(미생물, 식물 및 동물)으로부터 개발되고 있으며, 기존의 항생제를 대체할 수 있는 bacteriocin 계통을 비롯한 여러 가지 펩타이드(peptide)성 항균제, 유기산제제, 그리고 기타 천연화합물(natural chemicals) 등이 있다.

앞으로 축산에서는 가축 질병에 저항성을 가질 수 있도록 cytokines과 lactoferrin 등 가축 면역증강물질을 생산하는 미생물제제의 개발이 주목을 받을 것으로 기대된다. 또한 축산 오폐수에 의한 오염을 방지하기 위한 하나의 수단으로 생물학적 처리를 보다 효율적으로 할 수 있는 미생물을 가축에게 급여하거나 축산 오폐수 처리에 직접 사용하고 있다. 즉 축산폐수의 다양한 유기화합물에 대한 분해처리를 보다 효율적으로 할 수 있는 균주들에 대한 개발이 요구되고 있다. 2007년 현재 국내 보조사료에 등록되어 있는 생균제는 표 6-1과 같다.

3) 주요생균제의 특징

(1) 유산균(Lactic acid bacteria)

유산균에는 속하는 *Lactobacillus* sp., *Bifidobacteria*, *Enterococcus faecium* 균주는 요구르트 등 발효식품에서 많이 사용하고 있으며 GRAS(Generally Recognized as Safe)로 가장 인정받은 생균제이다. 생균제는 장내로 병원성세균이 들어왔을 때 장내 세균들 간의 경쟁(competition)으로 병원성세균의 군락형성(colonization) 및 부착(attachment)을 방해한다. 또한 이들 lactic acid bacteria가 분비하는 유기산과 단백

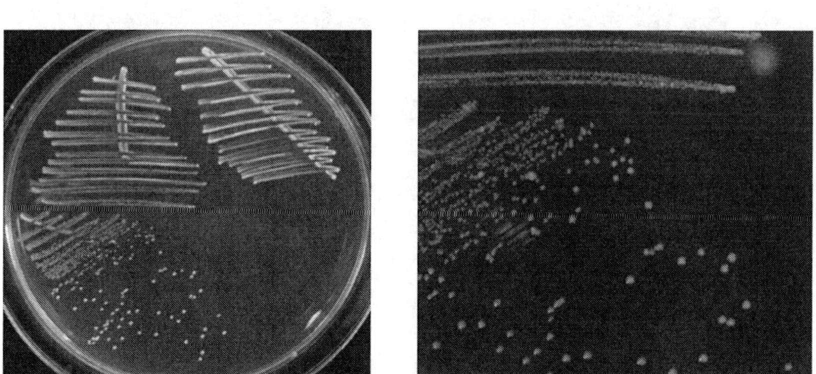

그림 6-1. *Lactobacillus plantarum*

질인 bacteriocin 등의 항균물질에 의하여 병원성 세균의 활동이 제어될 수 있으며, 면역계를 자극하여 면역활성을 높이고, 항바이러스, 항암 및 항알레르기 효과도 있다. 따라서 사람의 식품에 많이 사용하고 있는 lactic acid bacteria는 생균제로서 가축에게도 유익한 균으로 작용하여 사료첨가제로 사용하고 있다. 이 외 유산균은 정장작용, 설사방지, 유해균의 증식억제 및 축분의 부숙속도를 증가시켜 고효율 유기질 비료를 생산하는 데도 이용한다.

(2) 고초균(*Bacillus subtilis*)

고초균은 공기, 하수, 토양, 짚 등에 존재하며 비병원성 균으로 포자를 형성할 수 있는 그람양성균이다. 비병원성인 고초균은 강력한 아밀라아제와 프로테아제 등 다양한 효소를 분비하고, 항균물질을 비롯한 많은 생리활성 물질을 생산하고 있다. 고온, 건조, 영양이 고갈된 시점에 이르면 균체의 중앙에 원형 혹은 난원형의 내생 포자인 아포를 형성하고, 영양과 생장조건이 좋으면 다시 아포에서 막대모양의 간균으로 활발히 증식할 수 있다.

(3) 이스트(Yeast)

만난 올리고사카라이드(mannan oligosaccharide)는 이스트가 생산하는 천연의 당(sugar) 복합체이며, 가축의 병원성 세균을 억제하는 데 이용되어진다. 만난 올리고사카라이드와 함께 β 1, 3 D-glucan과 β 1, 6 D-glucan을 포함한 세포벽 추출물 혹은 이스트배양액은 가축의 성장에 촉진 역할을 한다. 이스트의 만난 올리고사카라이

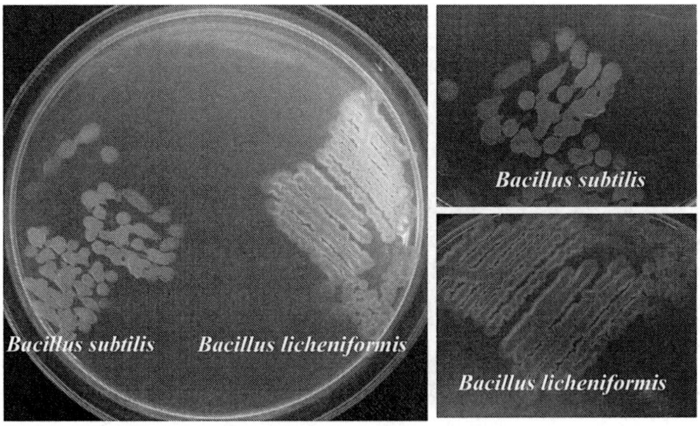

그림 6-2. *Bacillus* sp.

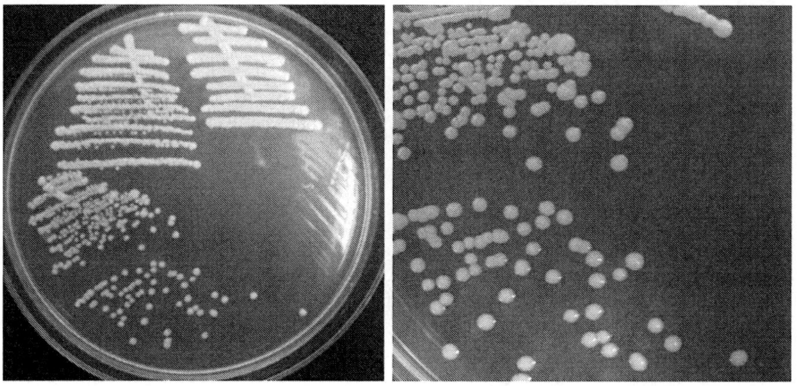

그림 6-3. *Saccharomyces* cerevisiae

드가 장내 병원성 세균의 군락(colonization)을 방해하는 작용은 다음과 같다.

세균은 세포 표면에 렉틴(lectin)이라 부르는 단백질 혹은 당단백질을 가지고 있다. 장내 상피세포(epithelial cell) 표면에는 세균을 인식하는 특별한 당(탄수화물)이 있다. *Salmonella*, *Escherichia coli*, *Vibrio cholera* 등의 병원성 세균의 표면에 있는 mannose 특이적 렉틴과 같은 기질이 병원성 세균들의 결합을 숙주의 상피세포와 연결시킨다. 만난 올리고사카라이드는 이러한 병원성 세균들을 장내에 부착하지 못하게 하고 질병을 일으키는 군집화 단계를 방지하고 또한 가축의 면역계를 자극하여 발병의 위험을 줄이는 것으로 추정하고 있다.

(4) 곰팡이(fungi)

생균제로서 곰팡이에 속하는 대표적인 아스퍼질러스(*Aspergillus*)는 1729년 이탈리아의 생물학자인 P. Micheli에 의하여 처음 분류되었다. 자낭균류에 속하는 사상균으로서 *Aspergillus* 는 폐자낭각 또는 분생포자를 이용하여 생식하며 무색 혹은 연한 베이지색의 포자를 특징으로 한다.

오래 전부터 국(Koji)의 생산능력을 활용하여 전통 발효식품 제조용으로 널리 사용되어져 왔다. 하지만 모든 *Aspergillus* 가 식품 혹은 사료첨가제로서 안전한 것은 아니다. 특히 *A.*, *A. parasiticus* 그리고 *A. terrens* 등은 곰팡이 독소를 생성하여 위험한 미생물로 분류되고 있다. 또 황국균으로 알려져 있는 *A. oryzae* 는 다양한 효소와 천연물질을 분비하고 안전한 균주로 오래 전부터 널리 이용되어져 왔다. 특히 전분의 당화능력과 단백질 분해 능력이 우수하여 쌀, 밀가루, 콩 등에 배양하여 청주, 간장, 된장 등의 제조에 널리 사용되어져 왔으며, 축산업에 있어서는 강력한 섬유소

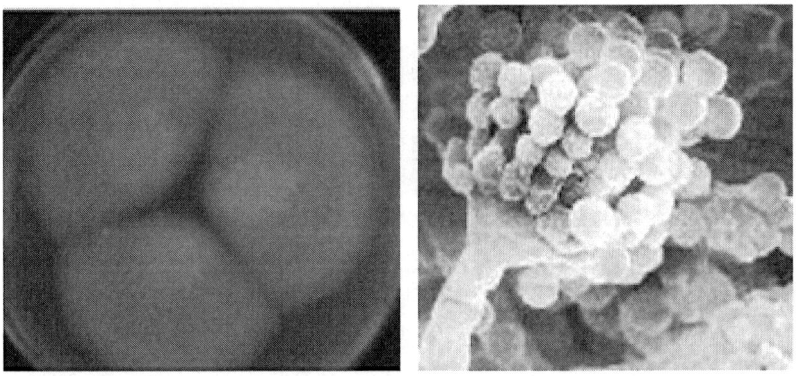

그림 6-4. *A. oryzae*의 plate 사진(왼쪽)과 균사체가 충분히 자란 후의 현미경 사진(오른쪽)

분해 능력을 통하여 사료의 이용효율을 향상시키는 미생물로 활용되어져 왔다.

(5) 박테리오파아지

① 박테리오파아지(Bacteriophage)

최근 국내 보조사료용 생균제로 등록된 파아지 또는 세균성 바이러스(세균을 감염시키는 바이러스군)는 세균여과기를 통과하며 광학현미경으로는 직접 볼 수 없는 미소한 입자이다. 살아 있는 세포내에서만 증식하고, 대사활성을 나타내는 일도 없다. 박테리오파아지는 영국의 프레데릭 W. 트워트(1915년)와 프랑스의 펠릭스 데렐(1917년)이 각각 독립적으로 발견했다. 처음으로 프랑스의 데렐이 박테리오파아지라는 용어를 도입했는데 이는 '세균을 잡아먹는 것'이라는 뜻으로 이 감염체에 세균을 죽이는 성질을 가지고 있다.

발견 직후 페스트, 콜레라 등의 세균성 질환을 치료하는 데 파아지를 이용하는 방안을 연구하기 시작했다. 파아지를 이용한 처리방법은 초기 좋은 성과를 거두지 못했으며, 1940년대에 항생제가 발견된 이후로는 연구가 중단되었다. 그러나 1990년대 이후 항생제에 내성을 가진 세균이 문제화되면서 파아지가 치료에 이용될 수 있는 잠재력은 다시 주목받게 되었다. 박테리오파아지는 숙주에 따라 많은 다양성을 지니고 있다. 일반적으로 파아지가 증식하는 세포를 숙주(host)라고 한다.

숙주가 되는 세균의 종류와 파아지는 서로 선택적으로 특이적이어서 여러 종류의 세균에 감염하는 파아지는 알려져 있지 않다. 그 중에는 대장균과 적리균같이 분류학상 아주 근연인 것 사이에서는 공통된 파아지가 있는 일도 있으나, 세균의 특정한 주에만 기생하는 파아지도 있다.

대장균, 살모넬라균, 콜레라균, 결핵균, 고초균, 디프테리아균, 적리균, 포도상구균, 방선균 등 많은 세균에 각각 특유한 파아지가 있다고 알려져 있고, 대개의 경우 로마 문자나 그리스 문자와 숫자의 번호로 명명하고 있다. 대장균을 숙주로 하는 파아지에는 T1에서 T7까지의 T계 파아지 외에 λ나 ψX174, M13, fd, Qβ, MS2 등이 알려져 있다. 또 살모넬라균을 숙주로 하는 P22와 대장균과 적리균을 숙주로 하는 P1 또는 고초균을 숙주로 하는 SP8, SP10 등이 잘 알려져 있다.

전자현미경으로 관찰되는 박테리오파아지의 모양은 정다면체, 막대모양, 또는 머리와 꼬리로 이루어진 올챙이형 등이 있다. 크기는 비교적 큰 T2파아지를 예로 들면 너비는 65 nμ, 길이 95 nμ인 머리와 너비 20 nμ, 길이 95 nμ인 꼬리가 붙어 있다. 머리는 단백질 소단위로 된 규칙적인 십이면체의 껍데기 속에서 파아지의 유전물질을 싸고 있다.

② 박테리오파아지의 다양한 활용

숙주를 억제하는 살균능력에 힘입어 박테리오파아지는 1920년대부터 천연 항생제로 사용되었다. 그러나 1940년대 초반 항생제인 페니실린이 대량 보급되면서 박테리오파아지의 이용을 감소되었으며, 더불어 박테리오파아지 처리방법이 복잡하다는 것도 중요한 감소요인 중 일부이다.

각 세균마다 각기 사용되는 박테리오파아지의 종류가 달라지는데 개체에 따라 100여 종 이상의 세균이 서식할 수 있어 세균의 종류를 파악하고 그에 알맞은 박테리오파아지를 선발하여 혼합하는 일이 쉬운 일이 아니다. 그러나 최근 박테리오파아지가 최근 재조명되고 있다. 박테리오파아지가 인류의 과도한 항생제 사용에 따른 결과물

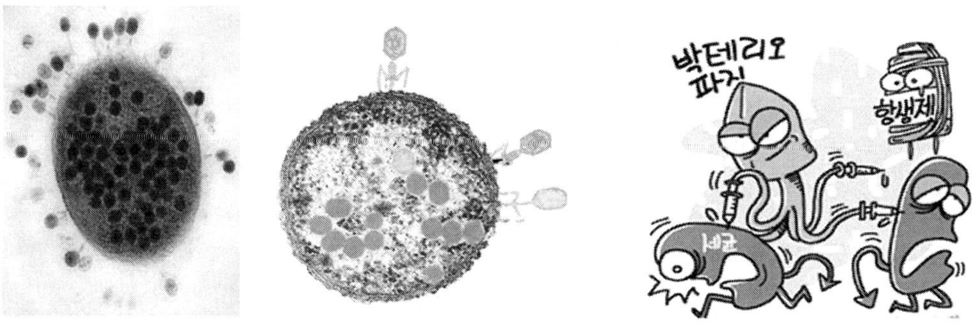

그림 6-5. 박테리오파아지에 의한 병원성균의 억제

인 항생제 내성 세균들의 위협에서 벗어나게 해줄 최적의 치료방안으로 제시되고 있다. 이는 기존 항생제와 달리 세균들이 결코 내성을 가질 수 없다는 점에 기인한다. 실제 박테리오파아지는 그 자체가 생명체여서 자신의 먹잇감인 세균을 효과적으로 죽일 수 있도록 끊임없이 진화한다.

세균이 박테리오파아지에 내성을 갖게 되면 그것을 무력화시킬 방법을 찾아 스스로 변화하는 것이다. 이 때문에 더 강한 항생제를 개발하지 않고도 항생제 내성 세균에 대응할 수 있다.

③ 국내 박테리오파아지연구 및 산업화

2011년 7월 1일부터 항생제 내성균들의 출현에 대한 문제가 확장되어 동물에 급여하는 항생제의 사용이 금지되었다. 따라서 동물용 사료를 제조하는 사료업계에선 이에 대한 대안은 '대체항생제'의 사용을 늘리고 있으며, 실제 현재 많은 농가들이 이미 무항생제 축산을 실현하고 있는 중이다. 이러한 의미에서 박테리오파아지가 천연의 물질을 이용한 대체 항생제 개념의 사료첨가제로서 사용될 수 있다.

현재 전 세계에서 사용되고 있는 박테리오파아지 사료첨가제 분야에 있어서는 2010년 3월 사료공정서에 등재된 살모넬라 갈리나룸 박테리오파아지가 세계 최초의 제품이며, 국내에서는 CJ에서 박테리오파아지를 이용한 대체 항생제 개념의 사료첨가제 개발을 시작하여 2종의 박테리오파아지 제품을 개발하였다. 동물약품업계로서 CTC바이오에서 젖소의 유방염을 일으키는 황색포도상구균에만 작용해 사멸시키는 박테리오파아지를 개발했으며, 이미 제품 등록을 완료했고, 지속적으로 사료첨가제로서의 박테리오파아지 제품을 선보일 예정이다.

또한 인트론바이오테크놀로지는 박테리오파아지와 리신의 원천기술을 내세워 항생제에 내성을 가진 반코마이신 내성 황색포도상구균을 비롯한 법정 슈퍼박테리아 6종 중 4종에 대하여 치료 가능한 신약물질의 전 임상을 실시 중이다.

국외에서도 박테리오파아지가 2006년 FDA의 승인을 얻어 햄버거 패티, 코울슬로 등 인스턴트 식품의 세균 오염방지용 첨가물로 이미 활용되고 있으며, 박테리오파아지 혼합물에 대한 식품첨가물 사용을 허가받은 미국 생명공학기업 인트라리틱스는 전 연구를 마친 8종의 박테리오파아지에 한해 FDA의 임상실험 승인을 받아내었다. 이를 위해 휴대형 박테리오파아지 초음파치료기 개발도 완료했다.

이 초음파 치료기는 식염수와 혼합한 박테리오파아지를 살포하는 동시에 초음파를 발사해 괴사된 조직을 제거함으로써 박테리오파아지가 환부 깊숙이 침투하도록 도와준다. 이외에도 박테리오파아지 효소에 대한 연구가 집중되고 있다. 박테리오파아지에 대한 학문적 관심이 높아지면서 최근에는 기존과 다른 방식으로 이를 이용하려는

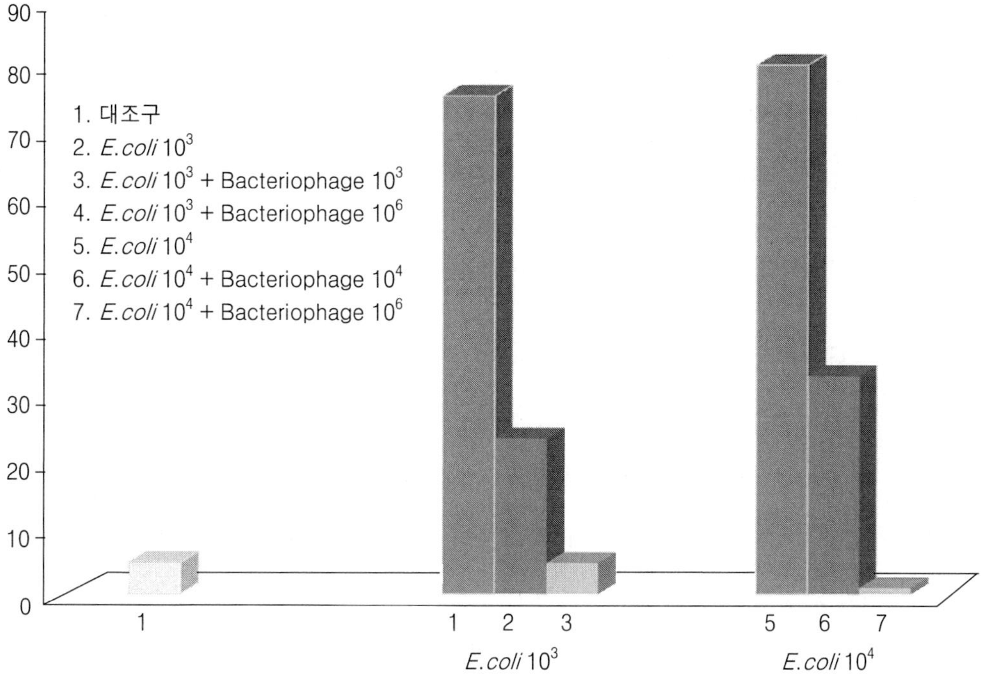

그림 6-6. 박테리오파아지에 의한 대장균 감소효과

움직임도 포착되고 있다.

미국 록펠러대학의 생물학자 빈센트 피셰티 박사의 박테리오파아지 효소 연구가 대표적이다. 그는 박테리오파아지 자체를 치료제로 쓰는 기존 방식에서 탈피해 박테리오파아지로부터 세균의 세포벽을 용해시키는 효소를 추출해 항생제를 개발하는 연구를 진행하고 있다. 박테리오파아지가 지닌 살균 능력의 토대가 세포벽 용해 효소에 있다면 이 효소만으로도 훌륭한 항생제를 만들 수 있다는 생각에서다. 피셰티 박사는 이미 다양한 박테리오파아지 연구를 통해 리신(lysine)이라는 세포벽 용해 효소의 존재를 확인했으며, 이를 추출・배양해 약품으로 만드는 방안을 모색하고 있다. 이 연구가 성공한다면 박테리오파아지와 관련한 비합리적 규제를 피해가면서도 많은 환자들이 박테리오파아지의 혜택을 누릴 수 있게 된다.

2. 생균제의 작용기전

2.1 동물 장내에서 미생물 서식

동물은 사람과 같이 어미의 자궁에 있을 때는 무균으로 성장하고 있지만 태어나면서부터 유익한 미생물뿐만 아니라 유해한 미생물들과 접촉하게 된다. 어미의 질(vagina)에는 산소가 없는 곳에서도 살아갈 수 있는 혐기성균(anaerobic bacteria)이 공생하고 있다. 분만 시 갓 태어난 어린 가축은 상부 호흡기관, 장(intestine), 피부 등으로 어미의 질을 통과하면서 감염이 일어난다. 이러한 자연 감염으로 체내에 서식하게 되는 공생미생물(commensal microrganisms)은 가축의 성장과 질병 그리고 선천성 혹은 후천성 면역 발달에 크게 영향을 미치게 된다.

일반적으로 위장관에는 그림 6-7에서 보는 봐와 같이 1,000종 이상의 미생물이 공생하며, 위에서 대장으로 내려갈수록 호기성 미생물에서 혐기성 미생물로 바뀐다.

(1) 위

산 분비와 소화가 일어나는 위의 pH는 낮아서 약 pH 1～2 정도이며, 세균수는 10^2 cfu/ml이다. 그러므로 위는 장관계통으로의 외부 세균 침입에 대한 미생물학적 장애물로 여겨진다. 위 내용물의 세균수는 일반적으로 낮지만, 위의 벽에는 가끔 세균이 심하게 집락을 형성하고 있다. 이것들은 주로 내산성 유산 간균이나 연쇄상 구균이며 위상피의 조직학적 검사나 주사 전자현미경으로 보면 많은 수를 관찰할 수 있다. 이러한 세균은 동물이 출생된 후 매우 일찍 나타나며, 1주일 정도면 충분하다.

(2) 소장(small intestine)

탄수화물, 단백질, 지방의 소화와 흡수가 일어나는 소장은 십이지장과 공장, 회장, 세 부분으로 나누어져 있으며 약 pH 7 정도이고 세균 수는 십이지장이 $10^{1\sim3}$ cfu/ml, 공장이 $10^{3\sim4}$ cfu/ml, 회장이 $10^{7\sim9}$ cfu/ml이다. 십이지장은 위에 가까이 있으며, 상당히 산성이면서 상피에 균 집단이 없지만 미생물 종류는 위장과 비슷하다. 십이지장에서 공장과 회장으로 가면서 pH가 점차 알칼리화하며, 세균수가 증가한다. 하부 회장에서는 세균이 장강(관강) 내에서 소화음식물과 섞여 나타난다.

(3) 대장(large intestine)

물과 전해질, 단쇄 지방산의 흡수가 일어나는 대장의 pH는 약 5～7 정도이며, 세균이 $10^{10\sim12}$ cfu/ml 정도로 그 수가 너무 많아 이 부위는 특수한 발효 용기로서 여겨질 정도이다. 많은 세균이 섭취한 사료의 소화물로부터 생기는 영양분을 이용함으로써 장관 그 자체 내에서 생존한다.

통성 호기성균의 기능은 존재하는 산소를 모두 소비함으로써 대장을 매우 혐기적으로 만들며 절대 혐기성균의 생장이 유리하도록 만든다. 일반적으로 장관 내의 미생물은 문(phylum) 수준에서 분류할 때 Firmicuties(평균 70.6%), Bacteriodetes(평균

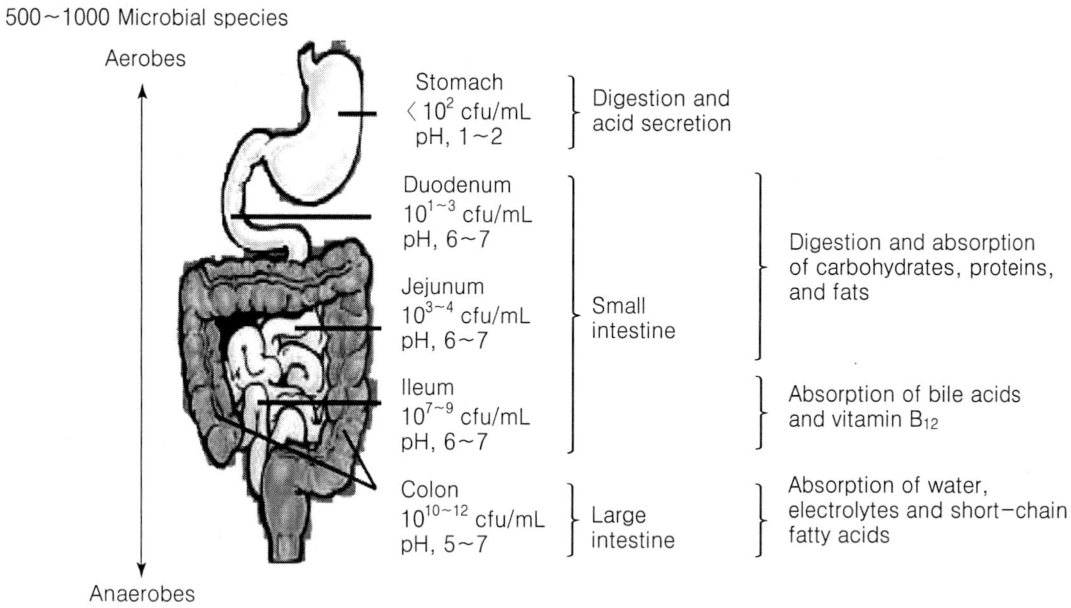

그림 6-7. 장의 생리적, 미생물학적 특성. 성장한 동물의 장 부위별 pH와 미생물의 상대적 농도.
cfu=colony-forming unit(JOHN K. DIBAISE et al. Mayo Clin Proc. 2008년; 83(4): 460~469)

21.5%), Actinobacteria(평균 4.9%), Proteobacteia(평균 3.0%) 순으로 높게 서식하는 것으로 나타난다.

장내 세균총은 다양한 대사반응을 수행함으로써 동물에 지대한 영향을 미친다. 모든 미생물이 이러한 반응을 수행하는 것은 아니며, 사료나 질병으로 인한 장내 세균총 수의 변화도 동물에 변화를 준다. 위장관계를 통해 사료가 내려가는 동안 소화된 것으로부터 물이 흡수되며 점차로 더욱 굳어지며 분변으로 변한다. 세균, 주로 죽은 세균세포가 분변물질의 무게 1/3 가량을 형성한다. 대장의 관강에 사는 미생물은 계속적인 섭취물 이동에 의해 아래로 이동하므로 세균수가 유지되려면 소실된 수만큼의 세균이 새로 자라야 한다. 섭취물이 위장관을 완전히 통과하는 데 필요한 시간은 약 24시간이다. 관강에서 세균의 생장률은 하루당 1배 또는 2배수이다.

(4) 장내 미생물 집단 분석

생균제 또는 기능성 물질의 효과를 분석하기 위하여 장내 미생물 집단을 분석할 필요가 있다. 장내 미생물 집단을 분석하기 위하여 그림 6-8에서 보는 바와 같이 장

내용물로부터 미생물 DNA를 분리하고 16S rRNA 서열을 결정해야 한다. 16S rRNA 유전자는(rDNA)는 중합효소연쇄반응(Polymerase Chain Reaction, PCR)으로 증폭할 수 있고, 자동화된 염기결정법을 사용함으로써 효율적으로 rDNA 염기서열을 얻을 수 있다. 관심 있는 대상 서열 양쪽에 잘 보존된 서열이 존재하기 때문에 PCR을 이용하여 생물의 유전체에서 rDNA를 증폭하는 일은 비교적 쉽다. 실제로 rDNA를 증폭할 수 있는 프라이머를 쉽게 구할 수 있고, 미생물 집단의 rDNA를 증폭하는 일이 가능하다.

분자 생물학과 컴퓨터의 도움으로 리보솜 RNA 서열을 결정하여 계통수를 작성하는 방법은 이제 아주 일상적인 방법이 되었다. 새로 결정된 서열은 RDP(Rebosomal Database Project) 또는 GenBank(미국), DDBS(일본), 그리고 EMBL(독일)과 가은 유전자 데이터베이스에 있는 서열과 비교할 수 있다. 그 다음에 계통수 작성 알고리

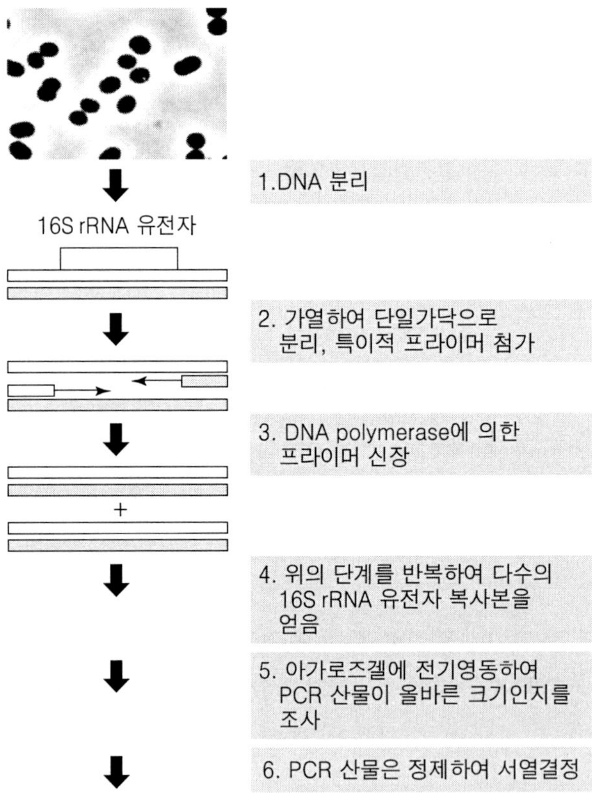

그림 6-8. 장 내용물에 존재하는 미생물 집단으로부터 rRNA 염기서열 결정

표 6-1. 일부 진정세균 집단의 16s rRNA 서명서열[a]

rRNA에서 위치	일치서열	γ-프로테오박테리아	시아노박테리아	스피로헤타	Bacteroides	녹색황세균	녹색비황세균	Deinococcus	그람양성 세균 (낮은 G+G)함량	그람양성 세균 (높은 G+G)함량	Planctomyces
47	C	+	+	U	+	+	+	+	+	+	G
53	A	+	+	G	+	+	G	+	+	+	G
570	G	+	+	+	U	+	+	+	+	+	U
812	G	c	+		+	+	+	G	+	+	+
90	G	Ag	+	+	+	+	A	+	+	A	+
905	U	+	+	+	+	+	+	+	+	A	C
1,207	G	+	C	+	+	+	+	+	C	C	+
1,234	C	+	+	a	U	A	+	+	+	+	+

[a] + 표시는 집단 간의 일치서열(consensus sequence)로 같은 염기를 가지고 있음을 뜻한다. 위 경우에서 만일 문자가 주어지면 90% 이상이 바뀐 것이다. 소문자는 비교적 드물게 나타나는 염기를 의미한다(전체의 15% 미만).

즘을 이용하여 서열에 내재하는 진화적 정보를 가장 잘 나타내는 계통수를 작성한다(표 6-1).

2.2 가축의 숙주세포와 미생물의 상호작용

1) 숙주세포와 미생물의 상호작용

동물은 선천면역(Innate immunity)과 후천면역(Acquired immunity) 시스템을 가지고 있다. 선천면역은 병원성미생물이 조직에 침투하는 것에 대하여 방어를 하며 비특이적 수용체(Receptors)를 사용하여 병원성 미생물을 인식하고 사멸시킨다. 한편 후천면역은 특별한 감염에 대하여 특이적 반응으로 항체와 같은 특수하게 제작된 공격 무기를 사용하여 병원성미생물을 제거하게 된다.

선천면역의 작용기작은 대식세포, Poly-Morphonuclear Neutrophils(PMNs), 비만세포(mast cells), 수지상세포(dendritic cells)뿐만 아니라 defensins, lysozyme과 같

은 인자들이 관여하고 있다. 장내 상피세포에는 선천면역으로 미생물에 반응하는 다양한 면역조절단백질들과 사이토카인(cytokines)들을 생산하고 있다. 생균제는 이들 성분들에 관한 다양한 선천면역의 기능을 촉진하거나 방해할 수 있다. 공생미생물이 선천 및 후천면역계의 발달에 반드시 필요하며, 그 이후 외부에서 투입되는 생균제는 이렇게 이미 형성된 면역계와 상호작용하게 된다. 또한 생균제의 존재는 대식세포를 보다 활성화시키고 TNF나 키모카인(chemokine) MCP-1과 같은 사이토카인을 생산하여 염증이 발생하기 직전의 상태로 촉진하는 것처럼 보여주고 있다.

무균동물에 공생세균을 급여하게 되면 호흡기관, 소화관, 그리고 비뇨생식기관과 연결된 점막(mucous membranes) 면역의 발달과 활성화를 야기한다. 점막 표면에서 병원성 미생물에 대항하는 면역글로불린 A(IgA) 항체는 미생물에 의하여 강력하게 생산 유도된다. IgA 항체는 친화력(affinity)이 낮은 것과 높은 것이 있다. 친화력이 낮은 IgA 항체는 같은 병원균에 대하여 면역반응을 유발하지 않는다. 이와 달리 친화력이 매우 높은 IgA 항체는 특정 병원성 균에 대한 감염을 제거하고 같은 병원균에 대한 재감염을 방지하는 데 매우 중요한 역할을 한다.

2) 생균제와 Toll-Like Receptors

생균제는 Toll-Like Receptors(TLRs)를 자극하면서 면역반응을 조절하고 있는 것으로 알려지고 있다. TLRs은 선천면역계의 일부에 속하는 막단백질(Transmembrane)들이지만 또한 적응면역에도 관여하고 있다. TLRs를 경유한 신호전달은 장내 평형(intestinal homeostasis)을 유지하는 데 중요한 것으로 보인다. 생균제는 다른 병원성 세균들이 장내 상피세포에 있는 TLRs과 상호 작용하는 것을 방해할 수 있을 것이다.

3) 생균제와 후천면역

생균제가 후천면역을 촉진시킬 수 있는지는 여전히 많은 논란이 있다. 미생물이 면역증강의 보조효과를 가지는 것으로 보고되어 왔다. 생균제는 선천면역계와의 상호작용 이후 다른 항원들에 대하여 후천면역을 조절하는 것처럼 보인다. 선천면역계에 속하는 대식세포, 수지상세포가 체내의 미생물과 상호작용을 하고, T helper 세포에게 항원을 제시한다. T helper 세포는 하나의 항원에 대하여 면역반응을 나타낸다. T helper 세포와 상호작용하는 미생물에 따라서 대식세포 혹은 수지상세포는 T helper 세포 자극 사이토카인(IL-1과 IL-12)과 T helper 세포 억제 사이토카인(IL-10)을 생산하도록 유도되어진다. 따라서 다양한 생균제가 항원제시 세포의 작용과 후천면역계의 기능을 조절할 수 있을 것이다.

2.3 생균제의 작용기전 및 기능

가축에 있어서 생균제의 작용기전은 아직 충분히 밝혀지지 않고 있다. 가축의 장내 점막의 수용체들에 있어서 다른 유해균들과의 경쟁, 유기산 생산, 항균물질의 생산 및 가축의 면역력의 증진 등으로 병원성 미생물에 대하여 저해효과가 밝혀져 왔다.

1) 소화증진 효과

가축의 소화율을 향상시키기 위한 미생물이 생산하는 중요한 소화효소들은 표 6-2와 같다. 숙주동물에 있어서 소화흡수가 어려운 물질들을 생균제는 분해할 수 있어 숙주에게 도움을 준다.

2) 항균물질 분비

항균화학물질 혹은 항균펩타이드를 분비하는 세균이 생산하는 친환경 항균제란 가축 및 인간에게 무독성이며, 약제 내성을 유발하지 않고 잔류하지 않는 특징을 가지고 있다. 이러한 목적으로 사용하는 생균제는 가축의 병원성 세균에 대하여 길항작용을 가진다. 유산균이 장내 상피세포에 부착하여 생존하면서 분비하는 bacteriocin과 같은 항균물질은 유해균의 증식을 억제한다.

국내에서 가축의 성장촉진, 질병감소 및 치료를 위해 사용해 왔던 항생제의 사용이 2005년부터 53종에서 25종의 품목으로 감소하여 사용하도록 규정하였고, 2011년 하반기부터 가축의 치료목적 외에는 사료 내 항생제를 첨가할 수 없도록 할 예정이다. WHO(World Health Organization)에서는 사람에게 사용하는 항생제를 가축에 급여

표 6-2. 미생물이 생산하는 소화효소

효소명	기 질
Xylanasc	Xylan
β-glucanase	β-glucan
Phytase	Phytate
Protease	Protein
Lipase	Fat
Amylase	Carbohydrate
Cellulase	Cellulose

하면 가축에서의 잔류가 사람이 먹는 식품으로 이행하게 되고, 사람에 있어서 항생제 내성 병원성 균의 출현 문제가 대두되므로 이러한 종류의 항생제 사용은 가급적 가축의 사용에 금지하고 있다.

이러한 시점에서 생균제는 안전한 축산물을 생산하기 위하여 항생제를 대체하는 기능으로 주목받으면서 현재 사용되고 있다. 가축에 급여하는 생균제는 항생제와 같이 병원성 미생물을 직접 사멸시키거나 가축의 장내에서 바람직한 미생물을 미리 증식시켜 사료소화를 돕고 또한 이들 병원미생물의 활동을 억제할 수 있도록 유익한 역할을 한다.

3) 유기산 생산

유산균은 당을 분해하여 젖산, 초산 등의 유기산을 생성하고, 유기산의 낮은 농도는 병원균 발육을 억제시킬 것이며, 높은 농도는 살균작용을 일으키게 된다. 즉 장내 산성화는 pH를 낮추어 병원성 미생물에게 불리한 환경을 제공하게 된다.

4) 비타민 및 기타 생리활성물질 합성

생균제는 niacin, folic acid, biotin 그리고 비타민 B_6 등의 비타민의 합성과 단당류, 올리고당, 다당류, 아미노산, 기타 미량성분 등을 생산한다. 이러한 생리활성물질들은 숙주동물 내 서식하고 있는 정상균총의 성장을 촉진하고, 일부 물질들은 숙주동물의 세포가 직접 흡수할 수 있다.

5) 면역력 증진

가축의 장점막은 출생 직후부터 세균을 비롯한 다양한 항원의 공격에 노출되기 마련이다. 가축의 장점막 표면적은 매우 넓으며, 이러한 공격으로부터 방어하기 위하여 강력한 면역기능을 담당하는 조직이 발달되어 있는데 이것을 장연관림프조직(Gut-associated lymphoid tissues : GALT)이라고 하며, 많은 면역활성물질을 생산하고 있다. 장연관림프조직에는 B림프구, T림프구, 자연살해세포 및 대식세포 등의 다양한 세포들이 있다. 유익한 세균은 장연관림프조직과 상호 작용하여 T세포와 B세포의 면역반응을 국부적 혹은 체계적으로 조절하면서 가축 면역계의 발달 자극에 중요한 역할을 할 것이다.

무균동물(germ-free animals)의 장연관림프조직은 발달이 충분하지 못하기 때문에 장점막 밑의 림프관이 있는 고유판(lamina propria)을 관찰하여 보면 면역글로부린 A(IgA)를 생산하는 형질세포(plasma cells)의 수가 훨씬 적거나 없는 것으로 나타나

기도 한다. 이 형질세포는 T세포와 상관없이 공생세균에 대하여 항체를 생산하는 데 관여하고 있다.

6) 색소 침착효과

난황의 색도를 올리기 위한 방법으로 이스트 종에 속하는 *Xanthophyllomyces dendrorhous*(이전에는 *Phaffia rodozima* 로 불렸음)가 생산하는 균주는 색소인 아스타잔틴(Astaxanthin)을 균체 내에 생산한다. 이를 산란계에 급여하면 난황의 색도가 증진되는 효과를 가져 올 수 있는데 현재는 합성 Astaxanthin도 생산하여 이용되고 있다.

7) 경쟁적 배제(competitive exclusion)

Enterococcus faecium, *Lactobacillus* spp. *Bifidobacterium bifidum*, *Aspergillus oryzae* 등의 단일 혹은 이들의 혼합균을 사용할 수 있다. 장내 영양소에 대한 다른 미생물과의 경쟁과 장내의 병원성 미생물 증식을 억제하여 가축의 생산성 향상에 이바지 한다.

장(intestine)에 있는 흡착 표면을 덮고 있는 점액층(mucous layer)은 박테리아의 이동에 장애물로 작용한다. 닭의 내장은 점액층과 상호 작용하는 다양한 박테리아들이 있다. 섭취된 음식이 말단으로 이동하면서 장에서 소화와 흡수가 일어나는데 상피조직을 둘러싸고 있는 미세융털(brush border)에서 진행된다. 이 표면은 상피조직의 배상세포에서 분비되는 점액에 의해 덮여 있는데, 이는 장내의 해로운 성분으로부터 보호막 역할을 한다.

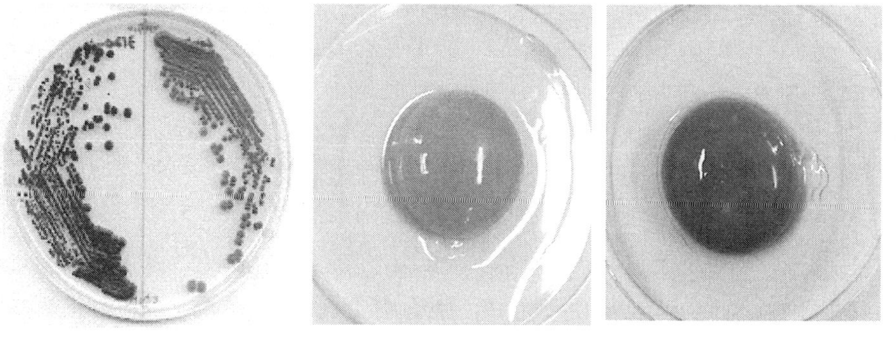

그림 6-9. *Phaffia rodozima*(왼쪽), 일반 계란의 난황(가운데), 합성 Astaxanthin을 급여한 난황(오른쪽)

유익한 생균제는 병원성 세균이 이러한 점액층과 점액층 밑에 있는 상피세포를 침입하지 못하도록 방해한다.

8) 악취제거 및 분뇨처리

축분뇨에서 발생하는 악취의 주요 성분으로는 암모니아, 황화수소, 메탄, skatol, indole, p-cresol(4-methylphenol), phenol계 화합물, 휘발성 지방산 등이 있다. 이들을 분해 이용할 수 있는 세균들을 이용하면 분뇨로 인하여 발생되는 악취를 현저하게 저감시킬 수 있다. 악취제거용 미생물로는 황산화균, 암모늄 산화균, 질소산화균 등이 있으며 광합성균을 사용하기도 한다.

9) 폐수처리용 미생물

축산 오폐수처리용 미생물로 사용하는 생균제는 환경오염을 방지하기 위하여 사용되고 있다. 인(P) 혹은 질소(N) 함량이 높은 오폐수가 하천이나 호소로 유입되면 부영양화를 초래하여 녹조발생을 일으켜 수자원의 오염으로 매년 문제점으로 되고 있다. 특히 환경오염 중 축산폐수, 생활하수 및 공장폐수로 인한 수질오염은 날로 심각하여 이를 효율적으로 처리하기 위한 다양한 처리방식이 요구되고 있다.

최근 부영양화의 원인 중의 하나인 인 성분(phosphate compounds)을 제거하기 위하여 유출수 허용기준의 강화 및 처리시스템의 확대 등 많은 노력을 기울여 오고 있다. 하지만 기존의 활성슬러지 공법에 유용미생물을 적용한 생물학적 처리공정이 일반적으로 운용되고 있으나 다양한 오염물질들을 제거하기 위한 개발된 미생물들이 앞으로 활용될 것으로 기대된다.

3. 생균제 선택과 사용

3.1 생균제의 선택

생균제는 제품에 표시된 사항을 반드시 살펴보고 습도, 온도, 빛 등에 유의하고 유효기간 내에 사용하여야 한다. 생균제를 선택할 때는 표 6-3과 같은 사항에 유념해야 할 것이다. 한편 생균제는 위에서 언급한 내용 외에 또 다른 역할로는 비타민 및 생리활성물질 공급, 유산균 등에 의한 정장작용과 설사방지 효과, 축분의 부숙 속도를 증가시켜 고효율 유기질 비료로 재활용, 축분의 악취 제거와 환경오염을 방지를 위하여 사용되고 있다. 생균제는 비병원성이어야 하고, 가축의 소화기내 조건에 있어서 잘 적응하면서 소화기 점막에 많은 숫자로 부착할 수 있어야 한다.

표 6-3. 생균제의 선택 시 주의사항

점검항목	주 의 사 항
균주의 기원	유용식품, 건강한 사람 및 가축의 장이나 분변에서 분리하여 사용
안전성	GRAS(Generally Recognized As Safe) 균주(비병원성)
생존성	제조 후 혹은 장내에서의 생존성: 내산성 및 내담즙성, 장내 상피세포에서의 정착성
생 산	쉽게 대량 배양이 가능해야 함
풍 미	사료에 첨가 시 기호성이 떨어지지 않을 것
병원성 미생물의 억제	유기산, bacteriocin 등의 생산으로 병원성 미생물의 억제 능력
소화효소	여러 가지 소화효소 분비능력
면역증강 효과	가축의 면역계를 증강시키는 효과

또한 생균제 제품의 가공처리 과정, 동결건조, 저장 동안 높은 생존율을 유지하면서 가축의 병원성 미생물을 억제시키고 가축의 건강을 위하여 면역력을 증진할 수 있으면 좋을 것이다. 또한 생균제는 위의 산성 pH, 담즙염, 췌장의 효소 등에 저항성이 있으며 장내에 쉽게 부착하여 균총을 이룰 수 있어야 한다. 상기에서 언급한 생균제의 긍정적 효과와 함께 생균제의 효능에 대하여 특별한 이점을 얻지 못한 사례들도 있는데 생균제의 효능 변화에 미치는 원인을 분석하여 보면 아래와 같다.

① 생균제의 생존율
② 생균제의 안정성
③ 가축에 적당하지 못한 비특이적 균주의 사용
④ 장내 균총을 이룰 수 없는 낮은 숫자의 생균제 투여
⑤ 항생제 등 기타 약제와의 상호작용
⑥ 가축의 유전적 품종 차이

3.2 생균제의 사용

생균제의 효능은 실험실에서 *in vitro*에서 뿐만 아니라 실제 *in vitro* 사양실험으로 검증되어야 하는데, 그 이유는 실험실에서 효능이 입증되더라도 현장의 가축 사양실험에서는 반드시 같은 효과가 기대되지 않기 때문이다.

최근 생균제는 다양한 기능성을 가진 단일 미생물을 이용하거나, 둘 이상의 복합

생균제 이용, 또 생균제와 함께 상승작용을 가지는 성분들(올리고당, 식물추출물, 성장 촉진물질, 불포화지방산, 유기산 및 미생물 대사물질 등)과 함께 혼합 사용하여 가축의 성장을 촉진하고 건강을 유지하기 위한 사료첨가제로서 생균제의 효능을 보다 증진시킬 수 있다.

프레바이오틱스(Prebiotics)는 대장에 있는 생균제(probiotics)의 성장과 활성을 촉진시킴으로써 숙주인 동물이나 사람에게 유익하게 작용하면서 숙주의 효소에 의해 소화되기 어려운 식품성분을 말한다. 그 예로서 Fructooligosaccharides(FOS), Mannanoligosaccharides(MOS) 등이 있다. 생균제와 프레바이오틱스를 조합하여 함께 혼합하여 사용하는 제제를 신바이오틱스(Synbiotics)라고 하며, 각각 사용 시 보다도 신바이오틱스는 병원성 세균의 감염에 대한 저항성을 보다 효과적으로 증가시킬 수 있다.

4. 생균제 배양 및 제품화

4.1 생균제의 배양

1) 생균제의 보관과 복원(revival)

생균제의 균주는 -70℃의 Deep freezer에 보관하여 사용한다. 배양된 세포가 -70℃에서도 가능한 손상받지 않도록 하기 위하여 동결보호제인 완충액으로써 글리세롤(glycerol) 최종농도 15～20% 혹은 DMSO(Dimethyl sulfoxide) 최종농도 10%로 되게 첨가하여 혼합 후 보관한다.

예를 들면 DMSO 첨가의 경우 미생물 배양액 부피 900 ㎕에 최종 10%로 되게 DMSO 원액 100 ㎕를 혼합한다. 종균용 보관튜브로는 1.8 mL 내외의 플라스틱 혹은 유리병 바이알을 사용한다.

생균제를 다시 사용하고자 할 때는 보관튜브의 상층 부위를 멸균한 이쑤시개를 이용하여 얼음을 작게 깨듯이 조금만 찌른 후 평판배지(plate)에 도말(streaking)한다. 이 때 완전히 녹이면 계속되는 얼렸다 녹였다 하는 반복되는 작업으로 인하여 보관균주가 손상을 입어 사멸되기 쉽기 때문에 보관튜브의 상층 부위만 이쑤시개로 찌른다. 보다 좋은 영구적 종균 보관방법은 종균을 앰플을 사용하여 동결 건조하여 저장하는 방법이다.

배양된 미생물을 미리 준비된 앰플에 주사기나 스포이드를 이용하여 넣고 앰플 입구를 면전한 후 에탄올을 부은 Dry ice에서 배양액을 동결시킨다. 앰플의 면전을 제거한 후 동결 건조시킨 후 화염으로 밀봉하고 이를 냉장고에 보존해 두었다가 필요시 앰플을 줄로 자른 후 0.85% 멸균 식염수로 용해시켜 복원하여 사용할 수 있다.

2) 생균제의 종균배양(seed culture)

생균제의 균주가 성장할 수 있는 최적배지에서 성장한 콜로니(colony) 하나를 5mL 시험관(test tube)에 접종하여 16시간 이상 180～200 rpm으로 진탕 배양하면

그림 6-10. 50 L 배양조

그림 6-11. 1 Ton(왼쪽), 500 L(가운데), 500 L(가운데) 발효조

종균에 대한 액상배양이 완성된다. 종균에 따라 배지선정, 배양온도 및 배양시간 등이 다르다. 다음 단계에서 100~500 mL 배양액으로 1/50~1/100 접종한다. 이렇게 얻은 배양액을 점차적으로 배양액 부피를 증가시키기 위한 종균 배양액으로 사용한다. 최종적인 본 배양의 크기에 따라서 종균배양의 부피가 결정된다. 일반적으로 2.5톤을 본 배양으로 하게 되면 종균배양은 최소한 배양부피를 30 L 정도 필요로 한다.

3) 생균제의 본 배양(main fermentation)

위의 종균 배양단계에서 준비된 배양액을 이용하여 최종적으로 제품을 생산하는 단계를 본 배양이라고 한다. 본 배양은 생산규모에 따라서 다양하며, 일반적으로 500 L에서 수십 톤 규모를 사용한다. 본 배양에서는 발효조의 크기에 따라서 교반속도, 내부압력, pH 조절, 산소 공급 등 발효에 미치는 요인들을 잘 설정하여 최적 배양조건을 확립하여야 한다.

4.2 생균제의 제품화 공정

생균제 배양이 끝나면 동결건조, 고온 분무건조, 수분 조절제 이용 생균제의 제품화 등을 실시하여 포장을 하게 된다. 국내의 생균제 생산업체는 약 140여 곳 이상으로 추정되고 있다.

1) 동결건조

액상 생균제의 제형화 과정 중의 하나로 동결건조 방식은 주로 열에 민감한 미생물을 건조할 때 사용된다. 배양액에 적절한 부재를 혼합한 후에 -70℃에서 동결시킨

그림 6-12. 동결건조기의 외부(왼쪽) 및 내부(오른쪽)

후 진공 건조장치에 옮겨 온도를 서서히 상승시켜 가며 배양액과 부재 혼합물에 포함되어 있는 수분을 증발시키는 공정이다. 일반적으로 동결공정에서 1～2일 정도가 소요되며, 건조과정에서 2～3일 정도가 소요되는 공정으로 유산균의 제형화에 주로 많이 사용된다.

단점으로는 건조 후에 제품의 특성에 맞게 분쇄공정을 거쳐야 하는데, 분쇄공정 시에 마찰열에 의하여 미생물이 손상을 받는 경우도 있고, 저온에서 공정을 진행하는 것이라 작업 중 오염에 대하여 각별한 주의가 요구된다. 또한 동결 시에 사용하는 부재의 종류에 따라서 미생물의 생존율에 영향을 미치는데, 이것은 동결과 해동의 과정에서 나타나는 손상과 제형화 공정 후에 나타나는 동결건조 산물의 물리성에 영향을 미치기 때문이다. 동결건조를 위한 부형재로서는 주로 탈지유, 유당, 덱스트린(Dextrin) 등의 계통의 물질들을 혼합하여 사용한다.

2) 분무건조(spray drying)

분무건조 방법은 분무건조 장치의 종류에 따라서 다양한 형태를 나타내며, 일반적으로 액상의 생균제 배양액을 180℃ 이상의 고온에서 미세한 노즐로 분사하여 분무

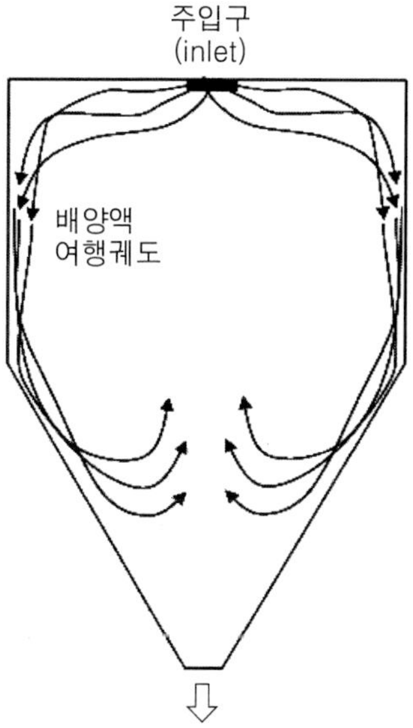

분무건조기 내 배양액의 여행궤도

Pilot scale의 분무 건조장치
(안동 TIC 소재)

그림 6-13. 분무건조 성형과정

건조장치를 여행하는 동안 입자들이 함유하고 있는 수분을 잃어버리면서 건조되어 약 90℃ 정도의 분출기를 통과하여 고운 분말로 성형되는 과정이다(그림 6-13).

고온에서 수분을 제거하는 방식으로서 포자를 형성하는 세균의 경우 그 적용이 용이하며, 빠른 시간에 많은 양의 배양액을 가공할 수 있는 장점을 가지고 있으며, 성형과정에서 일부 포자를 형성하지 않은 오염균들이 사멸되어 제품의 순도를 높일 수 있는 장점을 가지고 있다. 그러나 포자를 형성하지 않는 세균이나 배양액 내에 입자가 큰 배지성분이 많은 경우에는 그 적용이 용이하지 않다.

일부 Bifidobacterium을 낮은 온도(inlet, 100℃/ outlet, 50℃)에서 분무 건조하여 성형하는 경우도 있다. 건조하는 배양액의 특성과 세균의 종류 및 사용목적에 따라서 다양한 분무건조 부재료들이 사용되며, 배양액의 수분이 증발하면서 세균들을 감싸주는 역할을 하는 담체(carrier)들로는 주로 탈지유, 젤라틴(gelatin), 수용성 전분, 자당, white carbon 등이 사용되며, 제품의 형태와 보존성 등의 향상을 위하여 다양한 계면활성제, silica 계통의 물질 등이 적용되기도 한다. 이러한 담체들은 최종 제품의 형태를 좌우하기도 한다.

그림 6-14는 담체로서 탈지유와 타피오카 전분(Tapioca starch)을 사용하여 생산된 분말의 표면을 나타내고 있다.

3) 부형물질 이용 배양액의 고형화

미생물 배양액의 수분을 조절하기 위하여 밀기울, 광물질, 전분 등의 부형제들을

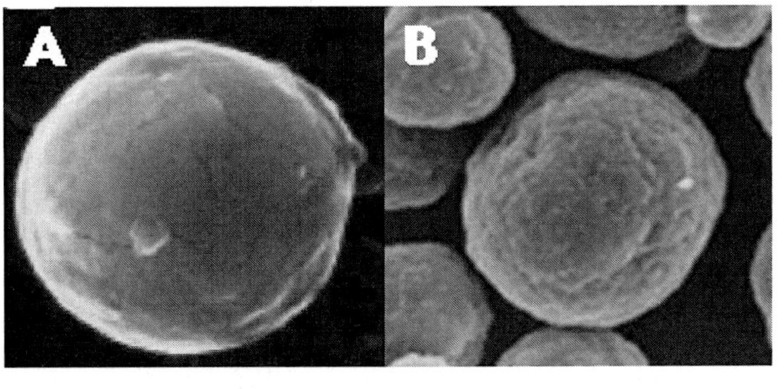

그림 6-14. 분무건조용 담체의 종류에 따른 성형제품 분말의 표면상태

A : Skim milk, B : Tapicoca starch.
International Journal of Food Microbiology 74 : 79~86(2002) ;
J. Econ. Entomol. 92292-299(2003)

그림 6-15. 믹서기(좌)와 포장기(우)

표 6-4. 부형물질의 종류

유 형	사용가능한 부형물질의 종류
전분류	옥수수전분, 소맥전분, 전분, 변성 식용전분, α-전분, 덱스트린
박류	주정박, 대두박, 대두분말, 대두유박, 볶은 콩가루, 주정박용액
글루텐류	소맥글루텐, 활성 글루텐, 글루텐밀
곡류가공품류	밀가루, 말분
강피류	미강, 탈지강, 밀기울, 대두피
섬유질류	옥수수대 분말, 옥수수열매 속대분말, 사탕무우박, 사탕수수박, 콘콥밀
당류	포도당, 유당, 백당, 유청류, 말토스
지방류	식물유, 동물유, 경화유, 고급불포화지방산, 지방산, 글리세린, 유동 파라핀
어분류	탈지어분, 백육어분
효모류	맥주효모, 토룰라효모, 빵효모, 효모배양물
규산 및 규수류	무수규산 및 그 염류, 경질무수규산, 규산칼슘, 함수2산화규소, 함수무결정화규소, 규산
광물질류	인산1수소칼슘, 제2인산칼슘, 인산3칼슘, 인산2수소칼슘, 탄산칼슘, 스테아린산칼슘
광석류	버미큐라이트, 규조토, 탈크, 카오린, 벤토나이트, 제오라이트, 세피오라이트
기 타	레시틴, 설탕, 카라멜, 탈지분유, 백단, 감자펄프, 표고버섯 성장목분말

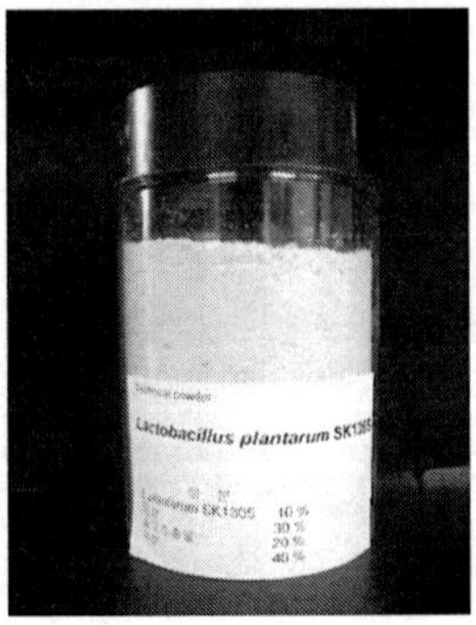

그림 6-16. 부형물질 사용 생균제의 시제품화

(예) *Lactobacillus plantarum* 배양액 10%, 효모추출물 20%, 미강 30% 및 옥분 40%로 구성

이용하여 고형화 한다. 일반적으로 완제품에서 가능한 한 수분이 10% 이하로 유지할 수 있도록 이들 부형제로 믹서기로 혼합하고 포장한 후 유통할 수 있다. 부형물질을 사용하여 생균제를 수분 10% 이하로 만든 시작품의 예를 보면 그림 6-16과 같다. 부형물질의 종류는 표 6-4와 같다.

4.3 생균제의 품질관리

생균제가 제품화 되면 계획한 수량의 미생물이 제품에 포함되고 있는지 정기적인 검사를 실시하여야 한다. 생균제 제품에는 사용된 주요 균주 이름과 각각의 생균수 최소량을 cfu/g으로 표시하고 있다. 예를 들어 2.5×10^6/g으로 표시되어 있으면 이 제품 1 g에는 2.5×10^6의 미생물이 있다는 것을 의미한다. 이때 cfu는 colony forming units를 의미한다. 즉 평판배지 위의 콜로니(colony)는 단 하나의 균이 분열 증식하여 1～2일 배양 후 육안으로 관찰되는 균들의 집합체이며, 이를 1.0 cfu로 나타낸다.

그림 6-17에서 보는 것처럼 하나의 평판배지(plate)에서 100 ㎕의 배양액을 도말하여 만약 125개의 콜로니들이 관찰되었다면 최초 도말시 125개의 균이 도말되었다는 것을 의미한다. 따라서 125 cfu이며 125 cfu/100 ㎕이므로 제품의 1 g 당 혹은 배양액 1mL로 환산하면 1,250 cfu/g(혹은 1,250 cfu/mL)이 된다. 최종적으로 1.25×10^3 cfu/ml(혹은 cfu/g)로 표현할 수 있다. 현재 보조사료로 이용되고 있는 생균제는 최소 1.0×10^6 cfu/g의 미생물이 살아 있어야 생균제로 사용할 수 있다.

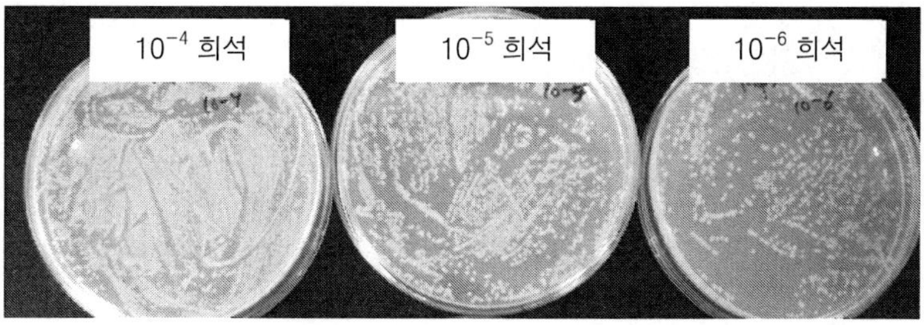

그림 6-17. 평판배지에 나타난 콜로니

콜로니 수가 많은 경우는 제품 1 g을 0.85% 생리식염수로 9 mL와 혼합하여 1/10(10^{-1})로 희석한 후, 10^{-2}～10^{-7} 등으로 다단계 희석하여 원래의 제품에 있는 생균수를 측정한다.

4.4 농가형 발효사료 제조와 이용

최근 위생적인 돼지고기에 대한 소비자의 관심이 높아지고 항생제 사용에 대한 부정적 시각이 대두되면서 그 대안으로서 비항생제적 방법인 생균제(유용미생물)가 주목받고 있다. 이러한 생균제를 농장에서 효과적으로 사용하기 위해서 직접 발효사료를 만드는 것은 영리한 방법이다. 무항생제 친환경 축산을 위해 생균제의 종류와 특성, 발효사료의 개념, 제조방법, 이용에 대하여 소개하고자 한다.

1) 발효사료란?

발효사료란 유용미생물을 이용하여 원료사료를 소화하기 쉬운 상태로 변환시키는 것이며, 이 과정에서 미생물 수의 증식, 그리고 미생물이 생산하여 분비하는 유산, 알코올, 소화효소, 각종 생리활성물질 등이 가축의 증체율을 개선시키고, 사료의 이용효율을 높이는 등 가축의 생산성을 향상시키는 것이다. 따라서 발효사료에는 사료와 함께 미생물 및 이들이 생산한 각종 유익한 산물이 포함되어 있다.

2) 발효사료에 사용되는 미생물의 종류 및 특성

가축에 급여할 수 있는 유익 미생물을 생균제라 하고, 사용할 수 있는 생균제 종류는 사료공정서에 규정되어 있다. 일반적으로 발효사료에 이용되는 대표적인 미생물은 유산균, 효모, 고초균이다.

유산균은 일반적으로 유산균은 장내에 존재하는 유익한 균이며 유산을 생성하고, 가축의 장을 튼튼하게 해주어 소화기 관련 질병을 예방하는 효과가 있는 것으로 알려

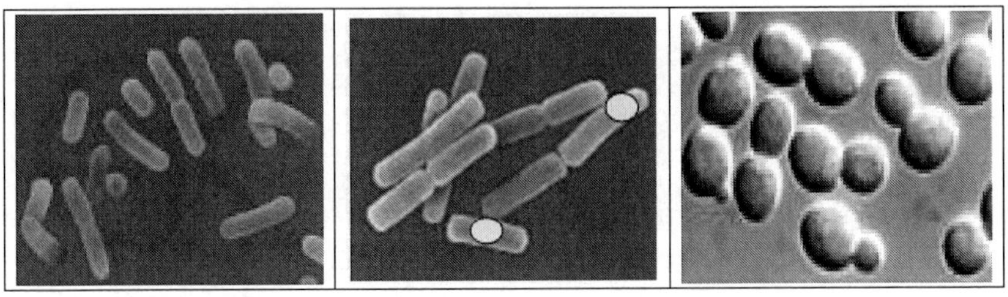

그림 6-18. 생균제 주요 균주형태

져 있다. 락토바실러스속 미생물을 유산간균이라고 하고 김치, 유제품 및 생균제로 사용되는 대표적인 균이며, 유해세균 억제능력이 우수하다.

효모는 빵, 알코올 생산, 조미료 등 다양한 목적으로 인류의 역사와 함께 같이 한 미생물이며, 대표적인 효모로서는 사카로마이세스 세레비지애가 있다. 효모가 생산한 알코올은 사료의 풍미를 개선시키고 기호성을 증진시킨다. 바실러스는 전분 및 단백질분해효소 생산이 우수하여 소화를 증진시키고, 유기물 분해 능력이 우수하여 축사 환경개선 효과가 있다. 일반적으로 이용 가능한 대표적인 미생물은 주로 유산균, 효모, 고초균 등이 있으며, 균주의 모양은 그림 6-18에 나타낸 바와 같다.

3) 농가형 발효사료 제조법

(1) 부산물의 종류

시중에서 쉽게 구입할 수 있는 미강, 밀기울, 옥태분말 그리고 배합사료 등을 사용할 수 있다. 미강이 비교적 저렴하며 대부분의 지역에서 구하기 쉽다. 다른 부산물이 부족하면 배합사료를 사용할 수 있고, 이때 항생제가 포함되어 있지 않은 비육후기 사료를 사용하는 것이 좋다.

(2) 사용되는 미생물

미생물은 유산균, 바실러스, 효모를 주로 사용한다. 액상 및 분말 미생물을 사용할 수 있는데 액상을 권유한다. 신선한 액상미생물은 활력이 높고 오염의 가능성은 낮은 편이다. 액상미생물은 주로 지역 농업기술센터에서 생산하여 보급하는 것을 사용할 수 있다. 그러나 구하기 어려운 경우 업체에서 판매하는 액상 및 분말 미생물을 구입하여 사용하면 된다. 유통 생균제를 사용하는 경우 제조일자를 확인하고 신선한 것을 구입하여 사용하는 것이 좋다.

(3) 발효사료 제조법

농가에서 이용할 수 있는 발효사료 제조법을 간략히 요약하면 다음과 같다.

① 원료사료 100 kg을 사료배합기에 넣는다.

② 1리터 액상미생물 + 0.3리터 당밀 + 35리터 물을 준비하여 골고루 잘 섞이게 배합한다(수분 35～40% 수준).

③ 사료배합기에 ②의 액상을 넣는다.

④ 사료와 액상을 균일하게 혼합되도록 골고루 배합한다.

⑤ 잘 혼합된 원료사료를 비닐봉지에 담고 끝부분을 맨다.

⑥ 미생물이 자랄 수 있도록 20～30℃의 따뜻한 온도에서 약 3～7일간 발효시킨다.

⑦ 배합사료에 발효사료를 0.5～1% 혼합하여 급여한다.

액상미생물을 농장에서 오래 보존하는데 어려움이 있으므로 액상미생물을 경제적, 효과적으로 사용하기 위하여 발효사료를 만드는 것이 영리한 방법이다. 발효사료가 제조되는 동안 미생물수는 증가하고 발효과정에서 만들어진 유익한 대사산물이 증가

사료 넣기

물 + 미생물 + 당밀 넣기

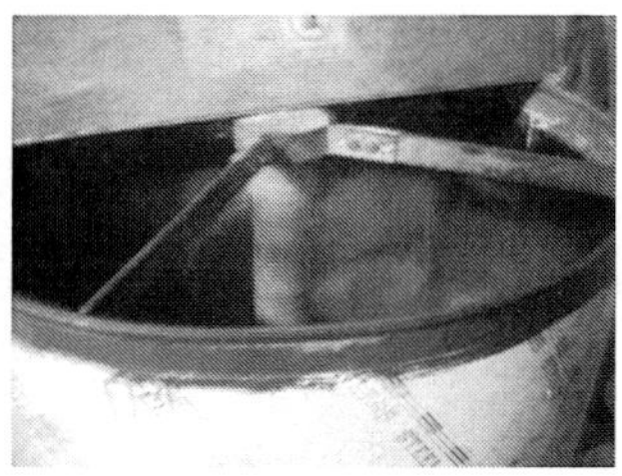
혼 합

포 장

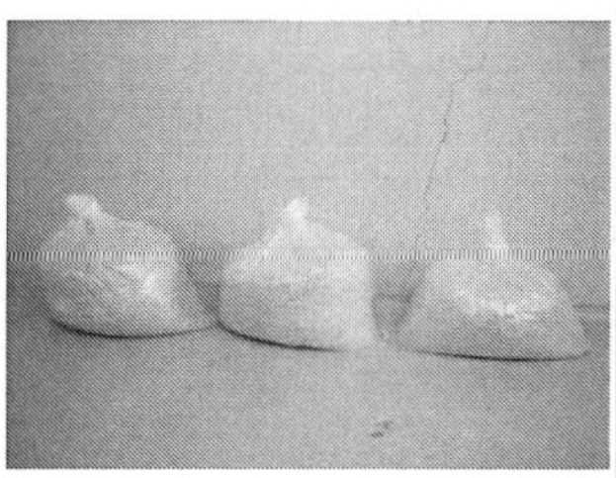
배양 장소

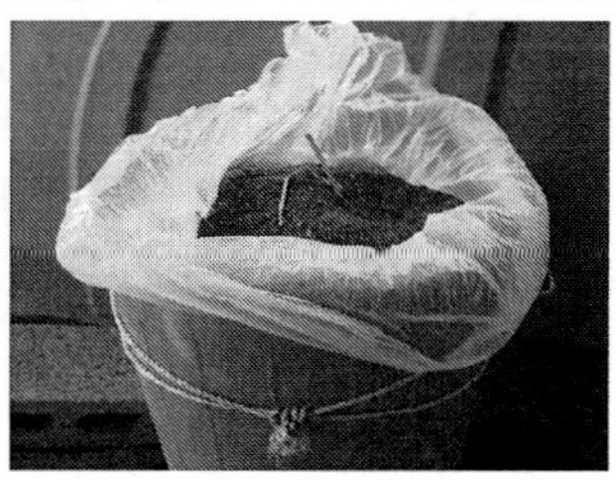
완성된 발효사료

그림 6-19. 미생물 발효사료 제조

한다. 효모는 알코올발효를 하기 때문에 발효과정 중 교반하지 않는 혐기상태를 유지하는 것이 좋다. 잘 만들어진 발효사료는 상큼한 알코올 냄새가 난다. 만약 곰팡이가 생기거나 색깔이 변하거나 덩어리가 생기면 급여하지 말아야 한다. 농가에서 제조하는 발효사료는 축사 주위 위생환경에 따라 다른 미생물이나 곰팡이 등에 쉽게 오염될 수 있기 때문에 제조과정에서 주의하지 않으면 안 된다.

(4) 보관방법

제조 후에는 가능한 빨리 신선한 상태로 사용할 것을 권하고, 보관할 경우 농가에서 냉장보존하기 어려우므로 가능한 직사광선이 없고, 서늘한 장소에서 보관한다. 제조한 발효사료는 잡균에 오염되지 않게 보관이 중요하다. 그래서 발효사료 포대를 개봉한 후에는 가능한 빨리 사용해야 하고, 개봉과 밀폐를 반복하는 것은 좋지 않다. 개봉하여 방치하면 덩어리 및 표면에 곰팡이가 생긴다. 이런 상태의 것은 급여하지 않는 것이 좋다.

4) 발효사료 제조 및 효과

(1) 미강발효사료 제조 및 품질

미강발효사료 제조하기 위하여 미강(1 kg), 액상미생물(유산균, 효모, 바실러스 각

표 6-5. 미강발효사료의 배양일자별 유산균수의 변화

구 분	0일	2일	4일	6일	8일
유산균수 변화(cfu/g)	1.3×10^7	6.8×10^8	2.1×10^8	2.4×10^7	3.6×10^6

표 6-6. 미강발효사료의 배양일자별 효모수의 변화

구 분	0일	2일	4일	6일	8일
효모수 변화(cfu/g)	6.2×10^4	9.6×10^7	4.8×10^7	3.4×10^7	2.8×10^7

표 6-7. 미강발효사료 급여에 따른 생산성

구 분	대조구	항생제	발효사료	항생제+발효사료
일당 증체량(kg/일)	0.89	0.92	0.96	0.96

5 mL), 당밀(1 g), 물(335 mL)을 골고루 혼합한 후 비닐봉지에 밀봉하여 30℃, 2～8일간 배양한다. 배양 후 발효사료의 품질은 표 6-5에서와 같이 유산균은 배양 2일째에 발효사료 1 g 당 7억 마리 정도로 많이 증식하였다. 계속 같은 온도에서 배양하면 균수가 줄어든다.

효모 수 역시 배양 2일째에 약 1억 마리 가깝게 증가하고, 배양일자가 길어지더라도 유산균에 비하여 비교적 안정된 생존성을 나타낸다(표 6-6). 따라서 이와 같은 조건에서는 30℃에서 2일간 배양을 끝내고 서늘한 온도에서 보관하면서 사용할 양만큼을 꺼내어 사용하여야 한다.

(2) 돼지에 발효사료 급여효과

미강발효사료를 배합사료에 1% 혼합하여 급여 한 결과 일당증체량 증가로 출하일령 4～7일 단축되었는데 무항생제사료 대비 출하일령 약 7일 단축, 항생제사료 대비 출하일령 약 3～4일 단축되는 효과가 있었다.

5) 결 론

현재 농가에서 제조하는 발효사료는 주변에서 손쉽게 구할 수 있는 각종 부산물을 활용할 수 있다는 점에서 경제적으로 이익을 창출할 수 있으며, 제조된 발효사료는 신선한 미생물이 듬뿍 들어있고, 특유의 향미로 인하여 기호성이 좋고, 사료효율이 높아 증체량 개선에 효과적이고, 생균제의 효과인 설사 및 소화기 질병 등을 예방할 수 있다. 그러나 미생물을 이용한 발효사료의 효과가 아무리 좋다하더라도 기본적으로 깨끗한 환경에서 위생적으로 제조하여야 하고, 적절히 활용하는 것이 가장 최선의 방법임을 잊지 말아야 할 것이다. 또한 2011년도 하반기부터 사료에 항생제 사용이 금지될 예정이므로 발효사료의 이용은 이에 대한 효과적인 대응책이 될 것이다.

5. 사양실험을 통한 생균제의 이용효과

농장에서 효과적으로 생산성을 높이기 위해서는 가축의 장내를 건강하게 유지하여야 한다. 생균제는 여러 가지 작용으로 장내의 소화대사를 돕고 병원균을 억제할 수 있으며, 증체 효과가 있는지의 여부는 각 실험결과 보고서에 따라 다르다. 앞으로 유익한 생균제를 사용하면 위해요소중점관리기준(HACCP : Hazard Analysis Critical Control Point)에 의한 안전식품을 생산하는데 기여할 뿐만 아니라 가축의 건강을 향상시킬 수 있다. 아래에서는 돼지, 닭, 소, 어류 등에 있어서 생균제의 이용 효과에 대하여 간단히 서술하고자 한다.

5.1 단위동물

1) 돼지사양에 있어서 생균제의 이용 효과

고온 다습한 여름철에는 돼지가 스트레스를 받게 되고 이로 인하여 장내 균총이 깨어지며, 유산균이 감소하게 되고 병원성 미생물이 증식할 수 있는 기회가 되어 설사 등 소화기 질환을 유발하여 돼지의 생산성을 감소시키는 원인이 된다. 특히 이유자돈은 어미돼지로부터 떨어져 새로운 환경에서 다른 이유자돈들과의 스트레스, 사료에서의 변화, 수유시의 면역이 끝나는 시점에서 장내 균총이 변화되고, 이는 Enterotoxigenic *Escherichia coli* 나 Rotavirus를 증식시켜 이유 후 설사증(PWDS)을 유발시키는 원인이 되기도 한다.

항생제 투여는 항생제 내성 세균을 증식시키므로 생균제는 항생제 대체제의 사료첨가제로 오래 전부터 주목받고 있다. *Lactobacillus* sp., *Streptococcus* sp., *Bacillus* sp., 등의 생균제는 병원성 미생물에 대하여 길항작용으로 경쟁적으로 배제하거나 직접 항균물질을 분비하기도 한다. 유익한 생균제가 돼지의 장내에 정착되면 사료의 소화 이용률을 개선시키고 암모니아 등 가스의 생성을 저하시키고 돼지의 성장촉진, 즉 증체효과가 기대된다.

생균제는 Lactic acid를 생산하여 장내 pH를 보다 산성으로 떨어뜨림으로써 병원성 미생물을 억제할 수 있으며, 항생제 투여로 인한 장내 균총의 회복을 위하여 유익한 생균제를 사용할 수 있다. 이유자돈에 있어서 Rotavirus나 대장균에 의한 설사 방지에 효능을 가진 *Lactobacilli* 와 *Bifidobacteria* 도 보고되었다.

돼지의 장내로 병원성세균이 들어왔을 때 세균들 간의 경쟁(competition)에서 생균제는 병원성 세균의 군락형성(colonization) 및 부착(attachment)을 방해할 수 있어야 한다. 또한 생균제가 분비하는 유기산, 박테리오신(bacteriocin) 등 항균물질에 의하여 병원성 세균의 활동이 제어될 수 있으며, 면역계를 자극하여 면역활성을 높이고 항바이러스, 항알레르기 효과가 돼지의 건강을 유지시킬 수 있을 것이다.

돈사 내외는 정기적으로 화학적 소독을 실시하고 있다. 돼지에서 발생하는 병원미생물에 대하여 길항능력을 가지면서 야외에서도 생존력이 강한 무독성 미생물을 살포한다면 보다 위생적인 돼지 환경을 구축할 수 있을 것이다. 이러한 생물학적 살균제는 화학적 살균제에 대하여 내성을 가지는 병원성세균, 곰팡이 등을 억제시킬 수 있다. 따라서 검증되고 인정된 유익한 미생물의 돈사 살포는 돼지질병 종합방제대책에서 앞으로 고려되어야 할 것이다. 이때 살포용 미생물이 사용하는 화학 소독약에 의해 죽지 않는다면 혼합하여 동시에 살포가 가능할 것이다.

2) 닭에 있어서 생균제의 이용 효과

계란과 계육내의 살모넬라 오염을 방지하기 위해서는 닭의 장속에서 살모넬라나 병원성 대장균이 번식하는 것을 억제할 필요가 있다. 즉 장내 pH를 낮추어 유해세균을 억제하고 유익세균의 번식을 높여주는 효과를 보이는 유기산을 생산하는 유산유산균(Lactic acid bacteria)이나 이스트(*Saccharomyces cerevisiae*) 등의 생균제를 급여하면 닭의 생산성을 향상시킬 수 있다. 닭은 부화 직후에 공생세균에 의한 장내 콜로니 군집화가 시작되어 2주 후에 확립된다. 이때 소장에는 *Lactobacillus* spp.가 우점균이 되고, 그 이후 맹장에는 *Bifidobacterium* spp.과 같은 절대혐기성균들이 주로 우점하고 있는 것으로 밝혀지고 있다.

닭의 장내에 서식하고 있는 공생세균이나 이들의 생산물이 장연관림프조직(GALT)과 상호작용하여 면역계 발달 자극에 중요한 역할을 하고 있다. 장연관림프조직을 구성하고 있는 세포들 중 B-1세포가 자연항체 생산을 담당하며 생균제의 투여는 독소에 대한 항체 생산을 증가시킬 수 있다. 어떤 생균제는 육계의 복부지방과 혈중 콜레스테롤 함량을 감소시켜 지질대사에 영향을 미치는 것으로 나타났다. 또 생균제는 근육 내 지방 함량을 줄일 수 있고, 근육이나 간의 무게를 증가시킬 수 있다.

5.2 반추동물

생균제 중에서 반추동물용으로 사용되고 있는 대표적인 것으로는 유산균, 효모(*Saccharomyces cervisiae*), 곰팡이(*Aspergillus*) 자체 혹은 그 발효추출물들을 사용할 수 있다. 이들 생균제는 젖소의 생산성 향상을 위해 많이 사용하고 있는데 기호성 증진, 비타민 B군 공급, 미지성장인자의 공급 및 장내 미생물환경 조성 등에 도움을 주는 것으로 밝혀져 왔다. 반추동물에 있어 생산성을 향상시키기 위한 목적으로 다양한 생균제들이 적용되어져 왔고 그 중 *Aspergillus* 속에 속하는 곰팡이류 등과 다양한 소회효소를 분비히는 고초균(*Bacillus subtilis*) 등이 비교적 많이 적용되이져 왔다. 이러한 생균제들은 반추위내 미생물의 성장을 촉진하는 효과를 가지고 있는 것으로 알려져 있다.

Aspergillus oryzae 배양물을 급여하면 반추위내 휘발성 지방산 생성량이 증가할 수 있고, 총 혐기성 세균의 수가 대조구에 비하여 높게 나타났으며 특히 섬유소 분해 세균의 수가 증가할 수 있다. 이는 *Aspergillus oryzae* 배양물에 함유되어 있는 내인

성 단백질 분해효소가 반추위 내에서 Iso-butyrate와 Iso-valerate와 같은 측쇄 휘발성 지방산(Branched chain volatile fatty acid)의 생성량을 증가시키고, 이러한 측쇄 휘발성 지방산들은 섬유소 분해세균의 성장에 중요한 요소로 작용한다. 따라서 증가된 측쇄 휘발성 지방산으로 인하여 반추위 섬유소 분해세균의 성장이 증진되게 된다. 섬유소 분해세균의 증가는 반추위내 섬유소 분해력을 향상시키고, 결과적으로 조사료의 이용효율을 향상시켜 생산성을 높일 수 있다.

Aspergillus 속의 곰팡이 배양물에는 biotin, pantothenic acid, Vit B_6, Vit B_{12} 그리고 아미노산들과 정확한 성분이 밝혀지지 않은 미지성장인자(unknown growth factors : UGF)들이 배양물에 함유되어 있고, 이러한 배양산물들은 반추위 미생물 성장에 도움을 준다. 특히 반추위 미생물들 중에서 젖산을 이용하는 *Selenomonas ruminantium* 과 *Megasphaera elsdenii* 와 같은 미생물의 성장을 촉진하는 것으로 알려져 있다.

종합적으로 *Aspergillus* 속의 곰팡이나 고초균의 경우 반추위내 전체적인 미생물 성장을 촉진시켜 사료 이용효율을 향상시키고, 젖산 이용 세균의 증식을 통하여 반추

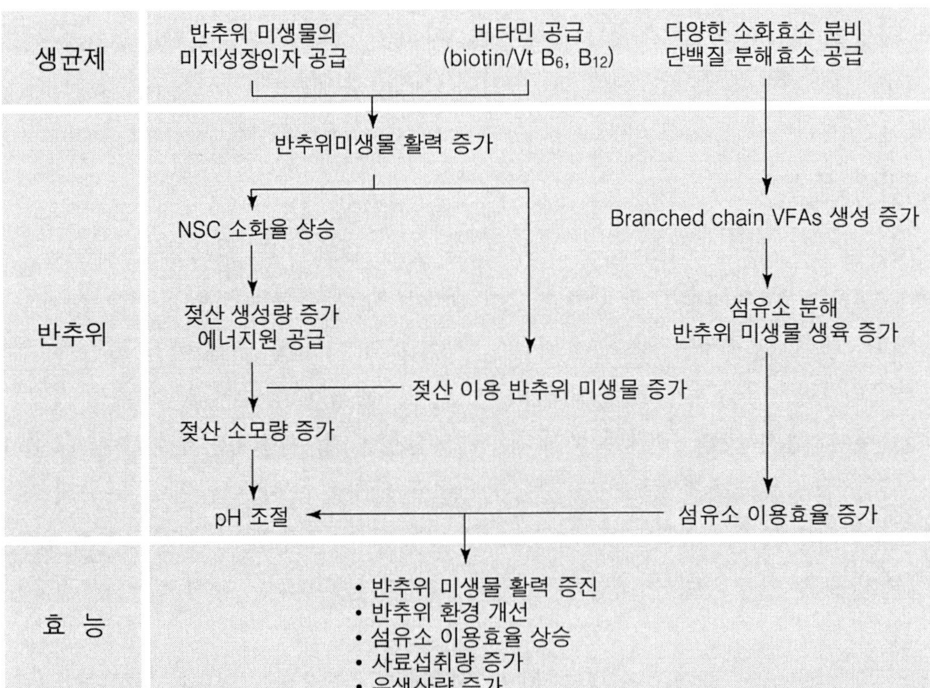

그림 6-20. 반추위내 생균제의 효능

위내 젖산이 축적되는 것을 방지하여 반추위내 적정 산도를 유지시키며, 특히 섬유소 분해세균의 활력을 향상시켜 조사료 이용효율을 증진시키게 된다. 반추위 발달에 도움을 주는 생균제는 특히 이유시기의 송아지에 있어 반추위 발달을 개선함으로써 이유시기를 앞당기는 효과도 나타낼 수 있다.

전환기 젖소, 즉 분만을 통하여 비유량을 증가시키는 시기의 착유우는 비유를 위하여 많은 에너지를 요구받게 된다. 그러나 사료섭취를 통하여 얻을 수 있는 에너지의 양은 제한적이다. 따라서 이 시기에 젖소는 에너지 불균형에 이를 수 있다. 지속적인 에너지 불균형은 최대 산유량 시기의 산유량 저하와 케토시스, 지방간 등 다양한 대사성 질병을 초래한다.

반추위내에서는 섭취된 영양소로부터 휘발성 지방산을 합성하는 데 합성된 휘발성 지방산은 반추위 미생물에게는 영양원으로 큰 작용을 하지 못하나 반추위 벽으로 흡수되어 반추동물의 에너지원으로 사용된다. 주로 acetate와 propionate 그리고 butyrate가 생성되며, 이 중 에너지 효율에서는 propionate가 가장 높다. 따라서 에너지가 부족한 이 시기에 propionate의 공급은 에너지 대사에서 중요한 의미를 가지게 된다.

분만 후 비유 초기에 생균제로서 propionate를 생성하는 propionibacter의 공급은 에너지 불균형의 해소에 도움을 줄 수 있으며, 산유량 및 유성분 개선에도 효과가 있을 수 있다. 비유 초기 젖소에게 생균제를 급여하면 비유 초기에 에너지 균형이 개선되고 증체량 대비 건물섭취량이 감소하고 유단백과 우유 내 무지고형물 함량이 증가될 수 있다. 또 생균제 형태로 propionibacter의 급여량이 증가함에 따라서 전체 비유기간 동안 산유량이 증가할 수 있다. 그러나 반드시 생균제의 급여가 산유량, 유당, 유단백 그리고 유지방 함량을 높이는 것은 아니며, 여러 가지 사양 환경조건에 따라 다르다고 볼 수 있을 것이다.

효모와 *Enterococcus faecium*을 주성분으로 하는 생균제를 급여한 연구에 의하면 분만전후로 생균제를 급여한 결과 혈중 유리지방산(NEFA : non-esterified fatty acid)의 함량이 감소하고 혈중 포도당이 증가하여 포도당의 대사속도가 개선되어 에너지 균형이 개선되는 결과를 보였으며, 이로 인하여 분만 후 사료섭취량과 산유량 그리고 유단백질 함량이 증가되는 결과를 나타내었다.

최근 젖소의 유생산 능력이 증가함에 따라서 에너지 균형을 위하여 많은 양의 농후사료가 급여되고 있다. 그러나 과도한 농후사료의 급여는 반추위내 젖산의 축적을 초래하여 산독증을 유발할 수도 있다. 효모와 섬유소 분해효소를 생산하는 생균제제들은 에너지 공급을 위한 농후사료 급여 시 발생할 수 있는 아급성 산독증(acute acidosis)을 예방할 수 있으며, 낮은 반추위 pH 환경에서 섬유소 분해를 원활하게 할 수 있다. 그러나 급성 산독증(acute acidosis)의 치료에는 영향을 미치지 못한다.

5.3 수산분야

세계적으로 수산양식이 일정한 장소에서 크게 증가하여 옴에 따라 해양의 심각한 수질오염과 세균, 바이러스, 리케차(Rickettsia), 마이코플라스마(Mycoplasma), 조류(Algae), 곰팡이(Fungi) 등 병원성 미생물의 발생으로 양식 어장에 많은 피해를 주고 있다. 주로 동남아에 크게 분포하고 있는 새우양식장은 날로 황폐화되어 생산량이 점점 줄어들고 있는 실정이다. 현재 주로 사용하고 있는 생균제로 광합성 세균(*Photo-synthetic bacteria*), 유산균(*Lactobacillus*), *Actinomycetes*, *Nitrobacteria*, *Denitrifying bacteria*, Bifidobacterium, Yeast, *Bacillus*, *Streptococcus* 등을 사용하고 있다. 이들 미생물들은 다음과 같은 목적으로 사용하고 있다.

① 병원성 미생물 및 다양한 바이러스의 증식억제
② 암모니아성 질소화합물을 분해하여 악취를 감소
③ 잔여 사료 찌꺼기의 분해 촉진
④ 플랑크톤의 성장촉진
⑤ 어류의 소화촉진
⑥ 부영양화의 원인인 각종 유기물의 분해로 수질개선

Acknowledgement
본 내용의 일부는 Brock의 미생물학 제 11판(월드사이언스, 2006)과 일반미생물학 7판(라이프사이언스, 2008)에 수록된 내용을 재정리 하였습니다.

참고문헌

[생균제]

Martin L. Cross. Microbes versus microbes: immune signals generated by probiotic lactobacilli and their role in protection against microbial pathogens.(2002) FEMS Immunology and Medical Microbiology 34, 245～253.

Ramanathan B. et al. Cathelicidins: microbicidal activity, mechanisms of action, and roles in innate immunity.(2002) Microbes and Infection 4, 361～372.

Sarneau S. et al. Two-peptide bacteriocins produced by lactic acid bacteria.(2002) 84, 577~592.

Schrezenmeir J. et al. Probiotics, prebiotics, and synbiotics-approaching a definition.(2001) Am J Clin Nutr. 73(suppl), 361S~364S.

Schwarz S. et al. Use of antimicrobial agents in veterinary medicine and food animal production.(2001) International Journal of Antimicrobial Agents 17, 431~437.

DiBaise JK. et al. Gut microbiota and its possible relationship with obesity. Mayo Clin Proc.(2008) 83(4):460~469.

김영민 등. 일반미생물학 7판.(2008) 라이프사이언스.

오계헌 등. Brook의 미생물학 제 11판.(2006) 월드사이언스.

[젖소의 생균제 효과]

Beharka A. A. et al., Performance and ruminal function development of young calves fed diets with Aspergillus oryzae fermentation extract.(1991) J. Dairy Sci. 74, 4326~4336.

맹원재 반추동물영양학(2001) 유한문화사

Martin S. A. and Nisbet D. J. Effect of direct-fed microbials on rumen microbial fermentation.(1992) J. Dairy Sci. 75, 1736~1744.

Waldrip H. M. and Martin S. A. Effects of an Aspergillus oryzae fermentation extract and other factors on lactate utilization by the ruminal bacterium Megasphaera elsdenii.(1993) J. Anim. Sci. 71, 2770~2776.

Bobe G. et al., Invited Revies : Pathology, etiology, prevention, and treatment of fatty liver in dairy cows.(2004) J. Dairy Sci. 87,3105~3124.

Francisco C. C. et al., Propionibacteria fed to dairy cows: Effects on energy balance plasma metabolites and hormones, and reproduction.(2002) J. Dairy Sci. 85:1738~1751.

Stein D. R. et al., Effects of feeding propionibacteria to dairy cows on milk yield, milk components, and reproduction.(2006) J. Dairy Sci. 89,111~125.

Nocek J. E. et al., Direct-fed microbial supplementation on ruminal digestion, health, and performance of pre- and postpartum dairy cattle.(2006) J. Dairy Sci. 89,260~266.

Oetzel G. R. et al., Direct-fed microbial supplementation and health and performance of pre-and postpartum dairy cattle : A field trial.(2007) J. Dairy Sci.

90,2058～2068.

Jouany J. P. Optimizing rumen functions in the close-up transition period and early lactation to drive dry matter intake and energy balance in cows.(2006) Anim. Reprod. Sci. 96,250～264.

[닭과 면역]

Haghhighi H. R. et al., Probiotics stimulate production of natural antibodies in chickens.(2006). Clini. & Vac. Imm. 13, 975～980.

Homma H. and Shinohara T.(2004). Effects of probiotic Bacillus cereus toyoi on abdominal fat accumulation in the Japanese quail(Coturnix japonica) 75, 37～41.

[면역과 생균제]

R. John Collier et al. Probiotic microbes: The scientific basis. (2005) The American Academy for Microbiology(AAM), a colloquium report, November 5～7, in Baltimore, Maryland.

[아스퍼질러스]

박재림 등, 환경미생물학, 2002. 형설출판사

제 7 장

동물용 의약품으로서 생균제의 개발과 이용

1. 서 론

우리나라에서 동물용 의약품을 최초로 제조하기 시작한 시기는 삼아약품공업이 보건사회부로부터 동물약품제조업 허가를 취득한 1956년이다. 미생물을 이용한 동물용 의약품은 생균제, 백신, 진단액, 면역증강제 등이 있다. 여기에서는 생균제에 국한하여 동물용 의약품의 개발과 이용에 대하여 일반 기업체에서 실제로 수행하는 업무를 중심으로 설명하고자 한다. 현재 축산업에서 가장 큰 문제점으로 대두되고 있는 것은 축산악취와 항생제 남용에 의한 내성균의 증가 및 축산물에 잔류하는 문제이다. 따라서 축산업을 계속 영위하고 발전시키기 위해서는 축산악취의 효과적인 제거와 항생제를 대체할 수 있는 동물용 의약품의 개발이 반드시 해결해야 하는 과제이다.

이러한 두 가지 문제점을 해결해 줄 수 있는 대안이 완전하지는 않지만 바로 생균제이다. 생균제는 축산악취 뿐만 아니라 생산성 향상은 물론 일부 질병의 치료 및 예방 등이 어느 정도 가능하여졌다. 이미 미국을 비롯한 유럽 등지에서도 유기축산을 강조하여 항생제나 화학요법제의 사용을 가급적 줄이고 생균제 및 천연제제로 대체해 나가고 있는 실정이다. 최근 우리나라에서도 생균제의 생산과 판매가 늘어나고 있는 것은 이러한 상황을 잘 반영하고 있는 것으로 볼 수 있다.

2. 동물용 의약품으로서 생균제의 개발

생균제를 동물용 의약품으로 개발하기 위해서는 제일 먼저 신제품에 대한 아이디어를 수집하여야 한다. 아이디어는 제품개발의 목적이 뚜렷한 것이 좋다. 아이디어는 연구·개발하는 연구원이나 개발자만이 낼 수 있는 것은 아니고 조직의 모든 사람들이 아이디어를 제안할 수 있다. 또한 외부에서 수집할 수도 있다. 이렇게 수집된 아이디어들을 평가하여 가장 좋은 평가를 받은 것부터 개발 우선순위를 정하여 순차적으로 개발계획을 세워 나가야 한다.

개발계획을 세우기 위해서는 제일 먼저 동물용 의약품에 관한 법규를 먼저 검토하여야 한다. 왜냐하면 법규 검토가 없이 개발이 이루어지면 개발 중에 법규에 위배되는 문제가 발생하여 개발이 중단되거나 처음부터 다시 개발을 시작하여야 하는 등의 경우가 발생할 수 있기 때문이다.

2.1 동물용 의약품 관련 법규 검토

동물용 의약품 관련 법규를 살펴보면 최상위에 약사법(법률)이 있다. 그 다음에 대통령령인 동물용 의약품 등의 제조업·수입자와 판매업의 시설 기준령이 있으며, 그 다음은 동물용 의약품등 취급규칙(농림부령)이 있고, 마지막으로 훈령, 고시, 예규(농림부, 국립수의과학검역원)가 있다. 따라서 개발하고자 하는 생균제가 법규에 따라 제품개발에 문제가 없는지, 법규에 제시된 제출 자료를 준비하였는지, 합법적인 절차를 밟아 기술검토를 받고 허가되어 제조·판매할 수 있는지를 철저히 검토하여야 한다. 즉, 개발하고자 하는 생균제의 제형은 무엇으로 할 것인지? 정제인지, 수용성 산제인지, 사료첨가제인지, 경구용 액제인지, 살포용 액제인지, 과립제인지에 따라 이에 따른 제조시설이 구비되어 있는지 확인하여야 한다.

동물용 의약품의 제형에 따른 시설기준은 위에서 언급한 동물용 의약품 등의 제조업·수입자와 판매업의 시설 기준령에 따라 제조시설을 완비하여야 한다. 그 다음은 동물용 의약품등 취급규칙(농림부령 제 1537호, 06. 8. 16)을 검토하여 개발하고자 하는 생균제의 분류와 기술검토 및 허가기관 등을 확인하여야 한다.

생균제의 경우 2006년 8월 16일 개정된 동물용 의약품 등 취급규칙 일부 개정령에 의하여 동물용 의약품에서 동물용 의약외품으로 분류되었고, 허가기관도 국립수의과학검역원에서 한국동물약품협회로 이관되었다(동물용 의약품 등 취급규칙 제5조 제2항 제3호, 동조 제3항 및 제16조 제2항의 규정에 따름). 따라서 이 경우에는 다시 한국동물약품협회의 예규 제2007-1호를 확인하여 신고 품목을 확인하여야 한다.

생균제에 관한 조항을 살펴보면 대한약전, 식품공전 및 사료공정서 등에 수재된 원료를 사용한 비타민제, 트로비타민제, 항산화제, 항곰팡이제, 효소제, 생균제, 아미노산제, 유기산제, 미량광물질이 함유된 단일 또는 복합제제로서 결핍물의 보충, 영양보조, 사료효율의 증진, 성장촉진 및 면역·생리기능 촉진 목적으로 제조·수입하는 동물용 의약품 또는 동물용 의약외품에 해당되는 품목(사료첨가제, 산제, 정제 및 액제 등 경구제에 한한다)이라고 되어 있다. 이 근거는 약사법, 동물약품 등 취급규칙(농림부고시 제2007-5호) 및 국립수의과학검역원고시 제2007-4호(2007. 1. 22)에 있다.

신고절차는

업체: 적정성검토의뢰서 ──────→ 협회 부설동물약품기술연구소: 적정성 검토 의견서 ──7일 소요──→

업체: 품목신고 신청서 ──3일 소요──→ 업체: 품목신고증 발급

으로 되어 있으며, 이때 제출서류는 ① 적정성검토의견서, ② 신고부표, ③ 제품설명서 및 외부포장 기재사항, ④ 안전성·유효성에 관한 자료, ⑤ 규격기준 및 시험방법과 제품의 검사성적서, ⑥ PL보험 가입증권 사본이다. 이렇게 제출된 서류는 한국동물약품협회의 부설동물약품기술연구소에서 한국동물약품협회규정(2007. 2. 1) 동물용의약품등 품목신고 적정성 검토지침에 의해 적정성 검토를 하여 7일 이내에 제조품목신고 적정성 검토 의견서를 협회장에게 제출하여야 한다.

적정성 검토 시 검토 항목은

① 신고대상 품목으로서의 적격성
② 당해 품목의 제품별, 원료약품의 분량, 성상·제조방법, 효능·효과, 용법·용량, 포장단위, 저장방법, 유효기간, 주의사항, 시험기준 및 시험방법 등에 관한 서류
③ 안전성·유효성에 관한 다음 각목의 자료

- 약전 품목인 경우 해당약전 관련부분 사본
- 효능·효과를 입증할 수 있는 국내외 자료(동물약품으로 기허가 된 제품인 경우 관련 입증자료로 갈음할 수 있다)
- 국내외에서 사용하고 있는 경우 관련 자료 사본
- 기타, 안전성·유효성에 관한 자료(자료별 요약서 포함)
- 종합의견서

이외에도 사업계획 및 제조공정에 관한 서류, 이미 허가를 받은 품목과 제형이 다르거나 제조시설·실험시설 또는 시험기구가 다른 경우에는 그 시설내역 및 시험 기구에 관한 서류를 제출하여야 한다. 이러한 품목신고는 직접제출하거나, 우편 또는

온라인(한국동물약품협회 홈페이지 : www.kapha.or.kr)으로 처리할 수 있다. 결론적으로 동물약품으로서 생균제 개발을 위하여 법규를 검토한 결과 생균제는 동물용 의약외품으로 분류되어 있고, 한국동물약품협회에 신고하는 품목으로 신고에 필요한 서류, 절차, 소요기간 등을 확인하였다.

2.2 동물약품으로서 생균제

현재 동물약품으로서 생균제는 동물약품 분류상으로 다음과 같다.

D	소화기계작용약(Agents affecting digestive systems)
DA	건위약(Stomachtonics)
DA1	효모(Yeasts)
DA10	효모(Yeasts)
DA101	단일(Sole preparations)
DA10101	사카로마이세스(Saccharomyces)
DA10102	토루라이스트(Torura yeast)0
DA10103	셀레늄이스트(Selenium yeast)
DA103	혼합(Compound preparations)
DA2	생균(Probiotics)
DA21	연쇄상구균(Streptococcus)
DA211	단일(Sole preparations)
DA21101	스트렙토코가스패시움(Streptococcus faecium)
DA213	혼합(Compound preparations)
DA22	간균(Bacillus)
DA221	단일(Sole preparations)
DA22101	바실러스토요이(Bacillus toyoi)
DA22102	바실러스코아귤란스(Bacillus coagulans)
DA22103	바실러스서브틸리스(Bacillus subtilis)
DA22104	바실러스폴리퍼먼티쿠스(Bacillus polyfermenticus)
DA223	혼합(Compound preparations)
DA23	클로스트리디움(Clostridium)
DA231	단일(Sole preparations)
DA23101	클로스트리디움부티리쿰(Clostridium butyricum)
DA23102	클로스트리디움부티리쿰미야리(Clostridium butyricum miyairi)
DA233	혼합(Compound preparations)
DA24	유산균(Lactobacillus)
DA241	단일(Sole preparations)

(계속)

DA24101	락토바실러스액시도필러스(Lactobacillus acidophilus)
DA24102	락토바실러스카세이(Lactobacillus casei)
DA24103	락토바실러스루테리(Lactobacillus reuteri)
DA243	혼합(Compound preparations)
DA24301	락토바실러스액시도필러스+락토바실러스카세이+비피도박테리움비피듐 (Lactobacillus acidophilus+Lacto. casei+Bifidobacterium bifidum)
DA24302	락토바실러스카제이+락토바실러스아시도필루스 (Lactobacillus casei+Lactobacillus acidophilus)
DA25	장내균(Enterococcus)
DA251	단일(Sole preparations)
DA25101	장내균(Enterococcus)
DA28	기타(Other probiotics)
DA281	단일(Sole preparations)
DA28102	광합성세균농축배양물(Rhodopseudomonas capsulata)
DA28104	농축복합생균건조분말(Probiotic capsulata powder)
DA28106	미생물복합체(Microorganism complex)
DA28108	유산균발효복합체(Lactobacillus complex)
DA29	복합생균(Mixed probiotics)
DA292	2개성분(Two ingredients)
DA29201	효모+유산균(Saccharomyces cerevisiae+Lactobacillus acidophilus)
DA29202	효모+간균(Saccharomyes+Bacillus subtilis)
DA29203	연쇄상구균+효모(Streptococcus faecium+Saccharomyces cerevisiae)
DA29204	유산균+간균(Lactobacillus+Bacillus)
DA29205	유산균+연쇄상구균(Lactobacillus+Streptococcus)
DA29206	유산균+장내균(Lactobacillus+Enterococcus)
DA293	3개성분(Three ingredients)
DA29301	간균+유산균+효모(Bacillus+Lactobacillus+Saccharomyces)
DA29304	클로스트리디움+유산균+간균(Clostridium+Lactobacillus+Bacillus)
DA29306	연쇄상구균+간균+클로스트리디움(Streptococcus+Bacillus+Clostridium)
DA29307	연쇄상구균+간균+유산균(Streptococcus+Bacillus+Lactobacillus)
DA29308	유산균+장내균+클로스트리디움 (Lactobacillus+Enterococcus+Clostridium)
DA29310	유산균+장내균+효모(Lactobacillus+Enterococcus+Saccharomyces)
DA29312	유산균+진균+스트렙토마이세스 (Lactobacillus+Aspergillus+Saccharomyces)
DA29320	효모+유산균+진균 (Saccharomyces cerevisiae+Lactobacillus+Aspergillus)

(계속)

DA294	4개성분
DA29401	간균+유산균+장내균+효모 (Bacillus+Lactobacillus+Enterococcus+Saccharomyces)
DA29410	유산균+구균+효모+진균
DA29420	유산균+간균+구균+진균
DA29430	유산균+간균+구균+효모
DA29440	간균+구균+진균+효모
DZ	복합소화기계작용약(Mixed agents affecting digestive system)
DZ2	2개성분(Two ingredients)
DZ20001	효소+미생물배양체(Enzymes+Microorganism)
DZ20010	효모+미생물배양체(Yeast+Microorganism)
DZ20020	산화아연+미생물배양체(Zinc oxide+Microorganism)
DZ24303	락토바실러스액시도필러스+락티스+비피더스+카제이+아스퍼질러스+토루라이스트(Lactobacillus acidophillus+Lactis+Bifidus+Casei+Aspergillus+Torura yeast)
DZ3	3개성분(Three ingredients)
DZ30002	베르베린+알루미늄실리케이트+건조효모 (Berberine tannate+Aluminium sililate+Dried yeast)
DZ30003	생균+유당소화효소+감마글로불린 (Probiotics+Lactase+Gamma globulin)
DZ30006	효소+미생물배양체+전해질(Enzymes+Microorganism+Electrolytes)
DZ30008	스트리크닌+효모+효소(Strychnine+Yeast+Enzymes)
DZ30009	탄산수소나트륨+인산암모늄+제1위추출물 (Sodium bicarbonate+Ammonium phosphate+Rumen extract)
DZ30012	효모+효소+마그네슘(Yeast+Enzyme+Magnesium)
DZ30013	미생물배양체+효소+셀레늄(Microorganism+Enzyme+Selenium)
DZ30015	미생물배양체+효소+곰팡이발효물 (Microorganism+Enzyme+Fungi fermenticals)
DZ30016	유카추출물+효소+미생물배양체 (Yucca extracts+Enzyme+Microorganism)
DZ30018	복합유산균+생약혼합발효물+곰팡이발효물 (Companic microorganism+Fermenticals of herb+Fermenticals of fungus)
DZ30019	미생물배양체+유산균+효소(Microorganism+Lactobacillus+Enzyme)
DZ30020	유산균+곰팡이발효물+제1위추출물 (Lactobacillus+Fermenticals of fungus+Rumen extract)
DZ30023	효모+간균+효소(Saccharomyces+Bacillus+Enzyme)
DZ30024	간균+셀룰로모나스균+유산균(Bacillus+Celluromonas+Lactobacillus)

(계속)

DZ4	4개성분(Four ingredients)
DZ40004	효모+효소+광물질+전해질(Yeast+Enzyme+Minerals+Electrolytes)
DZ40008	효모+제1위추출물+인산칼슘+탄산칼슘 (Yeast+Rumen extracts+Calcium phosphate+Calcium carbonate)
DZ40009	후라졸리돈+비스무스+효모+약용탄+스코폴리아 (Furazolidone+Bithmuth+Yeast+Medical carbone+Scopolia)
DZ40010	유산균+제1위추출물+효소+곰팡이발효물 (Lactobacillus+Rumen extracts+Enzymes+Fermenticals of fungus)
DZ40012	유산균+효모+광합성균+효소 (Lactobacillus+Yeast+Photosynthetic Bacteria+Diastase)
DZ40020	유카추출물+비타민+효소+효모 (Yucca extracts+Vitamins+Diastase+Yeast)
DZ5	5개성분(Five ingredients)
DZ50001	효모+파파인+황산코발트+메티오닌+전해질 (Yeast+Papaine+Cobalt sulfate+Methionine+Electrolytes)
DZ50002	효모+탈지유+덱스트로스+전해질+광물질 (Yeast+Skim milk+Dextrose+Electrolytes+Minerals)
DZ50003	넉스보미카+토주석+효모+바륨 클로라이드+여로근 (Nux vomica+Antimony potassium tartrate+Yeast+Barium chloride+ zzz)
DZ50005	베르베린말+황백말+제라늄말+효모+백아 (Berberine+Phellodendron+Geranium+Yeast+zzzzzzzzz)
DZ50006	고삼+효모+규산알루미늄+중탄산나트륨+탄산칼슘 (Sophora+Yeast+Aluminium silicate+Sodium bicarbonate+Calcium carbonate)
DZ50008	비스무스+건조효모+스코폴리아+약용탄+황백말 (Bismuth+Dried yeast+Scopolia+Charcoal+Phellodendron)
DZ6	6개성분(Six ingredients)
DZ60001	효모+효소+지실+겐티아나산+스코폴리아추출물+전해질 (Yeast+diastase+Poncir+Gentiana pulv+Scopolia extracts+Electrolyte)
DZ60002	후라졸리돈+비스무스+효모+스코폴리아+약용탄+황백말 (Furazolidone+Bithmth+Yeast+Scopolia+Medical carbone+Phelloden dron)
DZ60003	효모+인산수소나트륨+메치오닌+탄산칼슘+구연산나트륨+황산코발트 (Yeast+Phosphate+Methionine+Calcium carbonate+Citric acid+ Cobalt sulfate)
DZ60004	탄닌산알부민+황백말+제라늄말+치아질산비스무스+효모+징크페놀 (Albumin tannate+Phellodendron+Geranium+Bismuth+Yeast+Zinc phenol)

(계속)

DZ7	7개성분(Seven ingredients)
DZ70001	건말+효모+췌장효소+계피말+알미늄실리케이트+중탄산나트륨+락토민 (Sophora+Yeast+Pancreatin+Cinnamon+Aluminium+Bicarbonate+Lactomin)
DZ70003	효모+섬유소분해효소+카제인+코발트+호박산+메치오닌+인산수소나트륨 (Yeast+Cellulase+Casein+Cobalt+Succinate+Methionine+Sodium phosphate)
DZ70004	효모+효소+염화코발트+대황+중조+노회+호미카엑기스산
DZ8	(Yeast+Enzyme+Cobalt+Rhubarb+Sodium bicarbonate+Aleo+Nux vomica) 8개성분(Eight ingredients)
DZ80001	디아스타제+지실+켄티아나+진피+황백말+효모+탄산칼슘+규산알루미늄 (Diastase+Poncir+Cantiana+Citrus+Phellodendron+Yeast+Ca+Aluminium)
DZ9	9개성분(Nine ingredients)
DZ90001	효모+감초+탄산칼슘+소금+카제인+탄산-규산마그네슘+판크레아틴+디아 (Yeast+Glycyrr.+Ca carbo.+Na chlor.+Casein+Carbo.+Mg, Sili+Panc+Di)
HG	발효생성약(Fermentical agents)
HG10	효모발효생성약(Yeast fermentical products)
HG101	단일(Sole preperations)
HG10101	효모발효생성물(Fermenticals of yeast)
HG103	혼합(Compound preparations)
HG20	곡물발효생성약(Fermenticals of grain)
HG201	단일(Sole preperations)
HG203	혼합(Compound preparations)
HG30	곰팡이발효생성약(Fermenticals of fungus)
HG303	혼합(Compound preparations)
HG30301	리조프스+아스퍼질러스(Rhizopus+Aspergillus)
HG90	복합발효생성약(Mixed preparations)
HG90001	곡물발효추출혼합물(Meal fermentation extracts complex)
HG90002	곡물발효추출혼합물+상어간장유+칼슘+코발트 (Meal fermentation extracts complex+Shark liver oil+Calcium+Cobalt)
HG90004	생균-효모발효생성물(Probiotic-Yeast fermentation products)
HG90006	김치 젖산균 배양물
HG90008	김치 유산균 배양물
HY	복합대사성약(Mixed preparations)

(계속)

HY9	복합대사성약(Mixed metabolic agents)
HY92	2개성분(Two ingredients)
HY92005	아연메치오닌+셀레늄효모(Zinc methionine+Selenium citrate)
HY92008	라이신+효모(Lycin HCl+Yeast)
HY92009	면역글로블린+복합유산균(Immunoglobuline+Companic microorganism)
HY93	3개성분(Three ingredients)
HY93100	제1위추출물+미생물배양체+효소(Rumen extracts+Microorganism+ Enzymes)
HY93150	소담즙추출물+효소+효모(Ox bile extracts+Enzyme+Yeast)
HY94	4개성분(Four ingredients)
HY94010	감초+소담즙추출물+글루타치온+셀레늄이스트 (Glycyrrhiza+Ox bile extract+Selenium yeast)
HY94020	아미노벤조익산+효모+비타민+광물질 (Aminobenzoic acid+Yeast+Vitamins+Minerals)
HY94022	해조말+효모+비타민+광물질(Seeweed+Yeast+Vitamins+Minerals)
HY94035	제1위추출물+유산균+효모+효소(Rumen extracts+Lactobacillus+ Enzymes+Yeast)
HY95	5개성분(Five ingredients)
HY95001	제1위추출물+효모+황산동+아미노산+전해질) (Rumen extract+Yeast+Copper sulfate+Amino acid+Electrolytes)

이와 같이 생균제는 동물약품에서 단일로 사용될 뿐만 아니라 각종 효소, 소화제, 면역증강제, 대사성제제 등과 복합제로 활용되고 있다. 또한 그 용도도 소화제, 면역증강제 및 대사촉진제의 일부 성분으로 사용되고 있으며, 설사예방 및 치료, 정장제, 성장촉진 및 사료효율 개선 목적으로 사용되고 있다. 그리고 생균제의 중요한 역할인 축산악취 저감제로도 사용되고 있다. 따라서 서언에 언급한 현 축산의 문제점인 축산악취 제거와 항생제 대체제로서 생균제가 어느 정도 역할을 수행하고 있는 것은 사실이다. 그러나 축산악취를 지금보다 더 효과적으로 제거할 수 있는 새로운 생균제를 개발하거나 시너지 효과를 낼 수 있는 효소제나, 천연제 등의 복합제를 개발하려는 노력은 끊임없이 필요하다.

또한 항균제 대체도 설사 및 정장 이외에 질병이 감염된 상태에서는 큰 효과가 없어 역시 이 경우에도 항균효과가 있는 천연제제와의 복합제를 개발할 필요가 있음을 알 수 있다.

3. 동물약품으로 사용되는 생균제 시장(2006년 기준)

분 류		생 균	판매량 (kg)	판매액 (천원)	비 고
DA1		효모	1,250,976	2,123,304	대부분 사카로 마이세스
DA2		생균	3,235,047	6,033,568	
	DA21	연쇄상구균	37,810	86,112	
	DA22	간균	1,858,049	1,639,267	
	DA23	클로스트리디움	193,947	929,518	
	DA24	유산균	395,228	1,195,884	
	DA25	장내균	0	0	
	DA28	기타	351,209	1,034,472	
	DA29	복합생균	398,804	1,148,315	
DZ		복합소화기계작용약	851,357	3,301,417	
HG90		복합발효생성약	42,190	126,466	
HY93100		제1위추출물+미생물배양체+효소	67,130	305,225	
HY94010		감초+소담즙추출물+글루타치온+셀레늄이스트	10	0	
HY94020		아미노벤조익산+효모+비타민+광물질	16,340	25,954	
HY94022		해조말+효모+비타민+광물질	20,640	16,818	
HY95001		제1위추출물+효모+황산동+아미노산+전해질	48,501	312,188	
합 계			5,532,191	12,244,940	

4. 동물약품의 개발

기업체에서는 일반적으로 신제품을 개발하기 위해서 표 7-1과 같이 기업부설연구소 연구·개발 파트나 기업체의 연구개발부 혹은 개발부에서 신제품 개발위원회의나 신제품 개발회의 등을 통해 신제품 개발을 추진하게 된다. 일반적으로 신제품 개발위원회의 위원장이나 연구개발 책임자 혹은 개발책임자가 신제품 개발회의를 주관하고 회의결과는 회의록을 작성하여 경영진에 보고한다.

표 7-1. 개발 추진 흐름도

단 계	책임부서	비 고
아이디어 제안 및 수집	연구소, 영업부, 생산부 및 기획부 등 모든 부서	- 회사내 모든 임직원이 제안할 수 있음
아이디어 평가 및 선정	연구소, 신제품 개발위원회 영업부 시장조사 마케팅부 시장조사 생산부 생산성 조사 기획부 경영정책과 연관조사	- 연구소에서 1차 평가 - 기획부에서 2차 평가 - 관련 법규, 시장성 및 생산 가능성 등에 대하여 평가
신제품 계획서 작성	연구소 개발담당	- 선정된 아이디어를 신제품으로서 계획을 구체적으로 작성(양식 1)
신제품 개발평가	연구소 신제품개발위원회	- 신제품 계획에 대한 평가 및 문제점 협의
신제품 개발 추진	연구소 신제품개발위원회	- 제조품목 허가 추진 및 시제품 생산 필요에 따라 안전성, 유효성 시험추진
신제품 생산 및 출시	생산부, 영업부	- 신제품 판매 및 출하
신제품 반응 조사	마케팅, 영업부	- 시장반응을 조사하여 제품 강화 및 수정

신제품 개발위원회의 구성은 다음과 같다.

① 신제품 개발위원장: 기업부설연구소장, 연구개발부 책임자 혹은 개발책임자
② 위원: 개발담당, 기획부책임자, 마케팅책임자, 영업책임자, 품질관리책임자, 생산책임자, 구매책임자, 기타 필요한 사람

4.1 충분한 사전검토 필요

신제품 제품화 계획 수립 시 사전에 충분한 검토가 필요하다. 이때 검토할 항목은 다음과 같다.

① 성장성 분석

경영지원의 활용 가능성, 투자회수 가능성, 안정적 발전 가능성, 시장의 적합성, 파급효과의 정도 등

② 경쟁우위성 분석

경쟁우위성 발휘 가능성, 기업특성의 활용 가능성, 기업체질, 조직 및 인재의 우위성 등

③ 위험성 분석

내재하는 위험성, 불확실성에 대한 대응능력, 위험성의 절감과 분산 내용 등

④ 공공성 및 사회성 분석

공공성 및 사회성의 평가, 사회적 효율 내용, 법적 규제 및 특허권에 대한 대응 등

4.2 제품화에 대한 타당성 검토

제품화에 대한 타당성 검토는 의사결정자에게 제품화할 것인지, 제품화를 중단할 것인지를 판단할 수 있는 중요한 기준을 제공한다. 제품화에 대한 타당성 검토는 예비분석과 타당성을 기본적으로 검토하고 제품화 가능성이 높은 경우에는 세부적으로 검토하는 것이 효율적이다.

제품화 타당성 검토 시 고려해야 될 사항은 다음과 같다(표 7-2 참조).

① 시장잠재력

전반적인 시장예측, 수급전망, 마케팅 전략(가격, 품질, 마케팅, 애프터서비스 등)

② 생산능력

생산량, 생산일정, 가동률, 생산설비, 생산품질 등

③ 원재료 및 기타 부재료

원자재 수급전망(가격, 품질, 양, 공급원), 소요 부자재, 비품, 연료, 용수 등

④ 입지조건

공공정책, 토지용도, 지역사정, 기반구조, 운송설비, 인력공급, 폐기물처리 등

⑤ 정비능력

생산기술, 공정기술, 장비, 토목공사 등

⑥ 공장조직 및 간접비용

⑦ 인적자원

⑧ 실천계획

⑨ 투자비회수

- 총 투자액(연구개발비 + 공장부지비 + 토목공사비+ 장비도입비 + 생산 전단계 자본지출 + 운영자금 등)의 산출
- 자금조달(자금 조달원, 조달비용, 부채상환계획)
- 총 생산원가
- 재무평가(순 현재가치, 내부 수익율, 자본 회수기간, 단순 이익율, 손익분기점) 등

4.3 제품화 계획서 작성

제품화 계획서는 개발제품의 시장 환경과 기업체의 위치 파악, 기본설계의 작성, 세부 추진계획의 수립 등 3단계로 작성한다.

① 개발제품의 시장 환경과 기업체의 위치

② 기본계획의 작성

③ 세부 추진계획의 수립

제품화 계획의 양식은 양식 1, 양식 2(첨부문서 내)에 따라 작성하든지 아니면 기업체 사정에 따라 일부 수정하여 사용하여도 무방하다.

4.4 제품화의 결정

개발제품을 제품화 할 것인지 중단할 것인지 결정하기 위해서는 표 7-3과 표 7-4(첨부문서 내)에 정리한 것을 고려하여 결정하여야 한다. 제품에 따라 평가기준은 달라질 수 있다. 제품화에 대한 의사결정은 단독으로 혹은 신제품개발위원회의에서 집단으로 결정할 수 있다. 제품화는 성공을 전제로 결정되지만 다소간의 불확실성과 실패의 위험도 가지고 있다. 최근 중요하게 대두되고 있는 것은 적기에 결정하여 적기에 제품화하는 것이다.

4.5 제품화의 실천

개발제품의 제품화가 결정되면 소위 액션플랜(Action plan)이라고 하는 제품 및

마케팅에 대한 실천계획을 세우는 것이 매우 중요하다. 실천계획에는 목표가 정확히 설정되어야 하며 항목마다 담당책임자를 정하고, 이때 가장 중요한 것은 목표달성 시간이다. 물론 실천하는 과정에 많은 변화가 생기고, 이러한 변화에 신속한 대처를 해 나가면서 실천계획도 수정하여 추진하게 된다.

제품화과정은 연구개발, 마케팅, 영업, 기획, 생산, 품질관리, 구매 등 전사적으로 연결되어 진행되며, 부서별 업무분담은 표 7-5(첨부문서 내)에 정리하였다. 이렇게 기업체내 거의 전부서가 제품화에 참여하게 되는데 각 부서가 어떻게 유기적으로 잘 협조해 나가느냐 하는 것이 제품화의 관건이 된다.

이와 같이 부서간의 협조를 원활히 하기 위해서는 마케팅부서, 연구개발부서, 생산부서 등을 계획 수립 시부터 참여시켜 자신의 업무가 제품화 과정에서 중요함을 인식시켜 책임감 있게 실천 계획을 수행할 수 있도록 하여야 한다. 또한 책임과 협조 내용을 확실히 주지시켜 사전 준비와 대책을 수립할 수 있도록 해주어야 한다. 기업체에 따라서는 프로덕트 매니저(Product Manager)를 지정하여 전 과정을 관장하고 조율할 수 있도록 책임과 권한을 부여하여 진행하는 방법도 효율적이다.

마지막으로 제품개발과 시장개발을 병행하여 추진함으로써 생산 및 판매의 적기를 확보하는 것도 제품화에 있어서 매우 중요한 부분이다. 제품화를 위한 실천계획은 신제품개발위원회의에서 실천상황을 점검하고, 문제점을 토의하며, 대책 등을 수립하여 회의록 작성하고 경영진에 보고하여 제품화 진행상황을 알려 경영상 필요한 결정을 할 수 있게 하여야 한다. 실천계획은 양식 3(첨부문서 내)에 정리하였다. 물론 이 양식도 기업체의 사정에 따라 변경하여 작성할 수 있다.

4.6 신제품 생산 및 출시

제품화 실천 계획에 따라 제품화가 진행되면 연구·개발부와 생산·품질관리부는 제품화를 위한 시제품의 생산 및 대량생산 기술을 확립하여 제품의 특성과 품질 및 가격에서 경쟁력을 가지는 제품이 되도록 하여야 한다. 제품을 출시하기 전에 마케팅계획(양식 6 참조)을 확정하고, 품평회를 개최하여 부족한 부분이나 잘못된 부분은 시정하여 제품이 출시되었을 때 고객으로부터 불편을 최소화 하여야 한다.

4.7 제품의 사후관리(반응 점검)

아무리 좋은 제품이라 할지라도 고객의 성향에 따라 불만사례가 발생할 수 있다. 따라서 경쟁사, 유통, 소비자 등에 대하여 주의 깊게 반응을 점검하여야 한다. 반응을 점검하여 좋은 점은 최대한 살려 장점으로 활용하고 개선해야 될 점은 신속히 개선하여 제품의 하자를 제거하는 것이 제품의 생명을 연장하는 최선의 길이다(양식 7 참조).

5. 결 론

생균제를 동물약품으로 개발할 때 어떤 목적으로 또 어떤 과정으로 개발이 진행되고, 진행과정에 필요한 점검사항 등을 가급적이면 기업체에서 실제 사용하는 기법과 양식을 통해서 소개하였다. 이러한 기법과 양식은 생균제 뿐만 아니라 다른 동물약품을 개발할 때도 똑같이 사용할 수 있다. 여기에서 소개하는 기법과 양식 등은 절대적인 것은 아니며 기업체 상황에 따라 수정하거나 변화를 주어 사용할 수도 있다. 본 내용을 잘 숙지하여 기업체에 근무할 때 신제품 개발업무에 많은 도움이 되었으면 한다.

1) Check points when to develop new product.

(1) Idea & Information(Any source)

(2) Market feasibility study(MKT)

Government regulations, Market potential, Competition status, Estimated forecast, Raw material supply & price, Formulation & Facilities, Price calculation. Sales point and Market segment(prospect). Packings etc.

(3) Evaluation(R&D, MKT. S)

(4) Reporting for approval(MKT)

(5) Contract & Agreement(PL)

(6) Collection of Data & Documents(R&C, MKT)

(7) Trials

① Scientific trials(R&D)

② Screen & Case Trials(MKT)

Trial titlc, Trial purpose, Trial periods, Trial conductor, Trial materials & Methods, Trial results, Discussion, References etc.

(8) Pilot production & Manufacturing Instruction(Q.C)

(9) Registration(R&D/G)

① Technical review(NVRQS or KAHPA)

② Product license(NVRQS or KAHPA)

③ Patent & Trade mark(O.P)

(10) Market Plan(MKT)

Sales target, Promotional plan(Market concept & segment, Sales points, Packing & Advertising materials, Promotion budget, etc.), etc.

(11) Purchase

① Raw materials(PL)(Forecast, Price)

② Packing Materials(Label, Leaflet, Carton box, Bottle, Alcap, Rubber Stopper, P.P or P.E bag, Paper bag, Accessory tools, Transportation box, etc.)

③ Advertising materials(Pamphlet, Poster, Gifts, Direct Mailing, Informative brochure, House magazine, Slide, Video Film, Education, Samples, Symposium etc.)

④ Facilities & Equipments(PL/G)

(12) Price calculation(PL)-Ideal price/forecast(MKT)

(13) Education(MKT)

(14) Advertising(MKT)-Market concept/Idea

(15) Production(PR)-Packing materials

Raw materials

Manufacturing instruction

Quality control

(16) Government inspection

(17) Selling(S)

(18) Market response(MKT/S)

- G : General Affairs Dept.
- KAHPA : Korea Animal Health Product Association
- MKT : Marketing Dept.
- NVRQS : National Veterinary Research & Quarantine Service
- O.P : Office of Patent
- PL : Planning Dept.
- PR : Public Relations Dept.
- QC : Quality Control Dept.

- R&C : Research & Development Dept. & Quality Control Dept.
- R&D : Research & Development Dept.
- S : Sales Dept.

표 7-2 Evaluation of Market Possibility

	Factor	Score	Criteria				
			Very Good(+3)	Good(+1)	Common(0)	Bad(-1)	Very Bad(-3)
1	M. size(MIO)		500 <	300 <	100 <	50 <	50 >
2	T/O of 1st yr		50 <	30 <	10 <	5 <	5 >
3	Stability of Demand		Very stable	Stable	Changing	Fluctuant	Very Fluctuant
4	Life cycle of prod.		10yr <	7yr <	5yr <	3yr <	3yr >
5	Market potential		New potential	Increasing	Matured	Satured	Decreasing
6	Need of Development		Receptable Immediately	Fast receptable	Not-far receptable	Future receptable	Influenced by others
7	Competition(Type/No.)		Monopoly	Slight Competition	Moderate competn within limit No.	Numerous competn in limited MKT	Severe competn
8	Merit of product		Pr/QLTY superior	QLTY superior Pr competitive	Pr/QLTY competitive	QLTY competitive Pr higher	QLTY lower Pr higher
9	Influence on current prod. line		Increase of cur. pro. T/O	Slight increase -	No influence	slight decrease -	Direct substitution
10	Connection with current prod.		Coincidence	Compensatory	Possible	Not Proper	Different
11	Withdrawl of Investment		1yr >	2yr >	3yr >	4yr >	4yr <
12	Additional value		Very Good	Good	Common	Bad	Very Bad
13	Production Tech./Facility		Feasible	Feasible with partial Investment	Feasible partially	New Facility	New Tech./Facility

(계속)

	Factor	Score	Criteria				
			Very Good(+3)	Good(+1)	Common(0)	Bad(−1)	Very Bad(−3)
14	Imitation possibility		Complete Impossible	Similarity partially possible	Similarity possible	Partial Imitation	Complete Imitation
15	Patent protection		5yr <	2∼3yr <	1yr <	Tentative protection	Free
16	Raw Material		Private prodn	Domestic supply	Import of oasic material	Import of raw material	Import← production by special order
17	Company Image		Very Good	Good	Common	Bad	Very Bad
18	Accumulation of Tchnique		〃	〃	〃	〃	〃
19	Assortment		Indispensable	Necessary	Some need	Partial substitution	Enough substitution
20	Others		Mobility of Facility/Employee, Extention of BIZ, policy, etc.				

Score	0	1∼`15	16∼34	35 <
Evaluation	No value	reservation	Sufficient study	Immediate Development
Score of( )				

표 7-3. 신제품 개발 결정시 유의사항

구 분	유의사항
기술성	- 제품품질 평가와 우수성 확인 - 제품가격 평가와 우월성 확인 - 제품생산 기술 평가와 우월성 확인
수익성 및 성장성	- 경쟁기술, 상품과 경쟁력 - 원료입수 및 원가전망 - 수익성 예상 - 판매 예상 - 장래 수요예측과 제품 라이프 사이클 - 해당 기술의 발전성과 라이프 사이클
기업체 경영	- 기업체의 기업방향 및 기술력과의 연관성 - 타사업 및 타과제와의 기술적 연관성 - 타사업 및 타과제와의 원료, 제품 관련성 - 장래 기술 수출 및 교환 가능성
개발 및 제품화 방안	- 제품화를 위한 연구·개발 투자 규모 - 연구개발 - 기술도입 가능성 - 제품화 조건 및 타이밍 - 제품화 담당 및 규모
법적사항	- 제품특허의 유무 확인 - 특허확보의 상황 - 생산상 법적 제약의 유무

표 7-4. 제품화 결정시 평가항목과 기준

평가항목	평가기준
연구개발비 및 이익률(이익/연구개발비)	- 3배 이상
연구개발비 회수기간	- 3년
판매 안전기까지 기간	- 3년
연구개발 기간	- 동종 기술 연구개발 기간보다 짧다
제품수명	- 5년 이상
기술서비스	- 일부 개선
판매조직	- 현재 상태의 개선
경쟁제품 상황	- 경쟁제품이 적다
기업화의 규모	- 기업체의 평균 정도
생산설비 감가상각 가능 년수	- 5년 이내

표 7-5. 신제품 개발 추진 시 부서별 업무 분담

부서	업무분담	비고
연구개발부	- 신제품계획서 작성 - 신제품 시제품 생산 의뢰 및 간이시험 추진 - 시제품 생산 및 품질의 점검 - 신제품 설계상의 문제점 수정 및 개선 완결 - 시제품 개발과정 정보 관련부서 제공	영업부 생산부 기획부 품질관리부(특허관리) 기술지원부
생산부 및 품질관리부	- 제품생산 가능성 조사 - 제품 시험기준 및 시험방법 검토 - 생산수율 측정 및 생산원가 계산 - 제조설비 투자 검토	연구개발부 구매부 기획부
영업부 및 마케팅	- 신제품 판매가능성 조사 - 신제품 판매활동의 문제점 검토 - 신제품 생산 준비단계에서의 판매준비 및 판매계획 준비 - 테스트 마케팅의 실시 - 가격, 판매조건, 광고, 기타 판매촉진, 새로운 판매 유통망 설정 등 의사결정	연구개발부 생산부 기획부

[양식 1] 신제품개발 계획서

신제품명 : 담당 :

1. 신제품 개요(개발내용, 개발경과, 개발투자내역, 특성비교, 특허상황, 제조기술 및 공정 등)

2. 경쟁제품 상황

① 국내(경쟁제품의 판매상황, 유통경로 및 판매가격)

② 해외(경쟁제품의 판매상황, 유통경로 및 판매가격)

3. 국내시장(총시장, 가격동향, 유통경로 및 판매조건, 판매상 문제 등)

4. 해외시장(국가별 총시장, 가격동향, 유통경로 및 판매조건, 판매상 문제 등)

5. 신제품의 특장점(경쟁제품과 비교 차별화점)

6. 신제품의 판매예측 및 수익성(국내 및 해외)

7. 신제품의 마케팅 전략

[양식 2] Outline of new product

PM :   Date.   .   .   .

1. Product name
2. Component & Formulation
3. Indications
4. Dosage & Usage
5. Packing size
6. Market status & Market potential
7. Competition status & Estimated forecast
8. Sales points & Market concepts(Segment)
9. Opinion of PM

* 신제품 개발 회의 시 신제품에 대한 정보를 위와 같은 순서로 정리하여 참석자에게 설명

양식 3. Launching Time Table for (   )

Items / Dpt / Duration(month)	Dpt	1	2	3	4	5	6	7	8	9	10	11	12	13	14	15	16	17	18	Remark
1. Idea & Information																				
2. MKT SVY	MKT																			
3. Evaluation	council																			
4. Contract																				
5. Col. of Data & Document	MKT/R&D																			
6. Pilot prod. & MI	R&D																			
7. Trial	MKT/S																			
8. Registration	R&D/G																			
9. MKT plan	MKT																			
10. Purchase ⓐ Raw M.	PL/G																			
ⓑ Packing M.	G																			
ⓒ Equipment	G/PL																			
11. Price Decision	PL																			
12. Education	MKT																			
13. Advertising	MKT																			
14. Production	PR																			
15. GVMT Inspention	QA																			
16. Selling	S																			
17. Check MKT Response	MKT/S																			

Remark :	2. MKT size(AMT/QTY), competition, prospect, GVMT Regulation/Requirement & Ideal price
	3. Raw Mat/packing Mat, Prod facility, cost c및 & Finance
	8. Technical, approval, patent & Trade mark
	9 Sales plan, packing design, advertising, Education/Training, printing matter & budget/sample
	10. ⓐ Vehicle/carrier
	ⓑ inner/outer/delivery, insert paper & accessory tool

양식 4. 신제품 추진계획표

구분 / 품목	학술부	학술부	품관부	품관부	기획부	기획부	기획부	총무부	학술부	학술부	학술부	생산부	학술/인재	비 고
	기술검토	품목허가	제법확립 및 작성	안전성시험 및 자료	back cal 및 가격결정	원료구매 및 입고	생산지시	포장자재 발주 및 입고	제품계획	포장자재 구매의뢰	판촉계획 및 교육계획	제품생산	임상시험	

[양식 5] 생산 추진계획

제품명 :

추 진 사 항			
1. 연구소 기술검토			
2. 농수산 부품목 허가			
3. 포장자재 문안 준비			
4. 팜플렛 등 홍보자료 준비			
5. 사내교육			
6. 판촉계획 준비			
7. 원료발주 및 입고			
8. 원가계산			
9. 포장자재 발주 및 입고			
10. 팜플렛 등 발주 입고			
11. 판매계획 준비			
12. 생산준비 완료			
참 고	1. 포장단위 : 2. 첫 제품 생산예정 :		

[양식 6] Market Study Report

PM : Date. . . .

1. General Status

- Governmental regulations
- Raw material Supply
- Distribution Channel
- Etc(Market potential, Competition Status, Price, Formulation & Facilities).

2. Market Analysis

1) Total Market trends(for 3years)
2) Market Status spilt-up by A.I(Preparations, Animal species)
3) Competitors Analysis(Sales Quantity and Amount, Market Share, Dose Price, Sales and Promotion Strategy etc.)

3. Market Plans

1) Sales Forecast(Target)
2) Sales and Promotion Strategy
   - Market Segment and Concept
   - Sales Points
   - Pricing
   - Packings(Label, Leaflet, Carton Bottle, Alcap, Rubber stopper, P.P or P.E bag, Paper bag, Accessory tools, Transportation box etc.)
   - Promotion and Advertising(Pamphlet, Poster, Gifts, DM, Informative brochure, House magazine, Slide, Video film, Education, Samples, Symposium, Trials etc.)
3) Launching Plan
   - Preparing Registration Documents
   - Submitting Technical Review and Applying product License to NVRQS
   - Launching time

[양식 7] CLAIM 처리내역서

<table>
<tr><td colspan="4">접수자 :</td><td colspan="2">접수일자 :</td></tr>
<tr><td>제 목</td><td colspan="5"></td></tr>
<tr><td rowspan="2">CLAIM
신청자</td><td></td><td>전화번호</td><td colspan="3"></td></tr>
<tr><td></td><td>주 소</td><td colspan="3"></td></tr>
<tr><td>제 품 명</td><td></td><td>제조번호</td><td></td><td>제조일자</td><td></td></tr>
<tr><td>제품구입처</td><td></td><td>구입일자</td><td colspan="3"></td></tr>
<tr><td>사용일자</td><td colspan="5"></td></tr>
<tr><td colspan="6">사용목적</td></tr>
<tr><td colspan="6">사용방법 및 용량</td></tr>
<tr><td colspan="6">CLAIM 내용 요약</td></tr>
<tr><td colspan="6">CLAIM 신청자 요구사항</td></tr>
<tr><td>CLAIM
처리담당 부서</td><td colspan="5"></td></tr>
<tr><td>담당부서 송부일자</td><td></td><td>처리기한</td><td colspan="3"></td></tr>
</table>

부 록

1. 동물약품으로서의 생균제

1.1 신고요령

1) 대 상

신고청 : 한국동물약품협회
전화번호 : 031-707-2470
담당자 : 이정은 대리, 김정아 과장, 이혜숙 연구원(변동있음)
신고가능업체 : 동물약품 제조업 또는 수입업자로서 대상 제제에 대한 GMP 인증이 되어 있어야 함

2) 관련 규정(별첨)

약사법(동물의약품등에 대한 특례)
행정권한의 위임 및 위탁에 관한 규정(대통령령)
동물용 의약품등 취급규칙(농림부령)
(농림부고시)
(농림부 승인 사무편람)
(협회 규정)

3) 신고절차 요약

'별지서식에 의한 동물용 의약품 등 제조(수입)품목 신고서'와 구비서류를 갖추어 한국동물약품협회장에게 품목신고서를 제출하여야 하여함.

신고를 신청하는 경우 협회장은 신고대상 품목의 적격성 및 신고요건의 적격성 확인을 위하여 협회 부설 한국동물약품기술연구소장에게 적정성 검토를 의뢰하고 적격성과 적정성이 확인되는 경우 '별지서식에 의한 동물용 의약품 등 제조(수입)품목 신고증'을 발급합니다. 협회의 품목신고 업무는 민원인의 편의와 신속한 처리를 위하여

온라인으로 처리하고 있으며(제조업 또는 수입업이 있는 경우 온라인 접속 아이디와 비밀번호를 부여 받게 됨), 민원인의 선택에 따라 품목 신고서 등을 서류로 작성하여 직접 제출할 수 도 있습니다.

4) 동물용 의약품 등 제조신고 절차

〈 온라인 제출서류 〉

(1) 동물용 의약품 등 제조품목 신고서

(2) 신고증에 첨부될 부표

(3) 제품설명서 및 한글표시서 기재사항

* 부표는 기술연구소 적정성 검토 시 민원인과의 협의에 의하여 변경될 수 있으며 제품설명서 및 한글표시서 기재사항은 기술연구소의 검토를 희망하는 경우에 한하여 제출하시기 바랍니다.

〈 오프라인 제출서류 : 우편 또는 인 〉

(1) 신고대상 품목으로서의 적격성에 관한 자료(약전 등의 수재근거, 원료약품 구분, 사용목적, 제형에 관한 자료)

(2) 부표의 기재근거가 되는 제품명, 원료약품의 분량, 성상, 제조방법, 효능효과, 포장단위, 저장방법, 유효기간, 주의사항, 시험기준 및 방법 등에 관한 서류

(3) 안전성 유효성에 관한 자료

① 안전성 유효성에 관한 종합의견서(임의 서식)

② 국내외 안전성, 유효성에 관한 자료(자료별 요약서 포함)

③ 약전 품목인 경우 해당약전 표지와 관련부분의 사본

④ 국내외에서 사용하고 있는 경우 관련자료 또는 제품 포장지 등

* 신고를 필한 제품은 동물용 의약품 등으로 국립수의과학검역원의 사후관리를 받게 되며, 신고사항의 확인을 위하여 한국동물약품기술연구소의 확인 검사를 받을 수 있습니다.

〈 신고 수수료 〉

제조 품목신고 수수료 : 10,000원 / 건(부가세 별도)

〈 적정성 검토 수수료 〉

적정성 검토 수수료 : 220,000원 / 건(부가세별도)

5) 동물용 의약품 등 수입신고 절차

〈 온라인 제출서류 〉

(1) 동물용 의약품 등 수입품목 신고서

(2) 신고증에 첨부될 부표

(3) 제품설명서 및 한글표시서 기재사항

* 부표는 기술연구소 적정성 검토 시 민원인과의 협의에 의하여 변경될 수 있으며, 제품설명서 및 한글표시서 기재사항은 기술연구소의 검토를 희망하는 경우에 한하여 제출하시기 바랍니다.

〈 오프라인 제출서류 : 우편 또는 인편 〉

(1) 신고대상 품목으로서의 적격성에 관한 자료(약전 등의 수재근거, 원료약품 구분, 사용목적, 제형에 관한 자료)

(2) 부표의 기재근거가 되는 제품명, 원료약품의 분량, 성상, 제조방법, 효능효과, 포장단위, 저장방법, 유효기간, 주의사항, 시험기준 및 방법 등에 관한 서류

① 효능효과에 관한 자료는 국내외 효능효과 자료를 제출하고 동물약품으로 기허가된 제품인 경우 편람 등 관련 입증자료 제출

② 유효기간은 농림부에서 일괄 조치된 유효기간을 적용하고 그 기간을 연장하고자 하는 경우 관련자료 제출

(3) 안전성 유효성에 관한 자료

① 안전성 유효성에 관한 종합의견서(임의 서식)

② 국내외 안전성, 유효성에 관한 자료(자료별 요약서 포함)

③ 안정성 시험자료

④ 약전 품목인 경우 해당약전 표지와 관련부분의 사본

⑤ 국내외에서 사용하고 있는 경우 관련자료 또는 제품 포장지 등

(4) 생산국 정부 또는 공인기관이 발행 또는 확인한 제조 및 판매증명서

* 신고를 필한 제품은 동물용 의약품 등으로 국립수의과학검역원의 사후관리를 받게 되며, 신고사항의 확인을 위하여 한국동물약품기술연구소의 확인 검사를 받을 수 있습니다.

〈 신고 수수료 〉

제조 품목신고 수수료 : 10,000원 / 건(부가세 별도)

〈 적정성 검토 수수료 〉

적정성 검토 수수료 : 220,000원 / 건(부가세 별도)

1.2 관련 법령

1) 국립수의과학검역원고시 제2010-7호

「약사법」 제2조 제7항 · 제85조, 「의료기기법」 제2조 제1항 · 제39조, 「동물용 의약품등 취급규칙」 제2조 제1항 제3호 및 제4호의 규정에 의하여 "동물용 의약외품 · 동물용 의료기기의 범위 및 지정 등에 관한 규정"을 다음과 같이 개정하여 고시합니다.

2010년 11월 16일
국립수의과학검역원장

동물용 의약외품 · 동물용 의료기기의 범위 및 지정 등에 관한 규정

제1조(목적)

이 규정은 「약사법」 제2조 제7항 · 제85조, 「의료기기법」 제2조 제1항 · 제3조 · 제39조, 「동물용 의약품등 취급규칙」(이하 "취급규칙"이라 한다) 제2조 제1항 제3호 및 제4호의 규정에 따른 동물용 의약외품 · 동물용 의료기기의 범위 및 지정 등

에 관하여 필요한 사항을 정함을 목적으로 한다.

제2조(동물용 의약외품의 범위)

(1) 취급규칙 제2조 제1항 제3호 가목의 규정에 의한 동물용 의약외품의 범위는 별표 1과 같다.

(2) 취급규칙 제2조 제1항 제3호 나목의 규정에 의한 동물용 의약외품으로서 위생상의 용도에 제공되는 섬유·고무 또는 지면류의 종류는 별표 2와 같다.

제3조(동물용 의료기기의 범위)

(1) 취급규칙 제2조 제1항 제4호의 규정에 의한 동물용 의료기기의 범위는 별표 3과 같다.

(2) 동물용 의료기기의 성능을 발휘하고 사용목적을 달성함을 주된 기능으로 하는 독립적으로 제조·판매되는 동물용 의료기기 부분품으로서 안전성·유효성 확보가 필요한 경우 별도의 동물용 의료기기 품목으로 분류할 수 있다.

(3) 동물용 의료기기를 둘 이상 조합하여 별도의 동물용 의료기기로 사용하는 경우 그 전체를 하나의 동물용 의료기기로 분류할 수 있다.

제4조(동물용 의약외품 또는 동물용 의료기기 해당여부 검토 등)

(1) 해당제품이 「약사법」 제2조 제7항, 「의료기기법」 제2조 제1항, 취급규칙 제2조 제1항 제3호 및 제4호의 규정에 의한 동물용 의약외품 또는 동물용 의료기기에 해당되는지 여부를 검토 의뢰하고자 하는 자는 다음 각 호의 자료를 갖추어 국립수의과학검역원장(이하 "검역원장"이라 한다)에게 제출하여야 한다.

① 동물용 의약외품 해당여부를 검토 의뢰하는 경우

가. 당해제품의 사용목적에 관한 자료

나. 당해제품의 원료약품 및 분량, 효능효과, 용법용량에 관한 자료

다. 당해제품의 약리작용 및 규격 등에 관한 자료

② 동물용 의료기기 해당여부를 검토 의뢰하는 경우

가. 당해제품의 사용목적에 관한 자료

나. 당해제품의 형상 및 구조, 원자재, 성능, 사용방법에 관한 자료

다. 기타 당해제품의 작용 원리 및 규격 등에 관한 자료.

(2) 검역원장은 제1항의 검토의뢰가 있는 경우에는 당해제품이 「약사법」 제2조 제7항, 「의료기기법」 제2조 제1항·제3조, 취급규칙 제2조 제1항 제3호 및 제4호의 규정에 따른 동물용 의약외품 또는 동물용 의료기기에 부합되는지 여부와 품목지정 가능여부 등을 검토하고 그 결과를 7일 이내에 신청인에게 통보하여야 한다.

부 칙(2007. 1. 22)

(1) (시행일) 이 규정은 고시한 날부터 시행한다.

(2) (동물용 의약품으로 허가받은 품목에 대한 경과조치) 이 규정 시행당시 제2조 제1항에 해당되는 동물용 의약외품을 종전의 규정에 의하여 동물용 의약품으로 허가받은 자는 2007년 12월 31일까지 동물용 의약품 품목허가증 원본을 첨부하여 검역원장에게 제출하고 동물용 의약외품 품목 허가(신고)증으로 바꾸어 교부받아야 한다.

(3) (동물용 의약외품으로 허가받은 품목에 대한 경과조치) 이 규정 시행당시 제2조 제1항 별표 1. 제2호 단서 및 제3호 바목 단서의 규정에 해당되는 품목을 종전의 규정에 의하여 동물용 의약외품으로 허가받은 자는 2007년 12월 31일까지 동물용 의약외품 품목허가증 원본을 첨부하여 검역원장에게 제출하고 동물용 의약품 품목 허가증으로 바꾸어 교부받아야 한다.

부 칙(2008.11.20)

이 규정은 고시한 날로부터 시행한다.

부 칙(2010.11.16)

제1조(시행일)

이 규정은 고시한 날부터 시행한다.

제2조(동물용 의료기기 품목 신고에 대한 경과조치)

이 규정 시행당시 종전의 규정에서 동물용 의료기기의 범위에 포함되어 「동물용 의약품등 취급규칙(농림수산식품부령)」 제5조 및 제16조에 따라 신고한 품목 중 이 규정 시행으로 동물용 의료기기의 범위에서 제외되는 품목은 신고 수리된 품목에서 제외한다.

제3조(재검토기한)

이 고시는 2013년 11월 15일까지 "훈령·예규 등의 발령 및 관리에 관한 규정(대통령 훈령 제248호)"제7조 제3항 제2호에 따라 재검토하여야 한다.

2) 한국동물약품협회 규정 제2007-001호

동물용 의약품등 취급규칙 제5조 제2항 제3호, 동조 제3항 및 제16조 제2항의 규정에 따라 '동물용 의약품등 품목신고 요령'을 다음과 같이 제정합니다.

2007년 2월 1일
(사)한국동물약품협회장

동물용 의약품 등 품목신고 요령

제1조(목적)

이 요령은 「동물용 의약품등 취급규칙」 제5조 제2항 제3호, 동조 제3항 및 제16조 제2항의 규정에 따라 한국동물약품협회장에게 신고하는 동물용 의약품등의 제조 및 수입품목의 신고요령을 정함을 목적으로 한다.

제2조(품목신고)

(1) 「동물용 의약품등 취급규칙」 제5조 제2항 제3호 및 제16조 제2항의 규정에 따라 제조 또는 수입품목 신고를 하고자 하는 자는 「동물용 의약품등 취급규칙」 별지 제5호의 2 서식에 다음 각 호의 서류를 첨부하여 한국동물약품협회장에게 제출하여야 한다.

① 당해 품목의 제품명, 원료약품의 분량, 성상·제조방법, 효능·효과, 용법·용량, 포장단위, 저장방법, 유효기간, 주의사항, 시험기준 및 시험방법 등에 관한 서류

② 당해 품목의 안전성 및 유효성에 대한 심사에 필요한 서류

③ 당해 품목의 사업계획 및 제조공정에 관한 서류(제조품목에 한함)

④ 수입품목의 경우 제1호의 내용이 포함된 생산국가의 정부가 확인한 제조·판매증명서(신청일부터 2년 이내에 발행한 것에 한함)

(2) 한국동물약품협회장에게 제조품목 신고를 하고자 하는 자는 「동물용 의약품등 취급규칙」 제4조 및 제24조의 규정에 따라 국립수의과학검역원장으로부터 동물용 의약품등 제조업 허가(신고)를 받거나 제조업 변경허가(신고)[이미 신고한 품목과 제형이 다르거나 제조시설·실험시설 또는 시험기구가 다른 경우를 포함한다]를 받은 후 한국동물약품협회장에게 품목신고를 하여야 하며, 수입품목 신고를 하고자 하는 자는 「동물용 의약품등 제조업·수입자와 판매업의 시설기준령」 제8조 규정에 따라 국립수의과학검역원장으로부터 수입자 시설확인(변경)을 받은 후 한국동물약품협회장에게 품목신고를 하여야 한다.

제3조(신고증 등)

(1) 한국동물약품협회장은 제2조 제1항에 따른 제조 또는 수입품목신고가 있는 경우 해당 품목이 「한국동물약품협회 신고대상 품목에 관한 규정(농림부고시 제2005-5호)에서 정하는 품목에 해당하는지 여부와 구비서류를 제출했는지 여부에 대한 검토를 실시하여야 한다.

(2) 한국동물약품협회장은 해당 품목이 제1조에 따른 신고품목에 해당하는 경우 「동물용 의약품등 취급규칙」 제11조 제2항 제2호의 규정에 따라 해당신고대장에 신고수리번호, 수리연월일 및 제품명을 기재하고, 「동물용 의약품등 취급규칙」 별지 제8호 서식에 의한 신고증을 교부하여야 한다.

제4조(신고사항 등의 변경)

(1) 「동물용 의약품등 취급규칙」 제24조 제1항의 규정에 따라 동물용 의약품등의 제조업자·수입자가 그 신고한 사항을 변경하고자 하는 경우 「동물용 의약품등 취급규칙」 별지 제20호 서식의 신청(신고)서에 다음 각 호의 서류를 첨부하여 한국동물약품협회장에게 제출하여야 한다.

① 변경 사유서

② 품목 신고증

(2) 한국동물약품협회장은 제1항에 따른 신고사항의 변경신고를 받은 때에는 신고대장에 그 변경내용을 기재한 후 신고증을 재교부하여야 한다.

제5조(신고증의 재교부)

동물용 의약품등의 제조업자 또는 수입업자가 해당 품목에 대한 신고증을 잃어 버

렸거나 헐어 못쓰게 되어 재교부를 받고자 하는 때에는「동물용 의약품등 취급규칙」별지 제22호 서식의 신청서에 다음 각 호의 서류를 첨부하여 한국동물약품협회장에게 재교부를 신청하여야 한다.

(1) 잃어버린 경우: 사유서

(2) 헐어 못쓰게 된 경우: 당해 신고증

제6조(보고)

(1) 한국동물약품협회장은 품목신고를 필한 제조(수입)품목 현황을 분기별로 농림부장관에게 보고하여야 하며 한국동물약품협회장에게 신고 된 품목이거나 변경신고 된 품목의 신고수리사항(부표 포함)을 매 품목별로 국립수의과학검역원장에게 송부하여 동물약품에 대한 사후관리에 철저를 기하도록 하여야 한다.

(2) 제조(수입) 품목신고를 필한 제조(수입)업체는「동물용 의약품등 취급규칙」제26조의 규정에 따라 동물용 의약품등의 반기별 생산·수입 및 판매실적을 한국동물약품협회장에게 보고하여야 한다.

제7조(준용)

이 요령에서 별도로 규정하지 아니한 사항은 약사법 또는 동물용 의약품등 취급규칙 등 동물약사 관련법규에 따른다.

부 칙

이 요령은 2007년 2월 1일부터 시행한다.

[별지 제5호의2 서식] 〈 개정 2008. 5. 19 〉 (앞쪽)

<table>
<tr><td colspan="3">동물용 의약품등</td><td colspan="2">□ 제조품목
□ 수입품목</td><td colspan="2">신고서</td><td>처리기간
10 일</td></tr>
<tr><td rowspan="4">신 고 인</td><td>업소명</td><td colspan="3"></td><td colspan="2">제조업 허가번호</td><td></td></tr>
<tr><td>대표자</td><td colspan="3"></td><td colspan="2">주민등록번호</td><td></td></tr>
<tr><td rowspan="2">소재지</td><td>본 사</td><td colspan="5">(전화)</td></tr>
<tr><td>제 조 소</td><td colspan="5">(전화)</td></tr>
<tr><td colspan="2">제조(수입)관리자</td><td>성 명</td><td colspan="3"></td><td>면허 또는
승인번호</td><td></td></tr>
<tr><td rowspan="2">신고품목</td><td>제품명</td><td colspan="6"></td></tr>
<tr><td>업종구분</td><td colspan="2"></td><td colspan="2">품목구분</td><td colspan="2"></td></tr>
<tr><td colspan="8">「동물용 의약품등 취급규칙」 제5조 제3항 또는 제16조 제2항에 따라(동물용 의약품, 동물용 의료기기, 동물용 의약외품)의 제조(수입)품목을 신고합니다.

년 월 일
신고인 (서명 또는 인)
국립수의과학검역원장 · 한국동물약품협회장 귀하</td></tr>
<tr><td rowspan="2">구비
서류</td><td colspan="4">신고인(대표자) 제출서류</td><td colspan="2">담당 공무원 확인사항(부동의하는 경우 해당 서류 제출)</td><td>수수료</td></tr>
<tr><td colspan="4">1. 해당 품목의 제품명, 원료약품의 분량, 성상 · 제조방법, 효능 · 효과, 용법 · 용량, 포장단위, 저장방법, 유효기간, 주의사항, 시험기준 및 시험방법 등에 관한 서류
2. 해당 품목의 안전성 및 유효성에 대한 심사에 필요한 서류
3. 해당 품목의 제조공정에 관한 서류(제조품목에 한합니다)
4. 이미 허가를 받은 품목과 제형이 다르거나 제조시설 · 실험시설 또는 시험기구가 다른 경우에는 그 시설내역 및 시험기구에 관한 서류(제조품목에 한합니다)
5. 해당 품목이 생산된 국가에서 생산국의 법령에 적합하게 제조되고 판매되고 있음을 증명하는 생산국가의 정부 또는 정부가 위임 · 위탁한 기관이 확인한 제조 · 판매증명서(신청일부터 2년 이내에 발행한 것에만 해당한다)
6. 최초로 동물용 의약품등(동물용 의료기기는 제외한다)을 수입하는 경우 시설기준령 제15조에 따라 수입자가 갖추어야 할 수입 및 품질관리에 필요한 시설 · 설비내역서 및 수입관리자에 관한 서류(약사면허증 사본 또는 수입관리자 승인서 사본)</td><td colspan="2">법인 등기부 등본(최초로 수입하는 경우에 한합니다)</td><td>10,000원</td></tr>
<tr><td colspan="8">본인은 이 건 업무처리와 관련하여 「전자정부법」 제21조 제1항에 따른 행정정보의 공동이용을 통하여 담당 공무원이 위의 담당 공무원 확인사항을 확인하는 것에 동의합니다.

신고인(대표자) (서명 또는 인)</td></tr>
</table>

210 mm×297 mm(신문용지 54 g/m^2(재활용품))

이 신청서는 아래와 같이 처리됩니다. (뒤쪽)

신 청 인	경 유 기 관	처 리 기 관
	없 음	국립수의과학검역원 한국동물약품협회

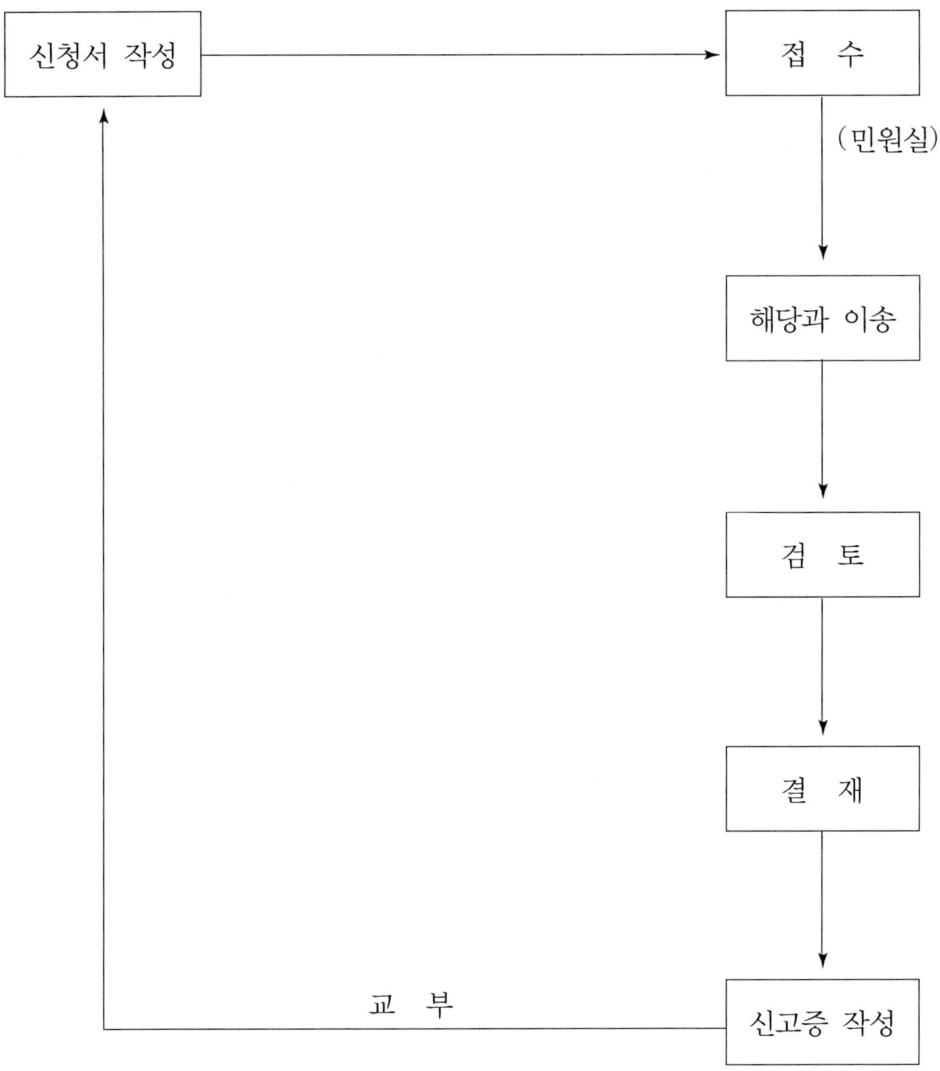

[별지 제8호 서식] 〈 개정 2006. 8. 16 〉 (앞쪽)

제 호		
동물용 의약품등	□ 제조 □ 수입	품목 허가(신고)증

업체명 :

업 종 :

제품명 :

구 분 :

허가조건 :

허가(신고) 수리번호 :

최초 허가(신고)연월일 :

부 표 : 별첨

「동물용 의약품등 취급규칙」 제5조・제9조 제4항・제11조 및 제16조 제3항에 따라 위와 같이 허가(조건부허가・신고수리)합니다.

년 월 일

국립수의과학검역원장・한국동물약품협회장 인

210 mm × 297 mm(보존용지(1종) 120 g/m^2)

변경 및 처분 사항 (뒤쪽)

년 월 일	구 분	내 역

(첨부)

부 표

업체명 :

제품명 :

허가(신고) 번호 :

허가(신고) 일자 :

1. 원료약품 및 분량

2. 성상

3. 제조방법

4. 효능 및 효과

5. 용법 및 용량

6. 포장단위

7. 저장방법 및 유효기간

8. 주의사항

9. 시험기준 및 시험방법

210 mm×297 mm(일반용지 60 g/m^2(재활용품))

[별지 제20호 서식]〈 개정 2006.8.16 〉 (앞쪽)

동물용 의약품등 □ 제 조 품목허가(신고)사항 □ 수 입 변경신청(신고)서	처리기간 가. 안전성·유효성 심사가 불필요한 변경품목 : 10일 나. 안전성·유효성 심사가 필요한 변경품목 : 40일

<table>
<tr><td rowspan="4">제조·수입업체</td><td colspan="2">업체명</td><td></td><td>허가(신고)번호</td><td></td></tr>
<tr><td colspan="2">대표자</td><td></td><td>주민등록번호</td><td></td></tr>
<tr><td rowspan="2">소재지</td><td>본사</td><td colspan="3">(전화번호)</td></tr>
<tr><td>제조소
(창고)</td><td colspan="3">(전화번호)</td></tr>
</table>

변경사항

품 명	허가(신고)번호	구 분	기허가(신고)	변경허가(신고)	사 유

동물용 의약품등 취급규칙」 제24조 제1항에 따라 동물용 의약품등 제조(수입)품목 허가(신고)사항 변경을 신청(신고)합니다.

년 월 일

신청(신고)인 (서명 또는 인)

국립수의과학검역원장·한국동물약품협회장 귀하

구비서류	수수료
	5,000원

1. 변경에 대한 심사에 필요한 서류(허가사항 변경의 경우에 한합니다)와 변경 사유서
2. 품목허가증 또는 품목신고증

210 mm×297 mm(신문용지 54 g/m^2(재활용품))

이 신청서는 아래와 같이 처리됩니다. (뒤쪽)

신 청 인	경 유 기 관	처 리 기 관
	없 음	국립수의과학검역원 한국동물약품협회

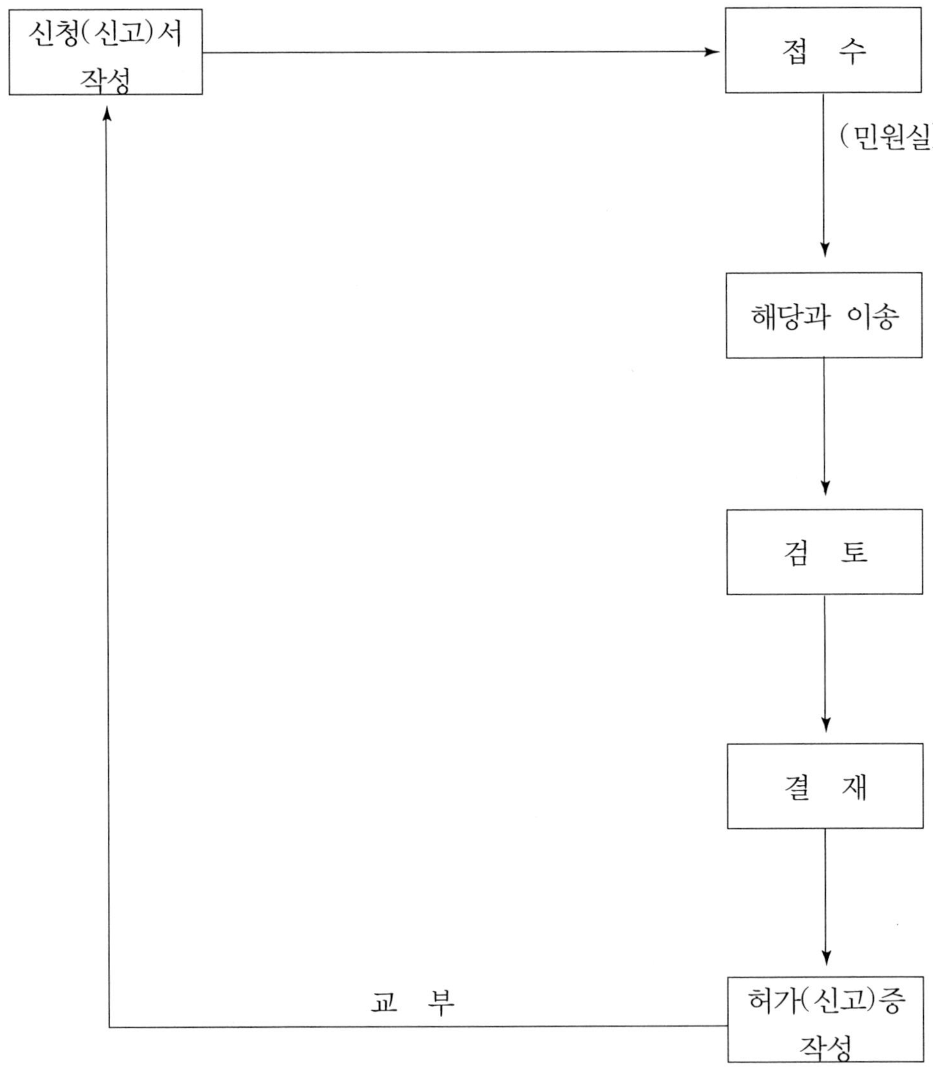

[별지 제22호 서식] 〈 개정 2006.8.16 〉 (앞쪽)

<table>
<tr><td colspan="3">동물용 의약품등</td><td colspan="2">□ 허가증
□ 등록증재교부(갱신) 신청서
□ 신고증</td><td>처리기간
3일</td></tr>
<tr><td rowspan="4">신청인</td><td>성 명</td><td></td><td colspan="2">업 종</td><td></td></tr>
<tr><td>허가(등록ㆍ신고)
번호</td><td></td><td colspan="2">최초허가
(등록ㆍ신고)일</td><td></td></tr>
<tr><td>명 칭</td><td></td><td colspan="2">주민등록번호</td><td></td></tr>
<tr><td>소재지</td><td colspan="4">(전화번호)</td></tr>
</table>

「동물용 의약품등 취급규칙」 제25조 제1항에 따라 허가(등록ㆍ신고)증의 재교부(갱신교부)를 신청합니다.

년 월 일

신청(신고)인 (서명 또는 인)

○○○ 귀하

구비서류	수수료
	1,000원

1. 허가증ㆍ등록증 또는 신고증(헐어 못쓰는 경우에 한합니다)
2. 사유서(잃어버린 경우에 한합니다)

210㎜×297㎜(신문용지 54g/㎡(재활용품))

이 신청서는 아래와 같이 처리됩니다. (뒤쪽)

신 청 인	경 유 기 관	처 리 기 관
	없 음	국립수의과학검역원 한국동물약품협회 시·도 또는 시·군·구

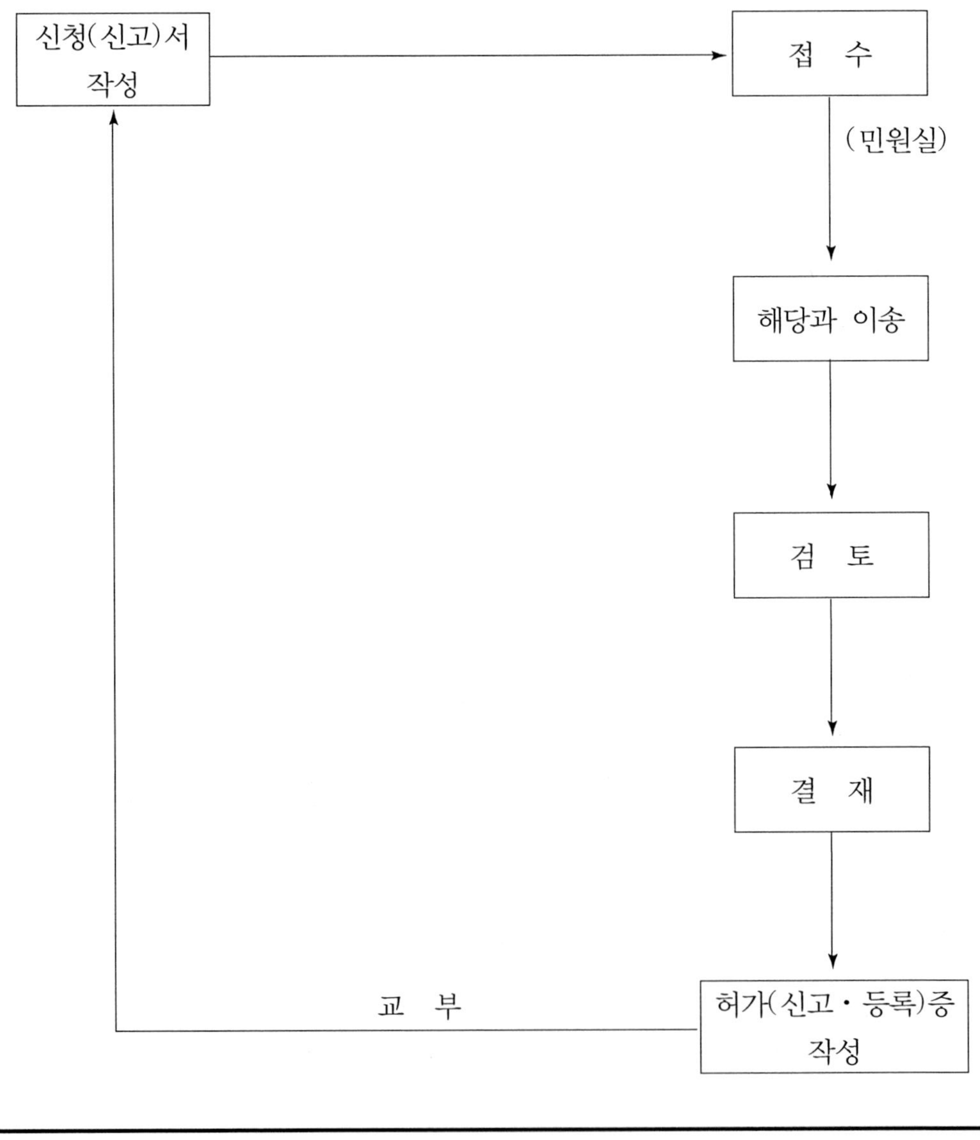

3) 농림부 고시 제2007-5호

동물용 의약품등 취급규칙 제5조 제2항 제3호, 동조 제3항 및 제16조 제2항의 규정에 의하여 "한국동물약품협회 신고대상 품목에 관한 규정"을 다음과 같이 제정 고시합니다.

2007년 1월 일

농 림 부 장 관

한국동물약품협회 신고대상 품목에 관한 규정

제1조(목적)

이 규정은 동물용 의약품등 취급규칙 제5조 제2항 제3호, 동조 제3항 및 제16조 제2항의 규정에 의하여 한국동물약품협회에 신고하는 품목을 정하여 약사관련 업무의 효율성을 제고하고 축산업 발전에 기여함을 목적으로 한다.

제2조(신고대상 품목)

동물용 의약품등 취급규칙 제5조 제2항 제3호, 동조 제3항 및 제16조 제2항의 규정에 의하여 한국동물약품협회에 신고하는 품목은 별표와 같다.

제3조(한국동물약품협회 신고대상 품목지정 등)

(1) 한국동물약품협회장이 어떤 품목에 대하여 동물용 의약품등 취급규칙 제5조 제2항 제3호에 따른 한국동물약품협회 신고대상 품목으로 지정받고자 하는 때에는 농림부장관에게 지정 요청을 하여야 한다.

(2) 농림부장관은 제1항의 한국동물약품협회 신고대상 품목지정 요청을 받은 때에는 국립수의과학검역원장에게 당해 품목의 안전성 및 유효성에 대하여 기술검토를 실시하게 하고, 그 결과 안전성 및 유효성에 문제가 없다고 판단되는 경우 한국동물약품협회 신고대상 품목으로 지정할 수 있다.

부 칙

(1) (시행일) 이 규정은 고시한 날부터 시행한다.

(2) (경과조치) 약사법 제26조 및 제34조, 동물용 의약품등 취급규칙 제5조 및 제16조의 규정에 의하여 각각 허가를 받은 동물용 의약품등의 품목 중 이 고시

제2조의 규정에 의한 한국동물약품협회장 신고대상 품목에 해당하는 동물용 의약품등은 이 고시에 의하여 신고된 것으로 본다.

한국동물약품협회에 신고하는 품목(제2조 관련)

① 대한약전, 식품공전 및 사료공정서 등에 수재된 원료를 사용한 비타민제·프로비타민제·항산화제·항곰팡이제·효소제·생균제·아미노산제·유기산제·미량광물질이 함유된 단일 또는 복합제제로서 결핍물 보충, 영양보조, 사료효율의 증진, 성장촉진 및 면역·생리기능 촉진 목적으로 제조·수입하는 동물용 의약품 또는 동물용 의약외품에 해당되는 품목(사료첨가제, 산제, 정제 및 액제 등 경구제에 한한다.)

② 대한약전, 동물약품공정서, 식품공전 및 대한민국화장품원료집 등에 수재된 원료를 사용한 구중청량제·욕용제·세척제·탈취제 등의 애완동물용 제제로서 동물용 의약외품에 해당되는 품목. 이 경우 향료, 색소 등 미량성분이나 약효와 관계가 없는 원료인 경우 별도규격의 원료를 사용할 수 있다.

4) 약사법

제72조의 6(동물의약품 등에 대한 특례)

(1) 이 법의 규정에 의한 식품의약품안전청장의 소관사항 중 동물용으로 전용할 것을 목적으로 하는 의약품, 의약외품 또는 의료용구에 관하여는 이를 농림부장관의 소관으로 함, 이 법의 해당규정 중 "식품의약품안전청장"은 "농림부장관"으로 "보건복지부령"은 "농림부령"으로 본다. 이 경우 농림부장관이 농림부령을 발할 때에는 식품의약품안전청장과 협의하여야 한다.

(2) 농림부장관은 동물의 질병을 진료 또는 예방하기 위하여 사용되는 동물용 의약품으로서 동물 체내에 잔류하여 사람의 건강에 위해를 가할 우려가 있다고 지정하는 제제에 대하여는 사용대상 동물, 용법, 용량 및 사용 금지기간 등 동물용 의약품의 사용기준을 정할 수 있다.

(3) 제2항의 규정에 의하여 사용기준이 정하여진 동물용 의약품을 사용하고자 하는 자는 그 기준을 준수하여야 한다. 다만, 수의사의 진료 또는 처방에 의하여 사용하는 경우는 그러하지 아니하다.

(4) 수의사법에 의한 동물병원 개설자는 제35조의 규정에도 불구하고 동물 사육자에게 동물용 의약품을 판매하거나, 동물 진료의 목적으로 제41조 제2항 단

서 규정에 의하여 약국 개설자로부터 의약품을 구입할 수 있다. 이 경우 동물병원 개설자는 농림부령이 정하는 바에 따라 수불현황을 작성, 보존하여야 한다.

5) 행정권한의 위임 및 위탁에 관한 규정

제29조(농림부소관) ⑨ 농림부장관은 다음의 권한을 국립수의과학검역원장에게 위임한다.〈 개정 2006. 4. 20 〉

1. 「약사법」(이하 이 호에서 "법"이라 한다)에 따른 다음의 사항

가. 법 제26조 제1항의 규정에 의한 동물용 의약품의 제조업허가, 품목허가 또는 품목신고의 수리, 허가받은 사항 또는 신고한 사항의 변경. 다만, 농림부장관이 안전성 및 유효성에 문제가 없다고 인정하는 품목에 대한 품목신고의 수리 및 변경신고를 제외한다.

아. 법 제34조 제1항에 따른 동물용 의약품 등의 수입허가 또는 신고수리, 허가받은 사항 또는 신고한 사항의 변경. 다만, 농림부장관이 안전성 및 유효성에 문제가 없다고 인정하는 품목에 대한 품목신고의 수리 및 변경신고를 제외한다.

2. 「의료기기법」(이하 이 호에서 "법"이라 한다)에 따른 다음 사항

가. 법 제6조에 따른 동물용 의료기기의 제조업허가·품목허가 또는 품목신고의 수리 및 동법 제11조에 따른 변경허가 또는 변경신고. 다만, 농림부장관이 안전성 및 유효성에 문제가 없다고 인정하는 품목에 대한 품목신고의 수리 및 변경신고를 제외한다.

사. 법 제14조에 따른 동물용 의료기기의 수입업 허가, 품목허가 또는 품목신고의 수리 및 변경허가 또는 변경신고. 다만, 농림부장관이 안전성 및 유효성에 문제가 없다고 인정하는 품목에 대한 품목신고의 수리 및 변경신고를 제외한다.

제46조(농림부소관) ③ 농림부장관은 제29조 제9항 제1호 단서, 제6호 단서, 제13호 가목 단서 및 동호 아목 단서에 따라 안전성 및 유효성에 문제가 없다고 인정된 품목에 대한 품목신고의 수리와 변경신고에 관한 업무를 사단법인 한국동물약품협회 회장에게 위탁한다.〈 신설 2006. 4. 20 〉

2. 보조사료

2.1 관련법령

1) 농림수산식품부 고시 제2010-29호

사료관리법 제11조에 따른 사료공정서(농림수산식품부고시 2009-372호, 2009. 9. 21)을 다음과 같이 개정하여 고시합니다.

2010년 3월 25일
농림수산식품부장관

사료공정서

제1~5조 생략

제6조(보조사료의 범위)

법 제2조 제4호에 따른 보조사료의 범위는 다음 각 호와 같다.

(1) 별표 3에 따른 물질

(2) 식품 등으로서 제1호와 유사한 물품

(3) 농림수산식품부장관의 검토요청에 따라 농촌진흥청장(국립축산과학원장)이 보조사료로 사용이 가능하다고 인정하는 물질

제7조(사료의 공정설정)

(1) 법 제11조 제1항에 따라 사료의 품질보장 및 안전성확보를 위한 단미사료 및 보조사료의 사료공정은 별표 4와 같다.

(2) 제4조 내지 제6조에 따라 별표 1 내지 별표 3에 기재된 사료와 식품 등으로서 식품공전, 식품첨가물의 기준 및 규격, 건강기능식품의 기준 및 규격 등에 공정이 설정된 물품은 사료공정이 설정된 것으로 본다. 다만, 사료공정에도 수록되어 있는 물질의 경우에는 사료공정을 우선 적용한다.

(3) 유기배합사료의 공정 및 일반적 기준은 별표 13과 같다.

제8조(사료표준분석방법)

규칙 제30조 제1항에 따른 검정방법은 별표 5와 같다. 다만, 별표 4에서 규정되어 있는 단미사료 또는 보조사료의 분석방법은 당해 사료의 확인시험・순도시험・건조감량・강열잔분・수분정량법 등을 적용한다.

제9조(배합사료의 성분등록)

(1) 법 제12조 제1항에 따른 배합사료의 성분등록 사항은 별표 2와 같다.

(2) 배합사료의 제조업자 또는 사료수입업자는 배합사료를 성분등록 할 때에는 별표 2에서 규정하는 명칭만을 사용하여야 한다. 다만, 다음 각 호에 해당하는 경우에는 그 예에 따라 명칭을 사용하여야 한다.

① 동물의 생산능력 또는 계절 등에 따라 등록성분을 달리하여 배합사료의 명칭을 세분할 필요가 있을 경우에는 그 명칭 다음에 아라비아 숫자를 순서대로 부여할 수 있다(예 "산란초기사료1"). 이 경우에는 동물에 필요한 영양상 근거・원료 사용비율・명칭의 세분 필요성 등이 분명하여야 하며, 단순히 등록성분의 함량을 달리하여 명칭을 세분할 수 없다.

② 실수요자의 주문에 의하여 제조하는 경우에는 성분량에 한하여 주문자의 요구에 따라 달리하여 그 명칭 앞에 "주문"을 표시하여야 한다(예 "주문 산란 초기사료").

③ 제7조 제3항에 따른 유기배합사료를 제조하는 경우에는 그 명칭 앞에 "유기"를 표시하여야 한다(예 "유기산란 초기사료").

④ 양축용 배합사료 중에서 고기소・젖소・돼지・닭의 배합사료를 제외한 다른 축종의 배합사료 명칭은 제조업자 또는 사료수입업자의 신청에 의하여 시・도지사가 승인할 수 있다.

제10조(등록성분의 함량)

(1) 제9조 제1항에 따른 배합사료의 등록성분 함량 수준은 한국사양표준이나 국제적으로 널리 이용하고 있는 사양표준의 영양소 요구량 수준에 적합하여야 한다.

(2) 제조업자 또는 사료수입업자는 배합사료의 성분등록을 할 때에는 당해 사료의 배합설계 성분함량과 같은 수준으로 시・도지사에게 등록하여야 한다.

(3) 제2항에 따른 등록성분은 당해 성분의 배합비 설계치가 다음 각 호의 오차허

용범위 이내이어야 한다.

① 아미노산(메치오닌＋시스틴, DL－메치오닌수산화 유도체, 라이신)：하한치는 －15% 이내, 상한치는＋20% 이내

② 에너지가 [가소화영양소총량(TDN), 질소보정대사에너지(MEn), 가소화에너지(DE)]：±5% 이내

③ 고기소·젖소사료의 조단백질：하한치는 사료검사 요령의 허용오차 범위의 2배 이내, 상한치는 허용오차 범위의 4배 이내

(4) 사료 수입업자가 수입사료를 성분 등록할 경우에는 수입관계 서류, 용기 또는 포장 등에 표시된 등록 성분별 함량 또는 사료검정인정기관에서 분석한 검정증명서상의 성분함량을 기준으로 등록하여야 한다.

(5) 제4항의 규정에도 불구하고 주로 식품 등으로 사용되어 검정인정기관에서 분석할 수 없는 경우 「식품위생법 시행규칙」 제16조에 따른 식품위생검사기관에서 분석한 검정증명서상의 성분함량을 기준으로 등록할 수 있다.

제11조(단미사료 또는 보조사료의 성분등록)

법 제12조 제1항에 따른 단미사료 또는 보조사료별 성분등록 사항은 별표 6과 같다. 다만, 별표 6에 성분등록 사항이 정하여지지 않은 경우에는 주요 성분이나 물질명 또는 유사한 품명의 등록성분을 준용할 수 있다.

제12조(성분등록 제외 대상사료)

규칙 제12조 제2항 제2호에 따라 성분등록을 하지 않아도 되는 사료의 종류는 다음 각 호와 같다.

(1) 보리겨·쌀겨·싸라기·들깨묵·참깨묵(국내산에 한한다) 및 별표 1의 곡물류·근괴류(국내산으로서 가공되지 않은 경우에 한한다)

(2) 목초·산야초·볏짚·보리짚·기타 농산물 고간류·풋베기 사료작물·청보리 등 조사료(국내산에 한하며 수분조절 또는 발효를 목적으로 물질을 첨가·혼합하는 경우를 포함한다). 다만, "연도별 사료검사 및 검정계획"에 포함되는 국내산 조사료에 대하여 사료관리법에서 정하는 검사기준, 잔류허용기준에 따라 검사결과 부적합 조사료는 사용금지, 출하연기, 용도전환 등을 권고할 수 있다.

(3) 식품 등의 제조업자가 배합·단미 보조사료 업체에 사료원료용으로 직접 공급하는 식품 등

제13조(에너지가 평가기준)

(1) 제10조 제3항 제2호에 따른 배합사료의 에너지가 평가를 위한 사료별 에너지가 평가기준 및 평가방법은 별표 7과 같다.

(2) 제1항에 따른 에너지가에 대한 평가는 당해 배합사료의 배합비에서 사용한 원료에 대하여 별표 7에서 정한 사료별 에너지가 및 소화율 기준을 적용하여 계산실례에 따라 산출한 결과로 판단한다.

제14조(수분함량 제한)

법 제11조 제1항에 따라 사료성분 중 수분에 대한 규정은 다음 각 호의 어느 하나와 같다. 다만, 제조업자 또는 사료수입업자가 다음 각 호의 어느 하나에서 규정한 수분함량 기준을 초과하여 성분등록을 하는 경우에는 그 사유 및 관련 자료를 시·도지사에게 제출하여야 한다.

(1) 배합사료 : 14% 이하(반추동물용 섬유질 배합사료는 제외) 다만, 대용 유용배합사료는 10% 이하

(2) 광물성 사료 : 5% 이하. 다만, 유기물을 함유한 것은 10%이하

(3) 기타 단미사료 또는 보조사료 : 사료공정에서 정하는 기준

제15조(기타 성분등록 대상 등)

(1) 법 제12조 제1항에 따라 등록해야 하는 "그밖에 농림수산식품부장관이 정하는 사항"은 별표 2 및 별표 6의 기타 란에 수록된 사항 중 다음 각 호와 같다.

① 에너지가 또는 가소화영양소(배합사료 중에서 에너지가 또는 가소화영양소를 등록하도록 한 사료에 한한다)

② 분유(전지분유 또는 탈지분유를 포함한다) 및 유장분말의 배합비율(대용유용 배합사료에 한한다)

③ 우레아제 역가(U.A.) 및 수산화칼륨용액 단백질 용해도(대두박에 한한다)

④ Brix계수(당밀에 한한다)

⑤ 열량(kcal / kg)(유지류에 한한다)

⑥ 펩신소화율(동물성 단백질류 중 펩신 소화율을 표시하도록 한 사료와 단세포 단백질사료에 한한다)

⑦ 나트륨(Na) 함량(혈분에 한한다)

⑧ 발효균주(발효사료 · 불활성 효모 · 불활성 박테리아 사료에 한한다)

⑨ 부형제(부형제가 지정된 단미사료 또는 보조사료에 한한다)

⑩ 카드뮴 함량(어분에 한한다)

⑪ 염분(NaCl) 함량(남은 음식물 사료에 한한다)

⑫ 비단백태질소(NPN) 함량(조미료 부산물에 한한다)

제16조(사료의 기타 표시방법)

규칙 별표 4의 제1호 가목(12) 및 제2호 가목(11)의 사료공정에서 정하는 사항, 사료의 절감 · 품질관리 및 유통개선을 위하여 농림수산식품부장관이 정하는 사항이라 함은 별표 8에서 규정하는 사항을 말한다.

제17조(사료의 첨가·혼합제한 등)

(1) 법 제15조 제1항에 따른 사료 중 특정성분 및 그 특정성분 함량의 제한기준은 별표 9와 같다.

(2) 법 제15조 제2항에 따라 혼합을 제한하는 물질 또는 사료의 범위와 그 제한기준은 별표 10과 같다.

(3) 제2항에 따라 6개월령 이상의 고기소 또는 젖소용 배합사료에 비단백태질소 화합물을 혼합하거나 양계용 또는 양돈용 배합사료에 염산 불용물질을 혼합할 경우에는 그 물질의 혼입량과 주의사항 등을 용기 및 포장에 정확히 표시하여야 한다.

(4) 단미사료에는 당해 단미사료 이외의 다른 물질이나 유사한 사료를 인위적으로 혼합하여서는 아니 된다. 다만, 제품의 특성상 자연적으로 혼입되는 경우에는 예외로 한다.

(5) 제4항의 규정에도 불구하고 당해 단미사료의 수분조절 등 품질관리를 위하여 혼합 가능한 사료의 종류는 별표 11과 같다. 이 경우에는 혼합한 사료 또는 물질의 명칭 · 혼합비율 등을 표시하고 보관성이 약하거나 사용상 주의를 요하는 사료에 대하여는 이를 용기 및 포장에 표시하여야 한다.

(6) 보조사료를 제조 · 수입 또는 판매하는 자는 별표 3의 분류상 동일 종류의 보조사료만을 서로 혼합할 수 있다. 다만 사용목적이 동일한 경우에는 예외로 한다.

(7) 단미사료 중 광물성 사료와 보조사료는 2종류 이내에서 부형제를 첨가할 수 있으며 부형제의 범위는 별표 12와 같다.

(8) 남은 음식물 사료는 소 등 반추동물의 사료원료로 사용하여서는 아니 된다.

(9) 유기배합사료 제조에 사용되는 단미사료는 제 4조에 따른 사료 중「친환경농업육성법 시행규칙」 별표 1의 유기배합사료 제조용 자재 중 단미사료의 사용가능 조건에 적합하여야 한다.

(10) 유기배합사료 제조에 사용되는 보조사료는 제 6조에 따른 사료 중「친환경농업육성법 시행규칙」 별표 1의 유기배합사료 제조용 자재 중 보조사료의 사용가능 조건에 적합하여야 한다.

제18~21 생략

부 칙

(1) 시행일) 이 고시는 공포한 날부터 시행한다.

(2) (경과조치) 이 고시 시행당시 종전규정에 따라 행해진 사항은 개정규정에도 불구하고 종전 규정에 따른다.

(3) (재검토기한) 이 고시는 2013년 3월 18일까지 “「훈령・예규 등의 발령 및 관리에 관한 규정」(대통령훈령 제248호)” 제 7조 제 3항 제 2호에 따라 재검토하여야 한다.

2) 보조사료 제조업의 시설기준(사료관리법 시행규칙 제6조 관련)

시 설 별	시 설 기 준
가. 공장건물	내화성 건물로서 제품 생산에 지장이 없을 것
나. 저장시설	① 원료를 저장할 수 있는 저장 설비를 갖출 것 ② 생산된 제품을 저장할 수 있는 저장 설비를 갖출 것 ③ 원료와 부형제(賦形劑)를 구분하여 저장하는 설비를 갖출 것
다. 분쇄 및 혼합시설	제품생산에 지장이 없을 정도의 설비를 갖출 것
라. 배양시설	미생물 배양에 적합한 설비를 갖출 것(미생물을 이용하는 사료만 해당한다)
마. 계량시설	원료와 제품을 계량할 수 있는 계량기를 갖출 것
바. 포장시설	제품을 포장할 수 있는 설비를 갖출 것

※ 비 고

1) 요소제는 「비료관리법」, 식염류는 「염관리법」에 따른 시설기준으로 갈음한다.

2) 보조사료 제조업자는 제조공정 또는 포장방법의 특성상 일부 시설이 불필요한 경우에는 시·도지사의 승인을 받아 일부 시설을 갖추지 아니 하거나 같은 공장에서 2 이상의 보조사료를 생산할 경우에는 시설을 공통으로 사용할 수 있다.

3) 용기 및 포장에의 표시사항 및 표시방법(사료관리법 시행규칙 제 13 조 관련)

(1) 사료의 성분등록번호
(2) 사료의 명칭 및 사료의 형태
(3) 등록성 분량
(4) 사용한 원료의 명칭
(5) 사료의 용도
(6) 주의사항
(7) 실중량 kg(톤)
(8) 제조(수입)연월일
(9) 제조(수입) 업자의 상호(공장명칭)·주소 및 전화번호
(10) 재포장 내용
(11) 사료공정에서 정하는 사항, 사료의 절감·품질관리 및 유통개선을 위하여 농림부장관이 정하는 사항

4) 행정처분 기준(사료관리법 시행규칙 32조 관련)

위 반 사 항	근거법령	행정처분 기준		
		1차 위반	2차 위반	3차 위반
〈 성분등록 및 품질관련 〉 6. 법 제11조 제1항의 규정에 위반한 때	법 제23조 제3호			
가. 성분등록을 하지 않고 제조 또는 수입한 때		영업의 전부 정지 1월	영업의 전부 정지 3월	등록취소
나. 성분등록 된 함량보다 부족하거나 초과하는 경우		영업의 일부 정지 1월	영업의 전부 정지 1월	영업의 전부 정지 3월
다. 등록성분의 등록치와 설계치가 오차범위를 벗어난 때		영업의 전부 정지 1월	영업의 전부 정지 2월	영업의 전부 정지 3월
라. 성분등록제외 사료를 검정하지 않은 경우(이 규칙 제11조 제2항 제1호에 한함)		영업의 전부 정지 7일	영업의 전부 정지 15일	영업의 전부 정지 1월
〈 자가품질검사 관련 〉 11. 법 제18조의 규정에 위반한 때	법 제23조 제5호			
가. 자가품질검사를 실시하지 아니한 경우로서				
① 검사항목의 전부에 대하여 검사를 실시하지 아니한 때		영업의 전부 정지 1월	영업의 전부 정지 3월	영업의 전부 정지 3월
② 검사실시 비율이 검사항목의 50% 미만일 때		영업의 전부 정지 15일	영업의 전부 정지 1월	영업의 전부 정지 3월
③ 검사실시 비율이 검사항목의 50% 이상일 때		영업의 전부 정지 7일	영업의 전부 정지 15일	영업의 전부 정지 1월
나. 자가품질검사에 관한 기록서를 2년간 보관하지 아니한 때		영업의 전부 정지 7일	영업의 전부 정지 1월	영업의 전부 정지 3월

2.2 국내 · 외 허가된 생균제

1) 우리나라 보조사료로서 허가된 생균제

Bifidobacterium species	*Bi. bifidum*	*Bi. infantis*	*Bi. longum*
	Bi. thermophilum		
Enterococcus species	*E. faecium*	*E. lactis*	*E. thermophilus*
Lactobacillus species	*L. lactis*	*L. reuteri*	*L. bulgaricus*
	L. brevis	*L. salivarius*	*L. acidophilus*
	L. casei	*L. curvatus*	*L. fermentum*
	L. plantarum	*L. helveticus*	*L. nueric*
	L. perolens	*L. paracasei*	*L. crispatus*
Pediococcus species	*P. acidilactis*	*P. cerevisiae*	*P. pentosaceus*
Clostridium species	*C. butyricum*		
Bacillus species	*B. lentus*	*B. coagulans*	*B. licheniformis*
	B. pumilus	*B. subtilis*	*B. cereus*
	B. clausii	*B. polyfermenticus*	
Rhodopseudomonas species	*R.. capsulata*		
Monascus species	*M.. purpureus*		
Fungi	*Aspergillus niger*	*A. oryzae*	
Yeast			
Bacteriophage	*Salmonella galinarium*	*S. pullorum*	*S. typhimurium*
Total	bacteria : 36 strains Fungi : 2 strains Bacteriophage : 3 strains		

2) 일본에서 허가된 생균제

Bifidobacterium species	*Bi. thermophilum*	*Bi. pseudorongum*	
Enterococcus species	*E. faecalis*	*E. faecium*	
Lactobacillus species	*L. acidophilus*		
Clostridium species	*C. butyricum*		
Bacillus species	*B. coagulans*	*B. subtilis*	*B. cereus*
Total			Bacteria : 9 strains

3) 유럽 QPS(qualified presumption of safety) 미생물 생균제

Bifidobacterium species	*Bi. adolescentis*	*Bi. animalis*	*Bi. bifidum*
	Bi. breve	*Bi. longum*	
Corynebacterium species	*C. glutamicum*		
Lactobacillus species	*L. acidophilus*	*L. alimentarius*	*L. amylolyticus*
	L. amylovorus	*L. aviaries*	*L. brevis*
	L. casei	*L. cellobiosus*	*L. collinoides*
	L. crispatu	*L. curvatus*	*L. delbrueckii*
	L. farciminis	*L. fermentum*	*L. hilgardii*
	L. gallinarum	*L. gasseri*	*L. helveticus*
	L. johnsonii	*L. kefiranofaciens*	*L. kefiri*
	L. mucosae	*L. panis*	*L. paracasei*
	L. paraplantarum	*L. pentosu*	*L. plantarum*
	L. pontis	*L. reuteri*	*L. rhamnosus*
	L. sakei	*L. salivarius*	*L. sanfranciscensis*
	L. coryniformis		
Lactococcus species	*Lc. lactis*		
Leuconostoc species	*Leuc. citreum*	*Leuc. lactis*	*Leuc.mesenteroides*
Oenococcus species	*O. oeni*		
Pediococcus species	*P. acidilactic*	*P. dextrinicus*	*P. pentosaceus*
Propionibacterium species	*Prop. bacterium*	*Prop. freudenreichii*	*Prop.acidopropionici*
Streptococcus species	*Strep. hermophilus*		
Bacillus species	*B. amyloliquefaciens*	*B. atrophaeus*	*B. clausii*
B. coagulans	*B. fusiformis*	*B. lentus*	
	B. licheniformis	*B. megaterium*	*B. mojavensis*
	B. pumilus	*B. subtilis*	*B. vallismortis*
Geobaciillus species	*Geo. Stearother-mophilus*		
Total			Bacteria : 66 strains

(2010 update)

찾아보기

Index

집 필 진

강대경 교수	단국대학교 동물자원학과
김동운 박사	농촌진흥청 국립축산과학원 양돈과
김병기 박사	(주) RNL 생명과학
김수기 교수	건국대학교 동물생명과학부
배인휴 교수	국립순천대학교 동물자원과학과
오세종 교수	전남대학교 동물자원학부
이상석 교수(대표저자)	국립순천대학교 동물자원과학과
이성실 교수	국립경상대학교 낙농학과
전체옥 교수	중앙대학교 생물과학과
조광근 교수	경남과학기술대학교 동물소재공학과

(가나다순)

동물미생물공학

2012년 2월 20일 초판 인쇄
2012년 3월 1일 초판 발행

저 자 : 강대경 외 9인 공저
펴낸이 : 천승배
펴낸곳 : 도서출판 유한문화사

주소 :(157-801) 서울시 강서구 강서로76길 21(가양동)
전화 : 2668-2055~6
팩스 : 2668-2565
http://www.yuhansa.com
E-mail : yuhansa@paran.com
등록 : 제 5-31호. 1979. 3. 6.

값 18,000 원

ISBN : 978-89-7722-567-1 93570